Docker+K8s 云原生开发

朱著显　编著

西北工业大学出版社

西　安

【内容简介】本书先从整体上介绍云原生相关的生态圈和项目工具、涉及的领域和技术，点到即止地介绍知识点，同时给出学习链接。接下来重点介绍了 Docker 和 K8s 的架构原理和基于 Go 语言的二次开发，使读者对云原生有一个整体而深入的认识，对应聘云原生相关职位的人员也很有帮助。

本书可供对 Docker 和 K8s 云原生感兴趣的学生、教师参考，也可供经验不足的开发人员和运维管理人员参考，还可供想了解云原生生态圈的开发者借鉴。

图书在版编目（CIP）数据

Docker+K8s 云原生开发 / 朱著显编著 . — 西安：西北工业大学出版社，2023.5

ISBN 978-7-5612-8413-1

Ⅰ.①D… Ⅱ.①朱… Ⅲ.①云计算－系统开发 Ⅳ.①TP393.027

中国版本图书馆 CIP 数据核字 (2022) 第 176291 号

Docker+K8s YUNYUANSHENG KAIFA
Docker+K8s云原生开发
朱著显　编著

责任编辑： 高茸茸　　**装帧设计：** 华　森
责任校对： 陈　瑶
出版发行： 西北工业大学出版社
通信地址： 西安市友谊西路127号　　邮编：710072
电　　话：（029）88491757，88493844
网　　址： www.nwpup.com
印 刷 者： 三河市祥达印刷包装有限公司
开　　本： 710 mm×1 000 mm　　1/16
印　　张： 21
字　　数： 377千字
版　　次： 2023年5月第1版　　2023年5月第1次印刷
书　　号： ISBN 978-7-5612-8413-1
定　　价： 89.00元

前　言

随着容器技术的发展，云原生架构正在逐步取代传统的应用部署方式，掌握 Docker 和 K8s（Kubernetes）成为开发人员和运维人员必备的技术。

本书涵盖 K8s 开发和运维比较高频的问题，有利于面试者应聘相关职位。随着 K8s 的流行，相关职位会越来越多，传统的部署会慢慢地向虚拟化转移。

第 1 章从什么是云原生和云原生的生态圈，以及主流云原生项目与工具讲起，使读者对整个云原生有一个大概的了解，指导项目开发工作。选择云原生开源项目，有助于读者构建自己的云原生项目。本书列出将来的技术热点，是读者学习的方向。

第 2 章介绍容器技术的底层原理和实现，通过 Dockerfile 讲解制作镜像和 Docker 数据文件的持久化存储。分析 Docker 的架构，介绍 Go 语言操作的 API，可以方便地操控与管理 Docker，在 DevOps 运维开发中，熟练掌握此类 API 可以更方便地实现智能部署和管理。横向对比了 Docker 的同类产品，使读者有一个清晰的认识，这些对比在面试中经常会被问到。

第 3 章介绍 K8s 的架构和组件、内部的通信流程和原理，阅读后会有一个整体清晰的认识。K8s 的 CRD 自定义资源开发是 K8s 二次开发必备的技术，通过它可以实现更智能、更丰富的部署。目前，已经有很多成熟的 Operator，可以更方便地实现智能化部署。

第 4 章分析 K8s 的组件架构和相关源码，运行时，网络和存储接口通过这些 K8s 功能与新的组件进行二次开发。

第 5 章通过 Go 语言实现 K8s 管理、监控、创建、修改相关 API，可以更深入地获取 K8s 的组件状态，远程执行 yaml 创建以及修改里面的服务，方便集成到自己的 DevOps 流水线中，形成一个闭环的流水线，提高开发和运维的效率。

第 6 章介绍比较流行的监控、日志和报警相关项目。

第 7 章介绍 DevOps、CI/CD 的相关内容，以及如何实现自动测试和部署。

第 8 章介绍微服务、服务网格和 API 网关等比较流行的技术。

总的来说，本书通过大量的图解结合，读者会对整个云原生有一个深入的理解。由于云原生涉及的技术太多，本书以 Docker 和 K8s 为切入点，重点介绍使用 Go 语言管理操控 Docker 和 K8s 的相关内容。其他相关技术也会列出，读者可以自行选择更深入地学习。本书相关源码下载地址：https://github.com/zzxap/k8sbook。

在编写本书的过程中曾参阅了相关文献，在此谨向其作者表示衷心的感谢。

由于水平有限，书中不足之处在所难免，敬请广大读者批评指正。

编著者

2022 年 10 月

目　　录

第 1 章　云原生概述........1

第 2 章　Docker 容器........16

2.1　Docker 与 VMWare........16
2.2　Docker 容器的优势........18
2.3　制作 Docker........20
2.4　Docker 常用的指令........28
2.5　Docker 的生命周期........31
2.6　Docker 的四种网络模型........33
2.7　Docker 持久化存储........34
2.8　Docker 安全保障........41
2.9　Docker 架构分析........46
2.10　namespace 技术........59
2.11　cgroup........62
2.12　Union Filesystem........64
2.13　RunC........65
2.14　启动流程........67
2.15　Docker API........73
2.16　Docker 的同类产品........84

第 3 章　K8s........88

3.1　K8s 简介........88

3.2 使用 kubeadm 部署 K8s 高可用集群 89
3.3 K8s 资源类型 91
3.4 K8s 组件 99
3.5 K8s 资源文件的类型 101
3.6 外部到内部的网络流程 103
3.7 K8s 中的 Pod、Service 和 Ingress 的关系 119
3.8 Kubernetes CRD 开发 121
3.9 K8s 数据持久化 144

第 4 章 K8s 架构与开放接口 151

4.1 源码目录 151
4.2 kubectl 执行流程 152
4.3 K8s 开放接口 CRI、CNI、CSI 181

第 5 章 使用 Client-Go 开发 K8s 199

5.1 Client-Go 简介 199
5.2 Client 初始化 202
5.3 Deployment 的增、删、查、改 208
5.4 yaml 远程执行 217
5.5 Namespace 的增、删、查、改 220
5.6 Ingress 入口的增、删、查、改 225
5.7 Service 服务的增、删、查、改 230
5.8 Node 的创建、查询、删除 236
5.9 Pod 的增、删、查、改 239
5.10 使用 Client-Go 创建 Job 244
5.11 使用 CRD 的示例 247

第 6 章 监控、日志与报警......252

6.1 K8s Prometheus+Alertmanager+Grafana 监控......252

6.2 Prometheus......252

6.3 Alertmanager......261

6.4 Grafana......265

6.5 ELK 日志分析系统......267

第 7 章 DevOps 与 CI/CD......270

7.1 DevOps......270

7.2 CI/CD......274

7.3 利用 Docker 优化 DevOps......282

7.4 使用 GitLab CI/CD 实现自动测试和部署......284

第 8 章 微服务......298

8.1 API 网关......298

8.2 Serverless......311

8.3 Kubeless......313

8.4 OpenFaaS......316

8.5 Service Mesh 服务网格......319

8.6 Service Mesh 与 API Gateway......323

8.7 分布式存储与微服务......325

参考文献......328

第1章　云原生概述

近几年，云原生生态在不断壮大，所有主流云计算供应商都加入了云原生计算基金会（Cloud Native Computing Foundation, CNCF），该基金会中的会员以及容纳的项目越来越多，CNCF为云原生进行了重新定义。云原生技术有利于各组织在公有云、私有云和混合云等新型动态环境中，构建和运行可弹性扩展的应用。

云原生的代表技术包括容器、服务网格、微服务、不可变基础设施和声明式API（Application Program Interface，应用程序接口）。这些技术能够构建容错性好、易于管理和便于观察的松耦合系统。结合可靠的自动化手段，云原生技术使工程师能够轻松地对系统作出频繁和可预测的重大变更。

关于什么是云原生的争论一直都在，云原生是一种行为方式和设计理念，究其本质，凡是能够提高云上资源利用率和应用交付效率的行为或方式都是云原生。云计算的发展史就是一部云原生的历史。Kubernetes开启了云原生的序幕，服务网格Istio引领了后Kubernetes时代的微服务，Serverless的再次兴起，使得云原生从基础设施层不断向应用架构层挺进，我们正处于一个云原生的新时代。

云原生的范围非常广，这里主要分为以下几个技术板块：

（1）应用定义及部署(App Definition and Development)。

（2）编排与管理(Orchestration & Management)。

（3）运行环境(Runtime)。

（4）配置(Provisioning)。

（5）平台(Platform)。

（6）可观测性和分析(Observability and Analysis)。

（7）无服务(Serverless)。

以上几大板块基本把云原生技术所涉及的领域都涵盖了，下面详细介绍各板块所涉及的技术栈。从系统层次来分，主要分为：

（1）应用层：应用定义及部署(App Definition and Development)、配置(Provisioning)、可观测性与分析(Observability and Analysis)、无服务(Serverless)。

（2）集群：编排与管理(Orchestration & Management)。

（3）底层运行环境：运行环境 (Runtime)。

本章为项目开发工作的基础，选择云原生就绪的开源项目，将有助于读者构建自己的云原生就绪项目。列出的主流项目也是将来的技术热点，是读者学习的方向。

1. 数据库

应用层的数据库如表 1–1 所列。

表 1–1　应用层的数据库

大　类	类　别	前几名	说　明
SQL	关系数据库	Oracle、MySQL/MariaDB、SQL Server、PostgreSQL、DB2、TiDB	遵循“表 – 记录”模型，按行存储在文件中
NoSQL	时序数据库	InfluxDB、RRDtool、Graphite、Prometheus、OpenTSDB、Kdb+	存储时间序列数据，每条记录都带有时间戳
	键 / 值数据库	Redis、Memcached、Riak KV、Hazelcast、Ehcache	遵循“键 – 值”模型
	文档数据库	MongoDB、Couchbase、Amazon DynamoDB、CouchDB、MarkLogic	无固定结构，不同的记录允许有不同的列数和列类型
	图数据库	Neo4j、OrientDB、Titan、Virtuoso、ArangoDB	以“点 – 边”组成的网络（图结构）来存储数据
	搜索引擎	Elasticsearch、Solr、Splunk、MarkLogic、Sphinx	存储的目的是搜索，主要功能也是搜索
	对象数据库	Caché、db4o、Versant Object Database、ObjectStore、Matisse	受面向对象编程语言的启发，把数据定义为对象并存储在数据库中，包括对象之间的关系，如继承
	宽列数据库	Cassandra、HBase、Accumulo	按照列（由“键 – 值”对组成的列表）在数据文件中记录数据，以获得更好的请求及遍历效率

这里着重介绍一下 TiDB（分布式关系型数据库。Ti 为 Titaniurn 的简称，DB 是 DataBase 的简写），因为其具有分布式优势。

TiDB 具有水平弹性扩展、分布式事务等特性，使其和云原生应用理念有天然的契合。TiKV（分布式事务型键值数据库。Ti 为 Titaniurn 的简称，KV 是 Key-Value 的简写）是一个开源的分布式事务 Key-Value 数据库，支持跨行 ACID [指写入数据时更新的 Atomicity（原子性）、Consistency（一致性）、Isolation（隔离性）、Durability（持久性）] 事务，同时实现了自动水平伸缩、数据强一致性、跨数据中心高可用和云原生等重要特性。作为一个基础组件，TiKV可作为构建其他系统的基石。目前，TiKV 已用于支持分布式 HTAP 数据库——TiDB，负责存储数据，并已被多个行业的领先企业应用在实际生产环境中。

Vitess 云原生数据库系统是用于部署、扩展和管理的大型 MySQL 实例集群的数据库解决方案。它是一个分布式 MySQL 工具集，可以自动分片存储 MySQL 数据表，将单个 SQL 查询改写为分布式发送到多个 MySQL Server 上，支持行缓存（比 MySQL 本身缓存效率高）与复制容错等。

2. 流式处理与消息队列

流式处理有 Spark streaming、storm 和 flink 等，它们都是常用的大数据流式计算框架。消息队列是分布式应用间交换信息的重要组件，消息队列可驻留在内存或磁盘上，队列可以存储消息直到它们被应用程序读走。通过消息队列，应用程序可以在不知道彼此位置的情况下独立处理消息，或者在处理消息前不需要等待接收此消息。所以消息队列可以解决应用解耦、异步消息、流量削峰等问题，是实现高性能、高可用、可伸缩和最终一致性架构中不可或缺的一环。现在比较常见的消息队列产品主要有 ActiveMQ、RabbitMQ、ZeroMQ、Kafka、RocketMQ 和 Apollo 等。

（1）ActiveMQ。ActiveMQ 由 Apache 出品，是更流行、能力更强劲的开源消息总线。ActiveMQ 是一个完全支持 JMS 1.1 和 J2EE 1.4 规范的 JMS Provider 实现，尽管 JMS 规范出台已经很久了，但是 JMS 在当今的 J2EE 应用中仍占据着特殊的地位。

（2）RabbitMQ。RabbitMQ 是流行的开源消息队列系统，用 erlang 语言开发。RabbitMQ 是 AMQP（Advanced Message Queuing Protocol，高级消息队列协议）的标准实现；支持多种客户端，如 Python、Ruby、.NET、Java、JMS、C、PHP、ActionScript、XMPP 和 STOMP 等，支持 AJAX，具有持久化特征；用于在分布式系统中存储转发消息，在易用性、扩展性和高可用性等方面表现不俗。

（3）ZeroMQ。ZeroMQ（简称 ZMQ）实际类似于 Socket 的一系列接口，它与 Socket 的区别是：普通的 Socket 是端到端 1∶1 的关系，而 ZMQ 却可以是 $N:M$ 的关系；BSD 套接字是点对点的连接，点对点连接需要显式地建立连接、销毁连接、选择协议（TCP/UDP）和处理错误等，而 ZMQ 屏蔽了这些细节，让用户的网络编程更为简单。ZMQ 用于 node 与 node 间的通信，node 可以是主机或者是进程。

引用官方的说法：ZMQ是一个简单好用的传输层，像框架一样的一个socket library，它使得Socket编程更加简单、简洁，性能更高。它是一个消息处理队列库，可在多个线程、内核和主机盒之间弹性伸缩。ZMQ的目标是“成为标准网络协议栈的一部分，之后进入Linux内核”。虽然现在还未成功，但它无疑是极具前景、是人们更加需要的“传统”BSD套接字上的一层封装。ZMQ让编写高性能网络应用程序变得极为简单和有趣。

1）ZeroMQ的特点。

A. 高性能，非持久化。

B. 跨平台：支持Linux、Windows、OSX等。

C. 多语言支持：支持C、C++、Java、.NET、Python等30多种开发语言。

D. 可单独部署或集成到应用中使用，可作为Socket通信库使用。

与RabbitMQ相比，ZMQ并不像是一个传统意义上的消息队列服务器，事实上，它也根本不是一个服务器，它更像一个底层的网络通信库，在Socket API之上做了一层封装，将网络通信、进程通信和线程通信抽象为统一的API接口，支持Request-Reply、Publisher-Subscriber、Parallel Pipeline三种基本模型和扩展模型。

2）ZMQ高性能的设计要点。

A. 无锁的队列模型。对于跨线程交互（用户端和session）之间的数据交换通道pipe，采用无锁的队列算法CAS；在pipe两端注册有异步事件，在读或写消息到pipe时，会自动触发读/写事件。

B. 批量处理的算法。对于传统的消息处理，每个消息在发送和接收时都需要系统的调用，这样对于大量的消息，系统的开销比较大，ZMQ对于批量消息进行了适应性优化，可以批量接收和发送消息。

C. 多核下的线程绑定无切换CPU。区别于传统的多线程并发模式、信号量或临界区，ZMQ充分利用多核的优势，每个核绑定运行一个工作线程，避免多线程之间的CPU切换开销。

（4）Kafka。Kafka是一种高吞吐量的分布式发布订阅消息系统，它可以处理消费者在网站中所有的动作流数据。这种网页浏览、搜索和其他用户的动作是现代网络上的一个关键因素，这些数据通常是由于吞吐量的要求，通过处理日志和日志聚合来解决。对于像Hadoop一样的日志数据和离线分析系统，但又要求实时处理的限制，这是一个可行的解决方案。Kafka的目的是通过Hadoop

的并行加载机制来统一线上和离线的消息处理，也是为了通过集群机来提供实时的消费。它具有如下特性：

1）通过O(1)（常数的高阶无穷小）的磁盘数据结构提供消息的持久化，这种结构对于即使数以TB计的消息存储也能够保持长时间的稳定性（文件追加的方式写入数据，过期的数据定期删除）。

2）高吞吐量，即使是非常普通的硬件，Kafka也可以支持每秒数百万的消息，支持通过Kafka服务器和消费机集群来分区消息，支持Hadoop并行数据加载。

Broker Kafka集群包含一个或多个服务器，这种服务器被称为broker。

Topic发布到Kafka集群的每条消息都有一个类别，这个类别被称为Topic。物理上，不同的Topic消息分开存储，逻辑上，一个Topic消息虽然保存在一个或多个broker上，但用户只需指定消息的Topic即可生产或消费数据，而不必关心数据存于何处。

Partition是物理上的概念，每个Topic包含一个或多个Partition。Producer负责发布消息到Kafka broker。Consumer是消息消费者，向Kafka broker读取消息的客户端。Consumer Group中每个Consumer属于一个特定的Consumer Group（可为每个Consumer指定group name，若不指定group name则属于默认的group），一般应用在大数据日志处理或对实时性（少量延迟）、可靠性（少量丢数据）要求稍低的场景。

（5）RocketMQ。RocketMQ是某公司开源的消息中间件，用Java开发，具有高吞吐量、高可用性、适合大规模分布式系统应用的特点。RocketMQ思路起源于Kafka，但并不是简单的复制，它对消息的可靠传输及事务性做了优化，目前在部分公司被广泛用于交易、充值、流计算、消息推送、日志流式处理和binglog分发等场景。

由于RocketMQ是某公司内部从实践到产品的产物，因此很多接口、API并不普遍适用，但其可靠性毋庸置疑，与Kafka一脉相承（甚至更优），性能强劲，支持海量堆积。

（6）Apollo。Apache ActiveMQ是一个非常流行、强大、开源的消息和集成模式（Integration Patterns）服务器，速度快、支持多种跨语言客户端和协议，易于使用企业集成模式（Enterprise Integration Patterns），拥有许多先进的特性，完全支持JMS 1.1和J2EE 1.4规范。ActiveMQ基于Apache 2.0许可。

Apollo 以 ActiveMQ 原型为基础，是一个更快、更可靠、更易于维护的消息代理工具。Apache 认为 Apollo 是最快、最强健的 STOMP（Streaming Text Orientated Message Protocol，流文本定向消息协议）服务器。

3. 应用定义和镜像构建

云原生的应用构建一般由多个 YAML 文件组成，为了能更灵活地生成和打包管理这些配置、定义文件，需要一些工具，而 Helm 就是 K8s 应用得比较多的应用程序，用于 Chart 的创建、打包、发布以及创建的软件包管理工具。

Helm 是 Kubernetes 的包管理器，类似于 Python 的 pip centos 的 yum, 主要用来管理 Charts。Helm Chart 用来封装 Kubernetes 原生应用程序的一系列 YAML 文件。可以在部署应用时自定义应用程序的一些 Metadata，以便于应用程序的分发。对于应用发布者而言，可以通过 Helm 打包应用、管理应用依赖关系、管理应用版本并发布应用到软件仓库。对于使用者而言，使用 Helm 后不再需要编写复杂的应用部署文件，可以以简单的方式在 Kubernetes 上查找、安装、升级、回滚和卸载应用程序。

（1）Buildpacks 。Buildpacks 技术是一个直接将代码转换为容器镜像的技术，它意味着不用再写 Dockerfile 文件了。与我们熟悉的 Dockerfile 相比，Buildpacks 为构建应用程序提供了更高层次的抽象构建，减轻了开发者的负担，并支持大规模的应用程序管理：多语言支持，针对特定的编程语言有特定的构建机制，比如 Java、Golang、Ruby 和 Python 等。它可保证应用构建的安全性和合规性，而无须开发者干预。

提供操作系统级别和应用程序级别依赖关系升级的自动交付，屏蔽了 Dockerfile 的复杂性，提供 merge 功能，可以在原来的基础上增加新的功能和补丁，而无须重新构建。

（2）Operator Framework。Operator Framework 提供了如下功能用于帮助开发者更快地开发 Operator。

1）Operator SDK: 提供了开发 Operator 的脚手架功能，稍微降低了相关的开发难度，构建、测试打包 Operator，相关功能都包含其中。

2）Operator 生命周期管理（OLM）：对于 Operator 在 Kubernetes 集群上从安装、更新到管理的全生命周期进行管理。一旦使用 SDK 构建完毕，到上至集群上的这部分操作，OLM 开始接棒运作。

3）Operator Metering：提供与特定服务的 Operator 使用情况的报表。

对应项目有 Artifact Hub、Backstage、Bitnami-Tanzu Application Catalog、CAPE、Carvel、Chef Habitat、CloudARK KubePlus、DeployHub、DevSpace、Docker Compose、Eclipse Che、Gitpod、Gradle Build Tool、kaniko、KOTS、KubeCarrier、KubeVela、KubeVirt、KUDO、Kui、Lagoon、Mia-Platform、Nocalhost、Octant、Okteto、On-Prem、Open Application Model、Open Service Broker API、OpenAPI、Packer、Podman、Porter、Serverless Workflow、ServiceComb、Shipwright、Skaffold、Squash、Tanka、Telepresence、Tilt。

4. 持续集成与持续交付

持续集成和持续交付(Continuous Integration and Continuous Delivery，CI/CD)是一种基于敏捷开发提出的开发工具，由于在敏捷开发中要求以快步小走的方式进行迭代，为了节约测试、交付的时间周期，必须要有一个能做到和代码管理进行结合的自动化测试与交付的工具，这就是持续集成和持续交付(CI/CD)。常用的 CI/CD 工具有 Jenkins、Travis CI、gitlab runner 等。

对应项目有 Argo、Flux、Agola、Akuity、Appveyor、AWS CodePipeline、Azure Pipelines、Bamboo、Brigade、Buildkite、CircleCI、Cloud 66 Skycap、Cloudbees Codeship、Codefresh、Concourse、D2iQ Dispatch、Drone、Flagger、GitHub Actions、GitLab、GoCD、Google Cloud Build、Harness.io、HyScale、Jenkins、JenkinsX、k6、Keploy、Keptn、Octopus Deploy、OpenGitOps、OpenKruise、Ortelius、Ozone、Razee、Screwdriver、Semaphore、Spinnaker、TeamCity、Tekton Pipelines、Travis CI、werf、Woodpecker CI、XL Deploy。

5. 容器编排与调度

容器的编排和调度(Orchestration and Scheduling)可以说是云原生的基石，而 Kubernetes 是这个领域的事实标准，作为 CNCF 基金会的首个毕业项目和金字招牌，甚至很多人认为云原生就是 K8s 及与其相关的一系列技术，虽然这样的说法很不准确，不过现在云原生技术确实和 K8s 绑定得越来越紧密，由此而衍生了一大批的工具生态，有 Kubernetes、Crossplane、Amazon Elastic Container Service (ECS)、Apache Mesos、Azure Service Fabric、Docker Swarm、Fluid、Karmada、Nomad、OpenNebula、Volcano 等。

6. 一致性与服务发现

各服务之间的协同以及服务发现是分布式计算的核心，分布式架构作为云原生的基础特性之一，是不可或缺的功能组件，从大数据时代的老牌 Zookeeper

到 Docker Swarm 采用的 Consul，再到 K8s 中集成的分布式键值数据库 etcd 和 DNS 服务发现 CoreDNS，都是其中的佼佼者。其他还有 Apache Zookeeper、AWS Cloud Map、k8gb、Nacos、Netflix Eureka 等。

7. 远程调用服务

广义上的远程调用服务 (Remote Procedure Call，RPC) 一般分为两种，一种基于 HTTP 协议，另一种基于 RPC；而狭义的远程调用一般指的是 RPC。比较常用的 RPC 框架，有 Google 开源的 gRPC 和 Apache 旗下的 Thrift 框架，K8s 采用 gRPC 框架作为服务间调用。相关项目有 gRPC、Apache Thrift、Avro、CloudWeGo、Dubbo、go-zero、kratos、OFARPC、TARS 等。

8. 服务代理

服务代理 (Service Proxy) 平常用得最多的应该是 nginx。作为一个高性能支持正向和反向代理的服务器 , nginx 具备成熟和广泛的应用场景。

Envoy 是一个新生的用 Go 写的服务代理，像 Istio 和 Ambassador 的服务代理就是采用了 Envoy，因此，在云原生应用中，Envoy 也具备强大的生命力。

（1）Envoy。Envoy 是一个开源的边缘服务代理，专为云原生应用而设计，功能如下：

1）进程外架构。Envoy 是一个自包含的高性能服务器，内存占用小。它可与任何应用程序语言或框架一起运行。

2）HTTP/2 和 gRPC 支持。Envoy 为传入和传出连接提供对 HTTP/2 和 gRPC 的一流支持。它是一个透明的 HTTP/1.1 到 HTTP/2 代理。

3）高级负载平衡。高级负载均衡功能，包括自动重试、断路、全局速率限制、请求阴影和区域本地负载均衡等。

4）用于配置管理的 API。 Envoy 提供了强大的 API 来动态管理其配置。

5）可观察性。Envoy 支持 L7 层的流量的深度可观察性，对分布式跟踪的原生支持，以及 MongoDB、DynamoDB 等的线级可观察性。

（2）Contour。Contour 是开源的 Kubernetes 入口控制器，为 Envoy 边缘和服务代理提供控制平面。Contour 支持动态配置更新和多团队入口委托，同时保持轻量级配置文件。其特点如下：

1）内置 Envoy。Contour 基于 Envoy、高性能 L7 代理和负载均衡器的控制平面。

2）灵活的架构。轮廓可以部署为 Kubernetes 部署或守护程序集。

3）TLS 证书授权。管理员可以安全地委派通配符证书访问。

服务代理相关项目有 Traefik、Envoy、Contour、Avi Networks、BFE、Citrix ADC (formerly NetScaler ADC)、F5、Gimbal、HAProxy、Inlets、MetalLB、MOSN、Netflix Zuul、NGINX、OpenResty、Porter LB、Skipper、Snapt Nova、Tengine。

9. API 网关

API 网关的主要功能是对所有的 API 调用进行统一接入与管理、认证、授权等。其中 ambassador、traefik 和 kong 等都是优秀的微服务网关。

API 网关相关项目有 Emissary-Ingress、3Scale、Akana、APIOAK、APISIX、Easegress、EnRoute OneStep Ingress、Gloo、Gravitee.io、Kong、KrakenD、MuleSoft、Reactive Interaction Gateway、Sentinel、Tyk、WSO2 API Microgateway。

10. 服务网格

服务网格（Service Mesh）用于控制应用的不同部分之间共享数据的方式，是内置于应用程序中的专用基础架构层，用于记录应用的不同部分是否能正常交互。服务网格可以更细粒度地为每个服务提供限流、管控、熔断和安全等功能。

Istio 提供一种简单的方式来为已部署的服务建立网络，该网络具有负载均衡、服务间认证和监控等功能，而不需要对服务的代码做任何改动。

Istio 适用于容器或虚拟机环境（特别是 K8s），兼容异构架构。Istio 使用 sidecar（边车模式）代理服务的网络，不需要对业务代码本身做任何的改动。HTTP、gRPC、WebSocket 和 TCP 的流量自动负载均衡。

Istio 通过丰富的路由规则、重试、故障转移和故障注入，可以对流量行为进行细粒度控制；支持访问控制、速率限制和配额。Istio 支持对出入集群入口和出口中所有流量的自动度量指标、日志记录和跟踪。Istio 的工作原理是以 Sidecar 的形式将 Envoy 的扩展版本作为代理部署到每个微服务中。Istio 是最流行的 Service Mesh 之一，其以易用性、无侵入、功能强大赢得众多用户青睐。

Traefik Maesh 建立在 Traefik 之上，提供了大部分用户期望的功能：OpenTracing、HTTP 负载均衡、gRPC、WebSocket、TCP、丰富的路由规则、重试和故障接管，当然也包括访问控制、速率限制和断路器等功能。

服务网格相关的项目有 Linkerd、AWS App Mesh、Consul、EaseMesh、Glasnostic、Gloo Mesh、Grey Matter、Istio、Kuma、Meshery、Open Service Mesh、Service

Mesh Interface (SMI)、Service Mesh Performance、Traefik Mesh。

11. 云原生存储

运行时板块指的是容器运行环境，包括容器存储、容器计算和容器网络三大工具，K8s 分别对应的是 CSI、CRI 和 CNI 三类接口定义。

云原生存储（Cloud Native Storage）随着数据库、消息队列等中间件逐步在容器环境中得到应用，容器持久化存储的需求也逐步增多，随之而来的是建立一套基于云原生的存储系统，在 K8s 中对应的就是 CSI——容器存储接口。持久化存储中用得比较多的是 Ceph，作为一个分布式存储系统，Ceph 可提供较好的性能、可靠性和可扩展性。

云原生存储工具有 Rook、Longhorn、Alibaba Cloud File Storage、Alibaba Cloud File Storage CPFS、Alluxio、Amazon Elastic Block Store (EBS)、Arrikto、Azure Disk Storage、Ceph、ChubaoFS、CloudCasa by Catalogic Software、Commvault、Container Storage Interface (CSI)、Curve、Datera、Dell EMC、Diamanti、DriveScale、Gluster、Google Persistent Disk、Hitachi、HPE Storage、IBM Storage、INFINIDAT、IOMesh、Ionir、Kasten、LINSTOR、MayaData、MinIO、MooseFS、NetApp、Nutanix Objects、OpenEBS、OpenIO、ORAS、Piraeus Datastore、Portworx、Pure Storage、QingStor、Qumulo、Quobyte、Robin Systems、SandStone、Scality RING、Soda Foundation、Stash by AppsCode、StorageOS、StorPool、Swift、Trilio、Triton Object Storage、Velero、Vineyard、XSKY、YRCloudFile、Zenko。

12. 容器运行时

容器运行时是指容器的运行环境，比如最常用的 Docker。除了 Docker, 还有一个比较著名的开源容器运行时标准组织（Open Container Initiative，OCI）。OCI 由 Linux 基金会于 2015 年 6 月成立，旨在围绕容器格式和运行时制定一个开放的工业化标准，目前主要有两个标准文档：容器运行时标准（runtime spec）和容器镜像标准（image spec），Containerd 就是一个满足 OCI 规范的核心容器运行时。

相关项目有 Containerd、CRI-O、Firecracker、gVisor、Inclavare Containers、Kata Containers、lxd、rkt、runc、Singularity、SmartOS、Sysbox、WasmEdge Runtime。

13. 云原生网络

云原生网络（Cloud Native Network）是容器的网络方案，为容器集群提供一层虚拟化的网络，像K8s的CNI就是其中一个标准的网络接口，flannel是CoreOS公司主推的容器网络方案，是现在比较主流的网络之一。

相关项目有Cilium、Container Network Interface (CNI)、Antrea、Aviatrix、CNI-Genie、Cumulus、DANM、FD.io、Flannel、Guardicore Centra、Isovalent、Kilo、Kube-OVN、Kube-router、Ligato、Multus、Network Service Mesh、Nuage Networks、Open vSwitch、Project Calico、Submariner、Tungsten Fabric、VMware NSX、Weave Net。

14. 配置

配置板块主要包括四个模块：自动化与配置、容器注册、安全与合规性、密钥管理。

（1）自动化与配置。用于自动化部署和配置容器运行平台和环境，代表工具有Ansible、Chef、Puppet、VMware、OpenStack。

相关项目有KubeEdge、Airship、Akri、Ansible、Apollo、AWS CloudFormation、BOSH、Cadence Workflow、CDK for Kubernetes (CDK8s)、CFEngine、Chef Infra、Cloud Custodian、Cloudify、Couler、Digital Rebar、Foreman、Juju、kiosk、Kubefirst、LinuxKit、MAAS、ManageIQ、Metal3-io、Mist.io、OpenStack、OpenYurt、Pulumi、Puppet、Rundeck、SaltStack、StackStorm、SuperEdge、Terraform、Tinkerbell、VMware vSphere。

（2）容器注册。容器注册是整个CNCF云原生中的重要部件，因为基于容器的运行环境，所有的应用都需要借助容器镜像库来安装和部署。

容器注册工具主要分公有工具和私有工具，公有的容器镜像库主要包括Docker官方的registry，私有镜像库最著名的是Harbor。目前，市面上大量的容器平台都基于Harbor构建其镜像仓库。

相关项目有Harbor、Dragonfly、Alibaba Cloud Container Registry (ACR)、Amazon Elastic Container Registry (ECR)、Azure Registry、Distribution、Google Container Registry、IBM Cloud Container Registry、JFrog Artifactory、Kraken、Portus、Quay。

（3）安全与合规性。安全与合规性基本是所有系统都会面临的问题，Notary和TUF是这个领域两个主要的项目，其中，TUF是一个开源的安全标准，

Notary 是其中的一个实现。

相关项目有 Security & Compliance、Open Policy Agent (OPA)、The Update Framework (TUF)、Falco、Notary、Alcide、Anchore、Apolicy、Aqua、Armo、Black Duck、Bloombase、Capsule8、cert-manager、Check Point、Checkov、Chef InSpec、Clair、Curiefense、Datica、Dex、Dosec、Fairwinds Insights、FOSSA、FOSSID、Fugue、Goldilocks、Grafeas、in-toto、Keylime、kube-bench、kube-hunter、Kyverno、Mondoo、NeuVector、Nirmata Cloud Native Policy Manager、OpenSCAP、Orca Security、Parsec、Pluto、Polaris、Portshift、Prisma Cloud Security Suite、Qingteng、RBAC Lookup、RBAC Manager、Rudder、Snyk、Sonatype Nexus、Sonobuoy、StackHawk、StackRox、Syncier Security Tower、Sysdig Secure、Tensor Security、Terrascan、Tigera、Trend Micro Cloud One、Trivy、WhiteSource、Zettaset。

（4）密钥管理。密钥管理是做权限管理和身份认证，比如雅虎发布的 athenz，就是一个基于 RBAC 的权限管理和配置。

SPIFFE 通用安全身份框架提供了统一的工作负载身份解决方案。相关项目有 SPIFFE、SPIRE、Athenz、CyberArk Conjur、Keycloak、OAuth2 Proxy、ORY Hydra、Pomerium、Square Keywhiz、sso、Teleport、Vault。

15. 可观测性与分析

可观测性与分析板块主要包括监控、日志、追踪和混沌工程。

（1）监控（monitor）主要是对运行系统和应用的状态进行观测与预警，常用的监控有 Prometheus、Zabbix 等，Grafana 通常会配合 Prometheus 做图形化的展示。

监控相关项目有 Prometheus、Cortex、Thanos、Amazon CloudWatch、AppDynamics、Application High Availability Service、Applications Manager、AppNeta、AppOptics、Aternity、Azure Monitor、Beats、Blue Matador、Catchpoint、Centreon、Checkmk、Chronosphere、CloudHealth Technologies、Datadog、Dynatrace、Epsagon、Falcon、Flowmill、Fonio、Google Stackdriver、Gradle Enterprise、Grafana、Graphite、Honeybadger、Icinga、InfluxData、Instana、IronDB、Kiali、Kuberhealthy、LeanIX Microservice Intelligence (MI)、LogicMonitor、Logz.io、M3、Mackerel、Nagios、Netdata、Netis、New Relic、NexClipper、Nightingale、NodeSource、OpenMetrics、OpenTSDB、Opstrace、

OverOps、Pixie、Replex、Rookout、Sensu、Sentry、SignalFX、Skooner、Sosivio、StackState、StormForge、sysdig、Tingyun、Trickster、Turbonomic、Vector、VictoriaMetrics、Virtasant、Wavefront、Weave Cloud、Weave Scope、WhaTap、Zabbix。

（2）日志（Logging）指日志采集模块，如ELK(elastic/logstash/kibana)、fluentd等。

相关项目有Fluentd、Alibaba Cloud Log Service、Elastic、Grafana Loki、Graylog、Humio、LogDNA、Loggly、Logiq、Logstash、Pandora2.0、Rizhiyi、Scalyr、Sematext、Splunk、Sumo Logic、Tencent Cloud Log Service、Trink.io。

（3）追踪（Tracing）指分布式链路追踪。在分布式系统中，各服务之间相互调用，一个地方出问题可能会导致很多其他服务上的组件出现连锁问题，因此在定位问题的时候十分困难，必须要建立分布式链路追踪来对错误和故障进行定位，分布式跟踪是对日志和监控指标的重要补充。OpenTracing是一套分布式系统跟踪标准协议，为大家建立一套统一的标准来实现分布式跟踪信息的描述和传递。

相关项目有Jaeger、OpenTelemetry、Aspecto、Elastic APM、Grafana Tempo、Honeycomb、LightStep、OpenTracing、Pinpoint、SkyWalking、SOFATracer、Spring Cloud Sleuth、Zipkin。

（4）混沌工程（Chaos Engineering）主要解决在高复杂性的分布式系统之上建立值得信任的生产部署体系，比如服务不可用时后备设置不当，因超时设置不当导致反复重试，下游依赖关系在接收到大量流量时出现中断，发生单点故障时连锁引发后续问题等一系列混乱的难题，建立受控实验观察分布式系统。

相关项目有Chaos Mesh、Chaos Toolkit、Chaosblade、chaoskube、Gremlin、Litmus、PowerfulSeal、steadybit。

16. 无服务

无服务（Serverless）的全称是无服务器运算（Serverless computing），又被称为“函数即服务（Function as a Service，FaaS）”，是云计算的一种模型。以“平台即服务（Platform as a Service，PaaS）”为基础，无服务器运算提供一个微型的架构，终端客户不需要部署、配置或管理服务器服务，代码运行所需要的服务器服务皆由云端平台来提供。

Serverless 为微服务运算，但不代表它真的不需要服务，而是说开发者不再需要过多考虑服务器的问题，此处计算资源作为服务而不是服务器的概念出现。Serverless 是一种构建和管理基于微服务架构的技术，允许开发者在服务部署级别而不是服务器部署级别来管理应用部署，开发者甚至可以管理某个具体功能或端口的部署，以便快速迭代，更快速地开发软件。

以 AWS Lambda 为例，Lambda 能让开发者不用思考任何服务器，不用处理服务器上的部署、服务器容量和服务器的扩展和失败容错，服务器上选择什么 OS 操作系统、语言的更新、日志等问题。

Serverless 代表的是一种服务理念或模式。这种服务理念希望用户无须关注除了业务逻辑本身之外的主机管理、服务运维、配置等事务，无须关注运营维护问题。也就是说，只要有了 Serverless，几乎可以不再考虑 DevOps 工作流。Serverless 是一种软件系统架构方法，并不代表某种技术，通常称其为一种架构而不是某种技术框架。Serverless 是一种云服务产品形态，通常称其为一种产品，比如各大厂商推出的各种 Serverless 服务和封装的 API 网关等产品。当前业界最常见的 Serverless 实现方案为 FaaS（函数即服务）+ BaaS（Backend as a Service，后端即服务），我们经常听到的“云服务”指的就是 FaaS + BaaS 架构。

Serverless 是一个很大的领域，因此，针对 Serverless 专门又细分了五个模块：工具、安全、框架、注册平台和可安装平台。

（1）工具（Tools）指一些工具集，比如 CNCF 的 landscape 作为一个信息聚合网站可以用于查看各种新的软件工具，Dashbird 可以用于 Serverless 的监控和故障排查工具。

相关工具有 Cloud Native Landscape、CloudZero、Dashbird、Hasura GraphQL Engine、Lumigo、Node Lambda、SCAR、Serverless Devs、Sigma、Stackery、Thundra。

（2）安全（Security）主要提供 Serverless 的安全防护，相关工具有 Prisma Cloud、Protego、Threat Stack。

（3）框架（Framework）指直接用于构建、管理 Serverless 应用的框架，比如：Apex 可以用于构建、发布和管理 AWS Lambda，SAM 是一个 Python、开源 Serverless 应用构建框架。

相关框架有 Dapr、Architect、AWS Server Application Model (SAM)、Chalice、

EventMesh、Flogo、Midway Serverless、Serverless、Serverless Stack、Sparta、Spring Cloud Function、Webiny。

（4）注册平台（Hosted Platform）指提供第三方注册的厂商服务，比如AWS的Lambda、阿里云的函数计算服务、Google的cloud functions服务等。

相关平台有Algorithmia、Alibaba Cloud Function Compute、Alibaba Cloud Serverless App Engine、AWS Lambda、Azure Functions、Baidu Cloud Function Compute、Cloudflare Workers、Google Cloud Functions、Huawei FunctionStage、IBM Cloud Code Engine、IBM Cloud Functions、Koyeb、Netlify Functions、Nimbella、Nuweba、Oracle Functions、PubNub Functions、Second State Functions、Spotinst Functions、Standard Library、Tencent Cloud Serverless Cloud Function、Twilio Functions、Vercel。

（5）可安装平台（Installable Platform）用于自己搭建Serverless平台的工具，比如Knative就是由谷歌开源的Serverless架构方案。

相关的可安装平台有Keda、Apache Camel K、Apache OpenWhisk、AppScale、Fission、Knative、Knix、Krustlet、Kubeless、Kyma、Nuclio、OpenFaaS、PipelineAI、Riff、Virtual Kubelet。

第 2 章　Docker 容器

Docker 是一个开源的应用容器引擎，是云原生的基石，基于 Go 语言并遵从 Apache 2.0 协议开源。Docker 把容器技术推向了巅峰，但容器技术却不是 Docker 发明的。实际上，容器技术并不是新技术，最早的容器技术 LXC 发布于 2008 年。

Docker 可以让开发者打包应用以及依赖包到一个轻量级、可移植的容器中，然后发布到任何流行的 Linux 机器上，也可以实现虚拟化。容器完全使用沙箱机制（独立运行且互不干扰的虚拟环境），相互之间不会有任何接口（类似 App），更重要的是容器性能开销极低。

2.1　Docker 与 VMWare

VMWare 虚拟机软件是一个虚拟 PC 软件，它使得一台机器可以同时运行两个及以上的 Windows、DOS 和 Linux 系统。与“多启动”系统相比，VMWare 采用了完全不同的概念。多启动系统在一个时刻只能运行一个系统，在系统切换时需要重新启动机器。VMWare 是真正在主系统上同时运行多个操作系统，像标准 Windows 应用程序那样切换，而且每个操作系统都可以进行虚拟的分区、配置而不影响真实的硬盘数据，可以通过网卡将几台虚拟机连接为一个局域网。

由于 Docker 相比于虚拟机在诸多方面有着明显的优势，所以仅仅数年时间，就完成了从诞生到兴起再到主流的蜕变，这无疑也是对其在软件开发中卓越贡献的肯定。两者的主要区别如下：

（1）操作系统。与虚拟机不同，Docker 不需要在宿主机的系统之上再运行新的系统。虚拟机会根据需要加载不同的系统，这些功能完备的系统大小往往高达数个 GB。而 Docker 则是微型的 Linux 系统，没有硬件的虚拟化资源，大小仅为百兆，在运行时与宿主机共享 OS，因此启动速度达到秒级，而虚拟机则为分钟级。

（2）储存大小。Docker 容器的镜像很小，存储和传输非常方便，运维工程师可以在几分钟内完成下载和运行。而对虚拟机来说，它的镜像如 vmdk、vdi

等，就显得十分庞大，往往在 10 GB 以上，传输和存储十分不便。

（3）运行性能。无论是在服务器还是在本地 PC 机上运行，Docker 几乎没有性能的损失，不浪费原本就很珍贵的资源，而虚拟机则需要消耗大量、额外的 CPU 和内存资源。

（4）移植性。Docker 容器轻便、灵活，适应于 Linux；而虚拟机相对笨重，与虚拟化技术的耦合度非常高，因此移植性相对较差。

（5）部署速度。Docker 的部署在几秒到几十秒间就能完成。

（6）功能方向。Docker 致力于给软件开发者带来便捷，在很大程度上促进了 DevOps 模式的发展。而相对笨重的虚拟机则专注于为硬件运维者提供服务。Docker 与 VMWare 虚拟机的对比如图 2–1 所示。

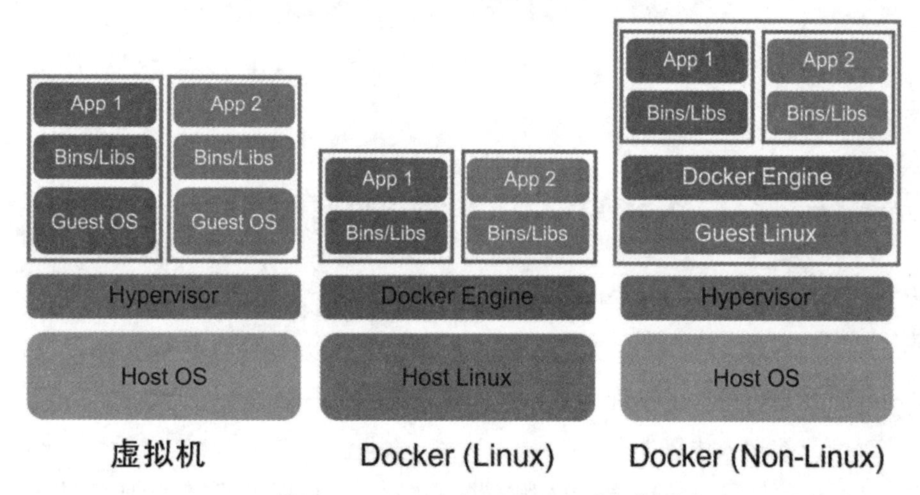

图 2–1　Docker 和 VMWare 虚拟机对比

从图 2–1 可知，虚拟机比 Docker 多了 Hypervisor 和 Guest OS 的过程，也正是因为省略了这些过程，使得 Docker 启动更快。

Hypervisor 的主要作用是实现硬件资源虚拟化。由于 Docker 容器上程序直接使用的都是物理机的硬件资源，因此不需要资源虚拟化的过程，所以在 CPU 和内存利用率上，Docker 将会明显提高效率。

Guest OS 的主要作用是加载操作系统内核。由于 Docker 利用的是宿主机的内核，因此在启动一个容器时，不需要像虚拟机那样重新加载一个操作系统内核，所以节约了启动时间。

官网提供的容器启动过程如图 2–2 所示。

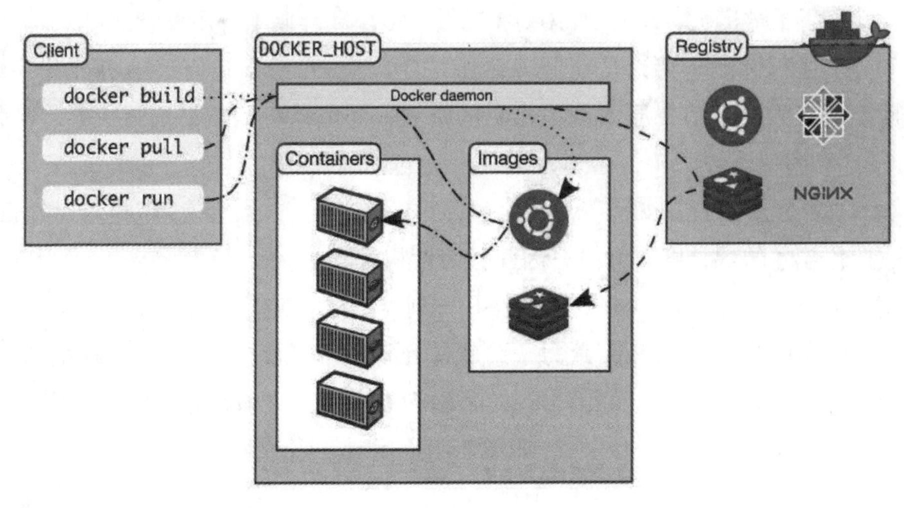

图 2-2 容器启动过程

2.2 Docker 容器的优势

Docker 能更快地为客户提供功能和更新。当为任何现代应用程序创建基础时，Docker 都是一个重要的工具。首先，它可以轻松部署到云中。其次，Docker 技术更可控、更精细，是一种基于微服务的方法，专注于效率。

Docker 的七大优势如下：

（1）一致且隔离的环境。使用容器，开发人员可以创建与其他应用程序隔离的可预测环境。无论应用程序部署在哪里，一切都保持一致，这带来巨大的生产力、更少的调试时间，从而留出更多的时间为用户推出新的特性和功能。

（2）快速部署的成本效益。在 Docker 以前，诸如配置、启动和运行硬件之类的事情通常需要数天或更长时间。此外，开发者还面临大量开销和额外工作。Docker 容器的出现解决了这一难题。当每个进程被放入一个容器时，它可以与新的应用程序共享，因此，部署过程变得迅速。Docker 驱动的容器已将部署时间减少到几秒钟。以任何标准衡量，这都是一项了不起的壮举。

（3）移动性：随时随地运行的能力。Docker 镜像不受环境限制，这使得任何部署都具有一致性、可移动性（可移植性）和可扩展性。容器具有在任何地方运行的额外好处，只要它针对操作系统（Win、Mac OS、Linux、VM、本地、公共云），这对于开发和部署来说都是一个巨大的优势。用于容器的 Docker 镜像格式的广泛流行提供了进一步的帮助，它已被领先的云提供商采用，包括亚马逊网络服务 (AWS)、谷歌计算平台 (GCP) 和微软 Azure。此外，Docker 拥有强大的编排系统，例如 Kubernetes、AWS ECS 和 Azure 容器实例等产品在移动性方面非常有用。

（4）可重复性和自动化。它构建具有可重复基础架构和配置的代码，极大地加快了开发过程。必须指出的是，Docker 镜像通常很小。因此，开发者可以快速交付，并且再次缩短新应用程序容器的部署时间。另外，维护简单。当应用程序被容器化时，它与在同一系统中运行的其他应用程序是隔离的。换句话说，应用程序不会混杂在一起，应用程序维护变得更加容易。它适合自动化，重复得越快，犯的错误就越少，开发者就越能专注于业务或应用程序的核心价值。

（5）测试、回滚和部署。环境在 Docker 中从头到尾保持得更加一致。Docker 镜像很容易进行版本控制，这使得它们在必要时很容易回滚。如果当前迭代的图像有问题，只需回滚到旧版本即可。整个过程意味着开发者正在为持续集成和持续部署 (CI/CD) 创建完美的环境。Docker 容器设置为在内部保留所有配置和依赖项，开发者可用快速简便的方法来检查差异。

（6）灵活性。如果需要在产品的发布周期内执行升级，可以轻松地对 Docker 容器进行必要的更改、测试并推出新容器，这种灵活性是 Docker 的另一个关键优势。Docker 允许开发者构建、测试和发布跨多个服务器部署的映像，即使有新的安全补丁可用，过程也保持不变。开发者可以应用补丁、测试，并将其发布到生产环境中。此外，Docker 允许开发者快速启动和停止服务或应用程序，这在云环境中尤为有用。

（7）协作、模块化与扩展。Docker 容器化方法允许开发者对应用程序进行分段，以便开发者刷新、清理、修复而无须关闭整个应用程序。此外，使用 Docker，开发者可以为通过 API 相互通信的小进程组成的应用程序构建架构。开发人员可以共享和协作，快速解决任何潜在问题。当开发周期完成时，所有问题均已解决，无须进行大规模检修，极具成本效益且节省时间。

2.3 制作 Docker

示例：新建一个文件，命名为 Dockerfile 且没有后缀，代码如下：

```
# syntax=docker/dockerfile:1
FROM python:3.7-alpine
# 从 Python 3.7 镜像开始构建镜像
WORKDIR /code
# 将工作目录设置为 /code。
ENV FLASK_APP=app.py
ENV FLASK_RUN_HOST=0.0.0.0
# 设置 flask 命令使用的环境变量
RUN apk add --no-cache gcc musl-dev linux-headers
# 安装 gcc 和其他依赖项
COPY requirements.txt requirements.txt
# 复制 requirements.txt
RUN pip install -r requirements.txt
# 安装 Python 依赖项
EXPOSE 5000
# 描述容器正在侦听端口 5000
COPY . .
# 复制当前文件到工作目录
CMD ["flask", "run"]
# 将容器的默认开机命令设置为运行 flask。
```

制作镜像运行指令：

```
docker build -t flask:latest .
```

flask 是容器名称，latest 是版本号。

运行指令：

```
docker run -p 5001: 5000   -d flask
```

–p：将容器内部的端口 5000 映射到宿主主机的端口 5001。

docker ps：查看所有运行的容器。

docker ps –a：查看所有容器，包括运行和不运行的。

进入容器运行指令：

```
docker exec -it 容器 id /bin/bash
```

2.3.1 Dockerfile

Dockerfile 是一个用来构建镜像的文本文件，文本内容包含一条条构建镜像所需的指令和说明。Dockerfile 文件格式如下：

```
## Dockerfile 文件格式

# VERSION 2.1
# Author：docker_user
# 1. 第一行必须指定基础镜像，后面的操作根据此基础镜像制作
FROM ubuntu

# 2. 维护者信息
MAINTAINER docker_user dockeruser@email.com

# 3. 镜像操作指令
RUN echo "hello" >> /etc/apt/sources.list
RUN apt-get update && apt-get install -y nginx
RUN echo "\ndaemon off;" >> /etc/nginx/nginx.conf

# 4. 容器启动执行指令
CMD /usr/sbin/nginx
```

Dockerfile 分为四部分：基础镜像信息、维护者信息、镜像操作指令和容器启动执行指令。Dockerfile 的指令每执行一次都会在 Docker 上新建一层。因此，过多无意义的层会造成镜像膨胀过大。例如：

```
FROM centos
RUN yum install wget
RUN wget -O redis.tar.gz "http://download.redis.io/releases/redis-5.0.3.tar.gz"
RUN tar -xvf redis.tar.gz
```

以上执行会创建三层镜像。可简化为以下格式：

```
FROM centos
RUN yum install wget \
    && wget -O redis.tar.gz "http://download.redis.io/releases/redis-5.0.3.tar.gz" \
    && tar -xvf redis.tar.gz
```

其中，以“&&”符号连接命令，这样执行后只会创建一层镜像。

Dockerfile 常用指令说明如下。

1. ADD 指令

```
ADD 指令
```

ADD 指令的功能是将主机构建环境（上下文）目录中的文件和目录，以及将一个 URL 标记的文件复制到镜像中；将本地文件添加到容器中，tar 类型文件会自动解压，可以访问网络资源，类似 wget。其格式是：

```
ADD 源路径 目标路径
```

例如：

```
FROM ubuntu
MAINTAINER hello
ADD test1.txt test1.txt
ADD test1.txt test1.txt.bak
ADD test1.txt /mydir/
ADD data1  data1
ADD data2  data2
ADD zip.tar /myzip
```

关于 ADD 命令有如下注意事项：

（1）如果源路径是文件，且目标路径是以“/”结尾，则 Docker 会把目标路径当作一个目录，把源文件复制到该目录下。如果目标路径不存在，则自动创建目标路径。

（2）如果源路径是文件，且目标路径不是以“/”结尾，则 Docker 会把目标路径当作一个文件。如果目标路径不存在，会以目标路径为名创建一个文件，内容同源文件；如果目标文件是存在的文件，会用源文件覆盖它，但只是内容覆盖，文件名还是目标文件名。如果目标文件是存在的目录，则会将源文件复制到该目录下。注意，在这种情况下，最好以“/”结尾，以免混淆。

（3）如果源路径是目录，且目标路径不存在，则 Docker 会自动以目标路径创建一个目录，把源路径目录下的文件复制进来。如果目标路径是已经存在的目录，则 Docker 会把源路径目录下的文件复制到该目录下。

（4）如果源文件是个归档文件（压缩文件），则 Docker 会自动解压。

2. COPY 指令

COPY 指令和 ADD 指令功能和使用方式类似，只是 COPY 指令不会自动解压，而且也不支持从网络获取文件。

3. CMD 指令

CMD 指令类似于 RUN 指令，用于运行程序，但两者运行的时间点不同。CMD 指令在 docker run 的时候运行，RUN 指令是在 docker build 的时候运行。

CMD 的作用：为启动的容器指定默认要运行的程序，程序运行结束，容器也结束。CMD 指令指定的程序可被 docker run 命令行参数中指定要运行的程序覆盖。

注意：如果 Dockerfile 中存在多个 CMD 指令，仅最后一个生效。

4. ENTRYPOINT 指令

ENTRYPOINT 指令类似于 CMD 指令，但其不会被 docker run 的命令行参数指定的指令覆盖，而且这些命令行参数会被当作参数送给 ENTRYPOINT 指令指定的程序，但如果运行 docker run 时使用了 ENTRYPOINT 选项，将覆盖 CMD 指令指定的程序。其优点是在执行 docker run 时可以指定 ENTRYPOINT 运行所需的参数。

注意：如果 Dockerfile 中存在多个 ENTRYPOINT 指令，仅最后一个生效。

其格式是：

```
ENTRYPOINT ["<executeable>","<param1>","<param2>",...]
```

可以搭配 CMD 命令使用，一般有变参才会使用 CMD，这里的 CMD 等于在给 ENTRYPOINT 传参。

示例：假设已通过 Dockerfile 构建了 nginx:test 镜像，代码如下：

```
FROM nginx
ENTRYPOINT ["nginx", "-c"] # 定参
CMD ["/etc/nginx/nginx.conf"] # 变参
```

（1）不传参运行：

```
$ docker run  nginx:test
```

容器内会默认运行以下命令，启动主进程。

```
nginx -c /etc/nginx/nginx.conf
```

（2）传参运行：

```
$ docker run  nginx:test -c /etc/nginx/new.conf
```

容器会默认运行以下命令，启动主进程（/etc/nginx/new.conf: 假设容器内已有此文件）。

```
nginx -c /etc/nginx/new.conf
```

5. ENV 指令

ENV 指令设置环境变量，定义了环境变量，在后续的指令中，就可以使用这个环境变量。其格式是：

```
ENV <key> <value>
ENV <key1>=<value1> <key2>=<value2>...
ENV NODE_VERSION 7.2.0
```

后续的指令中可以通过 $NODE_VERSION 引用此环境变量。

6. ARG 指令

ARG 指令用来构建参数，与 ENV 指令作用一致，不过作用域不一样。

ARG 设置的环境变量仅在 Dockerfile 内有效，也就是说，只有在 Docker 构建的过程中有效，构建好的镜像内不存在此环境变量。

构建命令 docker build 中可以用 --build-arg < 参数名 >=< 值 > 来传参。其格式是：

```
ARG < 参数名 >[=< 默认值 >]
VOLUME：定义匿名数据卷。在启动容器时忘记挂载数据卷，会自动挂载到匿名卷。
```

其作用是：避免重要的数据因容器重启而丢失，这是非常致命的；避免容器不断变大。其格式是：

```
VOLUME ["< 路径 1>", "< 路径 2>"...]
VOLUME < 路径 >
```

在启动容器 docker run 时，可以通过 -v 参数修改挂载点。

7. EXPOSE 指令

EXPOSE 指令仅用来声明端口。其作用是帮助镜像使用者理解镜像服务的守护端口，以便配置映射。在运行时使用随机端口映射时，也就是 docker run-P 时，会自动随机映射 EXPOSE 的端口。其格式是：

```
EXPOSE < 端口 1> [< 端口 2>...]
```

8. WORKDIR 指令

WORKDIR 指令用来指定工作目录。用 WORKDIR 指定的工作目录在构建镜像的每一层中都存在（WORKDIR 指定的工作目录必须提前创建）。

运行 docker build 构建镜像的过程中，每一个 RUN 命令都是新建一层。只有通过 WORKDIR 创建的目录才会一直存在。其格式是：

```
WORKDIR < 工作目录路径 >
```

9. USER 指令

USER 指令用于指定执行后续命令的用户和用户组，这里只切换后续命令执行的用户（用户和用户组必须已经存在）。其格式是：

```
USER < 用户名 >[:< 用户组 >]
```

10. HEALTHCHECK 指令

HEALTHCHECK 指令用于指定某个程序或者指令来监控 Docker 容器服务的运行状态。其格式是：

```
HEALTHCHECK [ 选项 ] CMD < 命令 >：设置检查容器健康状况的命令
```

HEALTHCHECK NONE：如果基础镜像有健康检查指令，使用检查容器健康状况的指令。

HEALTHCHECK [选项] CMD < 命令 >：CMD 后面跟随的命令使用，可以参考 CMD 的用法。

11. ONBUILD 指令

ONBUILD 指令用于延迟构建命令的执行。简单来说，就是在 Dockerfile 里用 ONBUILD 指定的命令，在本次构建镜像的过程中不会执行（假设镜像为 test-build）。当有新的 Dockerfile 使用了之前构建的镜像 FROM test-build，这时执行新镜像的 Dockerfile 构建时，会执行 test-build 的 Dockerfile 里的 ONBUILD 指定的命令。其格式是：

```
ONBUILD < 其他指令 >
```

12. LABEL 指令

LABEL 指令用来给镜像添加一些元数据（metadata），并且是以键值对的形式。其格式是：

```
LABEL <key>=<value> <key>=<value> <key>=<value> ...
```

比如可以添加镜像的作者：

```
LABEL org.opencontainers.image.authors="runoob"
```

2.3.2 Docker多阶段构建解决方案

假设对于一个 Java 项目，开发者想用一个“编译容器”去编译代码，使之变成 class 字节码文件，然后复制该代码，再把这个字节码文件放到“生产环境”的一个容器中去运行。“编译容器”镜像很大，而且没必要生成，因为最终产物是“生成环境”容器以及 class 文件。其代码如下：

```
FROM  java  as build  #1. 构建阶段别名
COPY web.java /home/java
WORKDDIR  /home/java
RUN java -c web.java

FROM java as production #2. 构建阶段别名
COPY --form=build /home/java/web.class /home/java/web.class
# 重点，直接从第一阶段复制生成的文件
WORKDIR  /home/java
CMD ["java","web"]

# 相对解决方案 1 清晰明了，而且不用 bash 脚本

docker build -t java:production .  # 直接指挥生成最后一个阶段构建的容器

# 假设想单独生成某个阶段容器
docker build -t java:build  --target=build( 构建阶段名称 )
```

Go 应用程序的 Dockerfile 多阶段构建例子代码如下：

```
# syntax=docker/dockerfile:1
FROM golang:1.16-alpine AS build

# 安装项目所需的工具
# 运行‘docker build --no-cache .’来更新依赖
RUN apk add --no-cache git
RUN go get github.com/golang/dep/cmd/dep

# 使用 Gopkg.toml 和 Gopkg.lock 列出项目依赖
# 只有在更新 Gopkg 文件时才会重新构建这些层
COPY Gopkg.lock Gopkg.toml /go/src/project/
WORKDIR /go/src/project/
# 安装库依赖
RUN dep ensure -vendor-only

# 复制整个项目并构建它
```

```
# 当项目目录中的文件发生变化时重建该层
COPY . /go/src/project/
RUN go build -o /bin/project

# 这是一个单层的镜像
FROM scratch
COPY --from=build /bin/project /bin/project
ENTRYPOINT ["/bin/project"]
CMD ["--help"]
```

不要安装不必要的包，这样构建出来的镜像就非常小。减少复杂性、依赖性、文件大小和构建时间，避免安装额外或不必要的包。

2.3.3 Dockerfile优化

1. 尽量减少层数

在旧版本的 Docker 中，尽量减少镜像中的层数，RUN、COPY、ADD 会创建图层。其他指令会创建临时的中间镜像，并且不会增加构建的大小。在可能的情况下，使用多阶段构建，并且只将需要的工件复制到最终镜像即可，这就允许开发者在中间构建阶段包含工具和调试信息，而不会增加最终镜像的大小。

2. 对多行参数进行排序

只要有可能，通过按字母数字顺序对多行参数进行排序来简化以后的更改，这有助于避免包重复并使列表更易于更新，也使 PR 更易于阅读和审查。在反斜杠(\)之前添加一个空格也有帮助。以下代码为 buildpack–deps 图像中的一个示例：

```
RUN apt-get update && apt-get install -y \
    bzr \
    cvs \
    git \
    mercurial \
    subversion \
    && rm -rf /var/lib/apt/lists/*
```

3. 利用构建缓存

构建镜像时，Docker 会逐步执行 Dockerfile 中的说明，并按照指定的顺序执行每个说明。在检查每条指令时，Docker 会在其缓存中查找可以重用的现有镜像，而不是创建新的（重复）镜像。

如果开发者不想使用缓存，则可以使用命令“--no-cache=true”上的选项

docker build。但是，如果开发者让 Docker 使用其缓存，那么要了解它什么时候可以找到匹配的图像。Docker 遵循的基本规则概述如下：

（1）从已经在缓存中的父镜像开始，下一条指令与从该基本镜像派生的所有子镜像进行比较，以便查看其中一个是不是使用完全相同的指令构建的；如果不是，则缓存无效。

（2）在大多数情况下，简单地将 Dockerfile 中的指令与子图像之一进行比较就足够了，但某些说明需要更多的检查和解释。

（3）对于 ADD 和 COPY 指令，检查图像中文件的内容并为每个文件计算校验和，这些校验和不考虑文件的最后修改和最后访问时间。在缓存查找期间，校验和与现有图像中的校验和进行比较，如果文件中的任何内容（例如内容和元数据）发生了更改，则缓存失效。

除了 ADD 和 COPY 命令外，缓存检查不会查看容器中的文件来确定缓存匹配。例如，在处理 RUN apt-get -y update 命令时，不会检查容器中更新的文件是否存在缓存中。在这种情况下，仅使用命令字符串本身来查找匹配项。一旦缓存失效，所有后续 Dockerfile 命令都会生成新图像，并且不会使用缓存。

2.4 Docker 常用的指令

Docker 常用的指令如下：

（1）帮助命令。

docker --help

（2）管理命令。

container	管理容器
image	管理镜像
network	管理网络

（3）其他命令。

attach	介入一个正在运行的容器
build	根据 Dockerfile 构建一个镜像
commit	根据容器的更改创建一个新的镜像
cp	在本地文件系统与容器中复制文件 / 文件夹

create	创建一个新容器
exec	在容器中执行一条命令
images	列出镜像
kill	杀死一个或多个正在运行的容器
logs	取得容器的日志
pause	暂停一个或多个容器的所有进程
ps	列出所有容器
pull	拉取一个镜像或仓库到 registry
push	推送一个镜像或仓库到 registry
rename	重命名一个容器
restart	重新启动一个或多个容器
rm	删除一个或多个容器
rmi	删除一个或多个镜像
run	在一个新的容器中执行一条命令
search	在 Docker Hub 中搜索镜像
start	启动一个或多个已经停止运行的容器
stats	显示一个容器的实时资源占用
stop	停止一个或多个正在运行的容器
tag	为镜像创建一个新的标签
top	显示一个容器内的所有进程
unpause	恢复一个或多个容器内所有被暂停的进程
docker ps	列出当前所有正在运行的容器
docker ps -a	列出所有的容器
docker ps -l	列出最近创建的容器
docker ps -n 3	列出最近创建的 3 个容器
docker ps -q	只显示容器 ID
docker ps --no-trunc	显示当前所有正在运行的容器完整信息
docker start	启动容器
docker restart	重新启动容器
docker stop	停止容器
docker kill	强制停止容器

docker rm	删除容器
docker rm -f	强制删除容器
docker rm -f $(docker ps -a -q)	删除多个容器
docker logs -f -t --since --tail	查看容器日志

如：docker logs -f -t --since=" 2018-09-10" --tail=10 f9e29e8455a5

-f：查看实时日志。

-t：查看日志产生的日期。

--since：此参数指定了输出日志开始日期，即只输出指定日期之后的日志。

--tail=10：查看最后 10 条日志。

docker top	查看容器内运行的进程
docker inspect	看容器内部细节
docker attach	进入容器，再退出会导致容器停止
docker exec	进入容器，再退出不会导致容器停止
docker cp	容器内的文件路径，宿主机路径从容器内复制文件到宿主机
docker run	创建一个新的容器并运行一个命令

（4）语法。

docker run [OPTIONS] IMAGE [COMMAND] [ARG...]

OPTIONS 说明：

-a stdin：指定标准输入 / 输出内容类型，可选 STDIN/STDOUT/STDERR 三项。

-d：后台运行容器并返回容器 ID。

-i：以交互模式运行容器，通常与 -t 同时使用。

-P：随机端口映射，容器内部端口随机映射到主机的端口。

-p：指定端口映射，格式为“主机 (宿主) 端口 : 容器端口”。

-t：为容器重新分配一个伪输入终端，通常与 -i 同时使用。

--name="nginxmm"：为容器指定一个名称。

--dns 8.8.8.8：指定容器使用的 DNS 服务器，默认和宿主一致。

--dns-search example.com：指定容器 DNS 搜索域名，默认和宿主一致。

-h "mars"：指定容器的 hostname。

-e username="ritchie"：设置环境变量。

--env-file=[]：从指定文件读入环境变量。

--cpuset="0-2" or --cpuset="0,1,2"：绑定容器到指定 CPU 运行。

-m：设置容器使用内存最大值。

--net="bridge"：指定容器的网络连接类型，支持 bridge/host/none/container 四种类型。

--link=[]：添加链接到另一个容器。

--expose=[]：开放一个端口或一组端口。

--volume, -v：绑定一个卷。

2.5　Docker 的生命周期

Docker 的生命周期如图 2-3 所示。

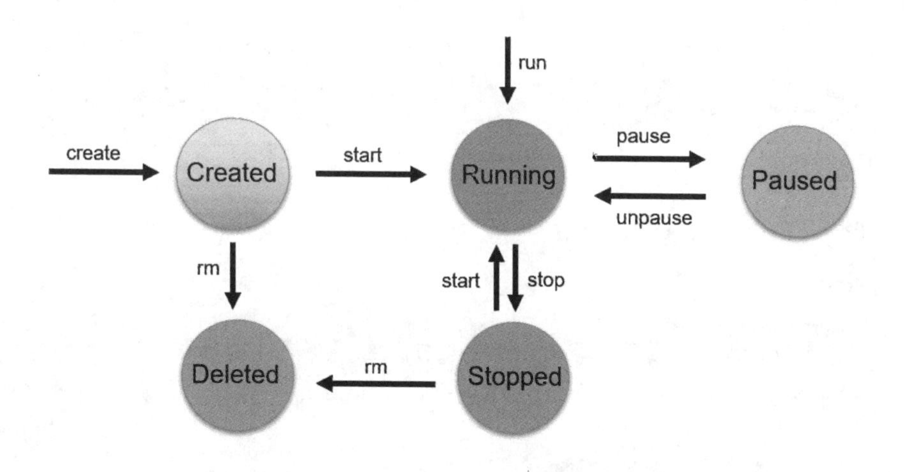

图 2-3　Docker 的生命周期

（1）init：表示没有容器存在的初始状态（非标准状态）。

（2）creating：使用 create 命令创建容器，这个过程称为创建中，创建包括文件系统、namespaces、cgroups、用户权限在内的各项内容。

（3）created：容器已创建出来，但是还没有运行，表示镜像和配置没有错误，容器能够运行在当前平台；进程的可执行文件定义在 config.json 中，args 项。

（4）running：容器的运行状态，里面的进程处于 up 状态，正在执行用户设定的任务。

（5）stopped：容器运行完成、运行出错，或者执行 stop 命令后，容器处于暂停状态。处于这个状态时，容器还有很多信息保存在平台中，并没有完全被删除。

创建 $ 后代表的是命令执行指令：

```
$ docker create --name <container name> <image name>
```

<container name> 是容器名称，docker run 之后，在宿主机查看：docker contianer ls。

开启：

```
$ docker start <container name>
```

运行：

```
$ docker run -it --name <container name> <image name>
```

暂停：

```
$ docker pause <container name>
```

取消暂停：

```
$ docker unpause <container name>
```

停止：

```
$ docker stop <container name>
```

停止所有：

```
$ docker stop $(docker container ls –aq)
```

删除：

```
$ docker stop <container name>
$ docker rm <container name>
```

删除所有：

```
$ docker rm $(docker ps -aq)
  docker stop，支持“优雅退出”。
```

先发送 SIGTERM 信号，在一段时间之后（10 s）再发送 SIGKILL 信号。

Docker 内部的应用程序可以接收 SIGTERM 信号，然后做一些“退出前工作”，比如保存状态、处理当前请求等。

退出命令 docker kill，发送 SIGKILL 信号，应用程序直接退出，即：

```
$ docker kill <container name>
```

2.6　Docker 的四种网络模型

Docker 网桥是宿主机虚拟的，并不是真实存在的网络设备，外部网络无法寻址，这也意味着外部网络无法直接通过 Container–IP 访问到容器。如果容器希望外部能够访问，可以映射容器端口到宿主主机（端口映射），即 docker run 创建容器时候通过 -p 或 -p 参数来启用，访问容器的时候通过“[宿主机 IP]:[容器端口]”。

Docker 使用 Linux 桥接，在宿主机虚拟一个 Docker 容器网桥 (docker0)，Docker 启动一个容器时会根据 Docker 网桥的网段分配给容器一个 IP 地址，称为 Container-IP。

（1）host 模式。docker run 使用 ––net=host 指定。docker 使用的网络实际上和宿主机一样。容器和宿主机共享 Network namespace。

（2）container 模式。使用 ––net=container:container_id/container_name。多个容器使用共同的网络，看到的 IP 是一样的。

（3）none 模式。使用 ––net=none 指定，这种模式下不会配置任何网络。这种类型的网络没有办法联网，封闭的网络能很好地保证容器的安全性。

（4）bridge 模式。使用 ––net=bridge 指定，默认为该模式。当 Docker 进程启动时，会在主机上创建一个名为 docker0 的虚拟网桥，此主机上启动的 Docker 容器会连接到这个虚拟网桥上。Docker Bridge 模式如图 2–4 所示。

Docker 启动的时候会在主机上自动创建一个 docker0 网桥，使用的技术是 veth-pair，它是一个 Linux 网桥，所有容器的启动如果在 docker run 的时候没有指定网络模式的情况下都会挂载到 docker0 网桥上，这样容器就可以和主机甚至其他容器通信。多个容器都是通过 docker0 这个接口通信，也通过 docker0 和本机的以太网连接接口，所以容器内部才能访问外面。只要容器删除，对应网桥就没了。

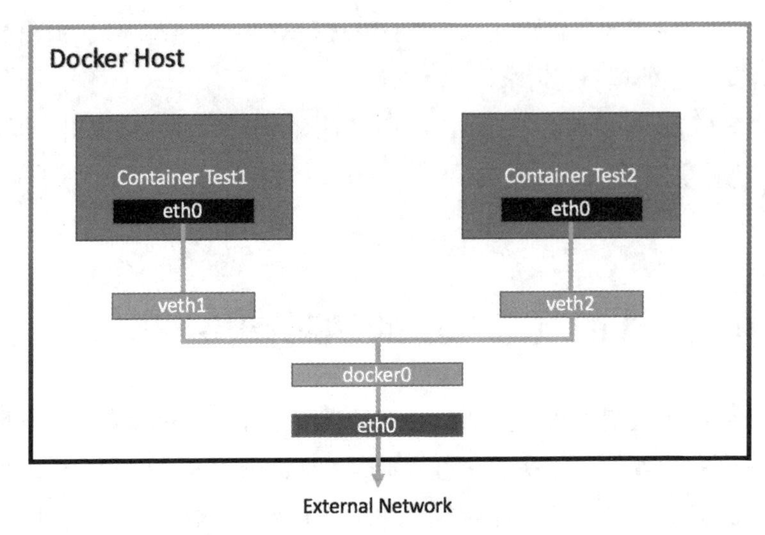

图 2-4 Docker Bridge 模式

veth-pair 是一对虚拟设备接口，和 tap/tun 设备不同的是，它都是成对出现的。一端连着协议栈，一端彼此相连。

2.7 Docker 持久化存储

容器中的数据可以存储在容器层。但是将数据存放在容器层存在以下问题：

（1）数据不是持久化。也就是说，如果容器删除了，这些数据也就没了。

（2）主机上的其他进程不方便访问这些数据。

因此，掌握数据持久化非常重要，也是企业要求开发者掌握的必要技能。Docker 提供了 3 种持久化数据的方式：

（1）volumes：存于主机文件系统中的某个区域，由 Docker 管理（/var/lib/docker/volumes/ on linux），非 Docker 进程不应该修改这些数据。volumes 是 Docker 中持久化数据的最好方式。volumes 本质和 bind mount 的操作方式一样，只不过在 volumes 这种方式中，宿主机目录是由 Docker 管理的，然后再挂载到容器中，不会覆盖容器中对应的目录文件，是共享的。这些将在第 3 章详细介绍。

（2）bind mount：主要是将宿主机的目录、文件挂载到容器中，会覆盖容器中的对应目录文件，将其存于主机文件系统中的任意位置。非 Docker 进程可以修改这些数据。

（3）tmpfs mount（Linux 中）：将宿主机的内存挂载到容器中，存于内存中（注意：并不是持久化到磁盘）。在容器的生命周期中，它能被容器用来存放非持久化的状态或敏感信息。

2.7.1 volumes持久化存储数据库

container 容器被删除后，container 内的数据也会随之被删除并丢失，例如数据库之类的 container，因此需要对数据库进行持久化存储。下面通过 MySQL 的例子来说明怎样实现持久化。Dockerfile 代码如下：

```
#
# NOTE: 这个 dockerfile 通过 "apply-templates.sh" 生成
#
# 不要直接编辑它
#
# 用 debian 的基础镜像搭建 MySQL 的镜像
FROM debian:buster-slim

# 首先添加用户和组以确保它们的 ID 得到一致分配，无论添加什么依赖项
RUN groupadd -r mysql && useradd -r -g mysql mysql

RUN apt-get update && apt-get install -y --no-install-recommends gnupg dirmngr && rm -rf /var/lib/
apt/lists/*

# 添加 gosu，gosu 类似于 sudo，用于提升操作权限
# https://github.com/tianon/gosu/releases
ENV GOSU_VERSION 1.12
RUN set -eux; \
    savedAptMark="$(apt-mark showmanual)"; \
    apt-get update; \
    apt-get install -y --no-install-recommends ca-certificates wget; \
    rm -rf /var/lib/apt/lists/*; \
    dpkgArch="$(dpkg --print-architecture | awk -F- '{ print $NF }')"; \
    wget -O /usr/local/bin/gosu "https://github.com/tianon/gosu/releases/download/$GOSU_
VERSION/gosu-$dpkgArch"; \
    wget -O /usr/local/bin/gosu.asc "https://github.com/tianon/gosu/releases/download/$GOSU_
VERSION/gosu-$dpkgArch.asc"; \
    export GNUPGHOME="$(mktemp -d)"; \
    gpg --batch --keyserver hkps://keys.openpgp.org --recv-keys B42F6819007F00F88E364FD4036A9C
25BF357DD4; \
    gpg --batch --verify /usr/local/bin/gosu.asc /usr/local/bin/gosu; \
    gpgconf --kill all; \
```

```
        rm -rf "$GNUPGHOME" /usr/local/bin/gosu.asc; \
        apt-mark auto '.*' > /dev/null; \
        [ -z "$savedAptMark" ] || apt-mark manual $savedAptMark > /dev/null; \
        apt-get purge -y --auto-remove -o APT::AutoRemove::RecommendsImportant=false;\
        chmod +x /usr/local/bin/gosu; \
        gosu --version; \
        gosu nobody true

    RUN mkdir /docker-entrypoint-initdb.d

    RUN apt-get update && apt-get install -y --no-install-recommends \
    # for MYSQL_RANDOM_ROOT_PASSWORD
            pwgen \
    # for mysql_ssl_rsa_setup
            openssl \
    # FATAL ERROR: please install the following Perl modules before executing /usr/local/mysql/scripts/
mysql_install_db:
    # File::Basename
    # File::Copy
    # Sys::Hostname
    # Data::Dumper
            perl \
    # install "xz-utils" for .sql.xz docker-entrypoint-initdb.d files
            xz-utils \
        && rm -rf /var/lib/apt/lists/*

    RUN set -ex; \
    # gpg: key 5072E1F5: public key "MySQL Release Engineering <mysql-build@oss.oracle.com>" imported
        key='A4A9406876FCBD3C456770C88C718D3B5072E1F5'; \
        export GNUPGHOME="$(mktemp -d)"; \
        gpg --batch --keyserver keyserver.ubuntu.com --recv-keys "$key"; \
        gpg --batch --export "$key" > /etc/apt/trusted.gpg.d/mysql.gpg; \
        gpgconf --kill all; \
        rm -rf "$GNUPGHOME"; \
        apt-key list > /dev/null

    ENV MYSQL_MAJOR 8.0
    ENV MYSQL_VERSION 8.0.26-1debian10

    RUN echo 'deb http://repo.mysql.com/apt/debian/ buster mysql-8.0' > /etc/apt/sources.list.d/mysql.
list

    # 这里的“/var/lib/mysql”内容是因为 mysql-server postinst 没有明确的方法来禁用 mysql_install_
```

```
db 代码路径，除了已经“配置”了一个数据库（即 /var/lib/mysql 中的 /mysql)
    # 另外设置了 debconf 键来让 APT 更安静一些
    RUN { \
            echo mysql-community-server mysql-community-server/data-dir select ''; \
            echo mysql-community-server mysql-community-server/root-pass password ''; \
            echo mysql-community-server mysql-community-server/re-root-pass password ''; \
            echo mysql-community-server mysql-community-server/remove-test-db select false; \
        } | debconf-set-selections \
        && apt-get update \
        && apt-get install -y \
            mysql-community-client="${MYSQL_VERSION}" \
            mysql-community-server-core="${MYSQL_VERSION}" \
        && rm -rf /var/lib/apt/lists/* \
        && rm -rf /var/lib/mysql && mkdir -p /var/lib/mysql /var/run/mysqld \
        && chown -R mysql:mysql /var/lib/mysql /var/run/mysqld \
    # ensure that /var/run/mysqld (used for socket and lock files) is writable regardless of the UID our
mysqld instance ends up having at runtime
        && chmod 1777 /var/run/mysqld /var/lib/mysql

    # 持久化存储设置，实际上已经帮我们持久化存储到主机的 /var/lib/mysql 目录中了
    VOLUME /var/lib/mysql

    # Config files
    COPY config/ /etc/mysql/
    COPY docker-entrypoint.sh /usr/local/bin/
    RUN ln -s usr/local/bin/docker-entrypoint.sh /entrypoint.sh # backwards compat
    ENTRYPOINT ["docker-entrypoint.sh"]

    EXPOSE 3306 33060
    CMD ["mysqld"]

    拉取 mysql 镜像
    # docker pull mysql
    运行 mysql 镜像
    # docker run -itd --name mysql-test -p 3306:3306 -e MYSQL_ROOT_PASSWORD=123456 mysql
```

参数说明：

-p 3306:3306 ：映射容器服务的 3306 端口到宿主机的 3306 端口，外部主机可以直接通过宿主机 IP:3306 访问到 MySQL 的服务。

MYSQL_ROOT_PASSWORD=123456：设置 MySQL 服务 root 用户的密码。

本机可以通过 root 和密码 123456 访问 MySQL 服务。

```
#mysql -h 主机地址 -u 用户名 -p 用户密码
```

例如：mysql -h 110.110.110.110 -u root -p abcd123，表示连接到远程主机上的 mysgl。假设远程主机的 IP 为 110.110.110.110，用户名为 root，密码为 abcd123。输入密码就可以登录 mysql 了，通过执行 # docker volume ls 可以看到存储记录，通过执行 # docker volume inspect VOLUME NAME 查看具体的存储信息。

如果将这个容器删掉，这个存储卷还存在吗？可以尝试一下删掉 mysql1 容器：

```
[root@docker-node1 ~]# docker rm -f mysql # 删掉 mysql1 容器
mysql1
[root@docker-node1 ~]# docker volume ls # 存储卷仍旧存在
DRIVER          VOLUME NAME
local         5c4fbbc613e046baf9e148a301e3sfs4fc57312edwer9ecd5bc1
```

可以看到，虽然 mysql 的容器不在了，但是它的存储卷依旧存在。也可以通过 -v 指定存储位置：

```
docker run -d -v /home/mysql:/var/lib/mysql --name mysql -e MYSQL_ALLOW_EMPTY_
PASSWORD=123456 mysql
```

通过 -v 参数指定 mysql 的挂载位置（主机文件位置：容器文件位置 [Dockerfile 中已经指定]），删掉容器后，再次通过执行

```
#docker run -d -v /home/mysql:/var/lib/mysql --name mysql2 -e MYSQL_ALLOW_EMPTY_
PASSWORD=123456 mysql
```

可找回 mysql。登录后可以看到之前 MySQL 的表格和数据仍存在。

2.7.2 持久化存储文件

如果想让数据持久保留，有两种方法：

（1）Docker 的绑定挂载功能，这个功能可以将宿主系统的文件或文件夹挂载到容器里。

（2）使用 Docker volume 创建一个卷并挂载到容器里。

下面的演示使用 alpine 镜像。alpine 系统特点如下：

1）小巧：基于 Musl libc 和 busybox，和 busybox 一样小巧，最小的 Docker 镜像只有 5 MB。

2）安全：面向安全的轻量发行版。

3）简单：提供 APK 包管理工具，软件的搜索、安装、删除和升级都非常方便。

4）适合容器使用：由于小巧、功能完备，非常适合作为容器的基础镜像。

下载镜像：

```
#docker pull alpine
```

在主机创建一个目录 /home/temp：

```
mkdir -p /home/temp
echo "hello" >/home/temp/test.txt
```

创建文件 test.txt 写入 hello。

1. 通过挂载方式实现数据持久化

将主机的 /home/temp 绑定到容器的 /test 目录，启动 alpine：

```
#docker run -itd -v /home/temp:/test --name kk  alpine /bin/sh
```

其中：

-i：以交互模式运行容器，通常与 –t 同时使用。

-t：为容器重新分配一个伪输入终端，通常与 –i 同时使用。

-d：后台运行容器，并返回容器 ID。

查看运行的 docker 可以看到相应的 contain id：

```
#docker  ps
```

进入 Docker 内部：

```
# docker exec -it 26df85100c12  /bin/sh
```

其中 26df85100c12 是 contain id。

```
#cd /test
#ls
```

可以看到挂载的文件 test.txt。

删掉容器：

```
#docker stop 26df85100c12 &&docker rm 26df85100c12
#cd /home/temp
```

可以看到 test.txt 文件还在，不会随着容器的删除而删除。换个名字再次启动容器：

```
#docker run -itd -v /home/temp:/test --name kkk  alpine /bin/sh
```

查看容器 ID：

```
#docker ps
```

进入容器内部：

```
#docker exec -it 8d5682783421  /bin/sh
```

其中 8d5682783421 是新的容器 ID。

```
#cd /test
#ls
```

可以看到 test.txt 文件还在，里面的内容也不变。

2. 通过 Docker volume 实现持久化

volume 完全由 Docker 来进行管理，比如 volume 的创建，可以使用命令 docker volume create 来简单地创建一个 volume，当容器或服务创建的时候，Docker 也可以自动地创建一个 volume。

当我们创建了一个 volume，它存储在 Docker Host 的存储目录下，并由 Docker 管理。一个给定的 volume 可以同时挂载到多个容器中。当没有容器使用 volume 时，volume 对 Docker 仍然是可用的并且不会被自动删除，使用 docker volume rm 可以对 volume 进行删除。

我们在挂载 volume 时，可以对其命名，也可以是默认随机生成的名字。如果我们没有指定名称，当 volume 第一次挂载到一个容器时，Docker 会用一个随机字符串对其进行命名，这样可以保证 volume 在 Docker Host 的唯一性。volume 还支持使用 volume drivers，它允许用户将数据存储挂载到远程主机或云提供商上等。

volume 与 bind 方式相比，优点如下：

（1）volumes 的备份和迁移更加容易。

（2）可以使用 Docker CLI 或 Docker API 管理 volumes。

（3）volumes 既可以在 Linux 的容器中使用，也可以在 Windows 的容器中使用。

（4）volumes 在多容器中共享更加安全。

（5）volume drivers 允许用户把数据存储在远程主机或云提供商。

例如：创建一个 volume，代码如下：

```
#docker volume create myvolume
#docker volume ls
```

创建一个容器，将刚刚创建的 volume 挂载到容器里：

```
#docker run -itd -v myvolume:/test --name kkkk alpine /bin/sh
```

进入容器内部，通过 docker ps 查看 kkkk 的容器 ID，为 6b55655ef257：

```
#docker exec -it 6b55655ef257  /bin/sh
#
#cd /test
#ls
```

可以看到内容是空的，使用容器向挂载点写入文件：

```
#exit
#docker exec kkkk /bin/sh -c "echo \"Hello kkkk\" > /test/kkkk.txt"
```

重新进入容器可以看到已经创建并写入文件 kkkk.txt，结束并删除容器：

```
#docker stop kkkk && sudo docker rm kkkk
```

创建新容器并挂载 myvolume：

```
#docker run -itd -v myvolume:/test --name kkkk2 alpine /bin/sh
#docker ps 查看 kkkk2 对应的 id 是 ef658d0545b6
```

进入容器内部：

```
# docker exec -it ef658d0545b6  /bin/sh
#cd /test
#ls
```

可以看到 kkkk.txt 文件还在，这样就实现了文件的持久化存储。

2.8　Docker 安全保障

Docker 容器中运行的进程，如果以 root 身份运行会有安全隐患，该进程拥有容器内的全部权限，更可怕的是如果有数据卷映射到宿主机，那么通过该容器就能操作宿主机的文件夹了，一旦该容器的进程有漏洞被外部利用，后果会很严重。因此，容器内使用非 root 账号运行进程才是安全的方式，这也是我们在制作镜像时要注意的地方。推荐在容器中使用最小权限的账号，需要提升权限时用 gosu。

可以采取以下几种方法提升 Docker 的安全性：

（1）尽量采用最小的镜像，然后自己配置制作，不要用成熟的镜像。在 Snyk 的 2020 年开源安全状况报告中，我们发现 Docker Hub 网站上的许多流行 Docker 容器都捆绑了包含许多已知漏洞的镜像。例如，当使用通用且普遍下载的节点映像（例如 docker pull node）时，实际上是将成熟的操作系统引入应用程序中，该操作系统已知在其系统库中有 642 个漏洞。这会从一开始就增加不必要的 Docker 安全问题。

（2）使用最低权限的用户或使用 gosu。当 Dockerfile 没有指定用户时，它默认使用 root 用户执行容器。当该命名空间被映射到正在运行的容器中的 root 用户时，这意味着该容器可能在 Docker 主机上具有 root 访问权限。让容器上的应用程序以 root 用户运行，进一步扩大了攻击面，如果应用程序本身容易受到攻击，则可以轻松提升权限。为了最大限度地减少暴露，选择在 Docker 镜像中为应用程序创建一个专用用户和一个专用组，在 Dockerfile 中使用 USER 指令来确保容器以尽可能低的特权访问运行应用程序。

图像中可能不存在特定用户，使用 Dockerfile 中的说明创建该用户。

对通用 ubuntu 映像执行此操作的完整示例代码如下：

```
FROM ubuntu
RUN mkdir /app
RUN groupadd -r lirantal && useradd -r -s /bin/false -g lirantal lirantal
WORKDIR /app
COPY . /app
RUN chown -R lirantal:lirantal /app
USER lirantal
CMD node index.js
```

综上：

创建一个系统用户 (–r)，没有密码，没有设置主目录，也没有 shell。

将创建的用户添加到预先创建的现有组中（使用 groupadd）。

将最后一个参数集添加到要创建的用户名中，与创建的组相关联。

（3）对镜像进行签名和验证，以缓解MITM攻击。为了防止拉取到一个被恶意更改过的镜像，需要对镜像进行签名和验证。Docker默认允许在不验证其真实性的情况下拉取Docker镜像，从而可能使用未经验证的来源和作者的任意Docker镜像。无论怎样，始终在拉入图像之前对其进行验证是最佳实践。要试验验证，请使用以下命令临时启用Docker内容信任：

```
export DOCKER_CONTENT_TRUST=1
```

现在尝试拉取未签名的映像——请求被拒绝且未拉取该映像。

镜像签名：首选来自受信任的合作伙伴的Docker认证镜像，这些镜像已经过Docker Hub的审查和管理，否则无法验证其来源和真实性。Docker允许对镜像进行签名，从而提供另一层保护。要签署图像，请使用Docker Notary。Notary会为开发者验证镜像签名，如果镜像签名无效，则会阻止开发者运行镜像。当启用Docker内容信任时，如上面展示的那样，Docker镜像构建会对镜像进行签名。当第一次对镜像进行签名时，Docker会为用户生成一个私钥并将其保存在~/docker/trust中，然后此私钥用于在构建任何其他图像时对其进行签名。

有关设置签名镜像的详细说明，请参阅Docker的官方文档。

（4）查找、修复与监控开源漏洞。防止开源安全软件中漏洞的一种方法是使用Snyk等工具，添加持续的Docker安全扫描和监控可能存在于所有正在使用的Docker镜像层中的漏洞。使用以下命令扫描Docker映像中的已知漏洞：

```
# 拉取镜像
$ docker pull node:10
# 用 snyk 扫描镜像
$ snyk test --docker node:10 --file=path/to/Dockerfile
$ snyk monitor --docker node:10
```

（5）不要将敏感信息泄露给Docker镜像。在Docker镜像中构建应用程序时，需要SSH私钥之类的密钥从私有存储库中提取代码，或者需要令牌来安装私有包。将它们复制到Docker中间容器中，它们将缓存在添加它们的层上，即使稍后删除它们。这些令牌和密钥必须保存在Dockerfile之外。

提高Docker容器安全性的另一个方面是使用多阶段构建。通过利用Docker对多阶段构建的支持，获取和管理中间镜像层中的机密，稍后将其处理掉，这样敏感数据就不会到达镜像构建。使用代码向所述中间层添加秘密，代码示例如下：

```
FROM ubuntu as intermediate
```

```
WORKDIR /app
COPY secret/key /tmp/
RUN scp -i /tmp/key build@acme/files .

FROM ubuntu
WORKDIR /app
COPY --from=intermediate /app .
```

使用 Docker 密钥命令。使用 Docker 中的 alpha 功能来管理机密以挂载敏感文件而不是缓存它们，类似于以下代码：

```
# syntax = docker/dockerfile:1.0-experimental
FROM alpine

# shows secret from default secret location
RUN --mount=type=secret,id=mysecret cat /run/secrets/mysecre

# shows secret from custom secret location
RUN --mount=type=secret,id=mysecret,dst=/foobar cat /foobar
```

谨防递归复制。在将文件复制到正在构建的映像中时也应该注意。例如，以下命令以递归方式将整个构建上下文文件夹复制到 Docker 映像，这最终也可能复制敏感文件：

```
copy ..
```

如果文件夹中有敏感文件，请删除它们或使用“.docker ignore”忽略它们。

（6）使用固定标签实现不变性。每个 Docker 镜像可以有多个标签，它们是相同镜像的变体。最常见的标签是 latest，代表镜像的最新版本。镜像标签不是一成不变的，镜像的作者可以多次发布同一个标签。这意味着 Docker 文件的基本镜像可能会在构建之间发生变化。由于对基本镜像所做的更改，可能会导致不一致的行为，有多种方法可以缓解此问题并改善 Docker 的安全状况：①首选可用的最具体的标签。如果图像有多个标签，例如“:8”“:8.0.1”和“:8.0.1–alpine”，则首选后者，因为它是最具体的图像参考。②避免使用最通用的标签，例如最新的。在固定特定标签时，它最终可能会被删除。

（7）使用 COPY 而不是 ADD。Docker 提供了两个命令，用于在构建时将文件从主机复制到 Docker 镜像：COPY 和 ADD。这些指令本质上是相似的，但它们的功能不同，并且可能导致镜像的 Docker 容器安全问题。

COPY：递归复制本地文件，给定明确的源和目标文件或目录。使用 COPY，必须声明位置。

ADD：递归复制本地文件，当目标目录不存在时，隐式创建目标目录，并接受存档作为本地或远程 URL 作为其源，分别将其扩展或下载到目标目录中。

虽然很微妙，但 COPY 和 ADD 之间的区别很重要。请注意这些差异以避免潜在的安全问题：当远程 URL 用于将数据直接下载到源位置时，它们可能会导致中间人攻击，从而修改正在下载的文件内容。此外，还需要进一步验证远程 URL 的来源和真实性。使用 COPY 时，应通过安全 TLS 连接声明要从远程 URL 下载的文件的源，并且还需要验证它们的来源。

空间和镜像层注意事项：使用 COPY 可以将添加的存档与远程位置分开，并将其解压缩为不同的层，从而优化镜像缓存。如果需要远程文件，将所有这些文件组合到一个 RUN 命令中，然后下载、提取和清理，可以优化在使用 ADD 时所需的多个层上的单层操作。使用本地存档时，ADD 会自动将它们解压缩到目标目录。虽然这可能是可以接受的，但它增加了可能会自动触发的 Zip Bombs 和 Zip Slip 漏洞的风险。

（8）使用元数据标签。图像标签为正在构建的图像提供元数据，有助于用户了解如何轻松使用图像。最常见的标签是 maintainer，它指定了电子邮件地址和维护此图像的人员姓名。使用以下 LABEL 命令添加元数据：

```
LABEL maintainer=me@xxx.com
```

除了维护者联系人外，添加任何重要的元数据，此元数据可能包含提交哈希、相关构建的链接、质量状态（所有测试都通过了吗？）、源代码、对 SECURITY.TXT 文件位置的引用等。

在添加标签时，采用 SECURITY.TXT (RFC5785) 文件是一种很好的做法，该文件指向 Docker 标签架构的披露政策，例如：

```
LABEL securitytxt=https://www.example.com/.well-known/security.txt
```

（9）对小而安全的 Docker 镜像使用多阶段构建。使用 Dockerfile 构建应用程序时，会创建许多仅在构建时需要的工件。这些工件可以是诸如编译所需的开发工具和库之类的包，也可以是运行单元测试、临时文件、机密等所需的依赖项。将这些工件保留在可用于生产的基础镜像中，会导致 Docker 镜像的大小增加，这会严重影响下载它的时间并增加攻击面，结果安装了更多的包。对于正在使用的 Docker 镜像也是如此，可能需要一个特定的 Docker 镜像来构建，但不需要运行应用程序的代码。

Golang 就是一个很好的例子。要构建 Golang 应用程序，需要 Go 编译器。编译器生成一个可以在任何操作系统上运行的可执行文件，没有依赖项，包括临时映像。

这就是 Docker 具有多阶段构建能力的一个很好的原因。此功能允许开发者在构建过程中使用多个临时映像，仅保留最新的映像以及复制到其中的信息。这样，有两个图像：

第一个图像：一个非常大的图像，捆绑了许多用于构建应用程序和运行测试的依赖项。

第二张图片：一个在库的大小和数量方面都非常小的镜像，只有一个在生产中运行应用程序所需的工件的副本。

（10）用 Hadolint 检查 Dockerfile。Hadolint 是使用 Haskell 实现的 Dockerfile linter，其实现依据来自 Docker 官网推荐的 Dockerfile 最佳实践：https://docs.docker.com/develop/develop-images/dockerfile_best-practices/。在 Mac 下的安装只要使用简单的 brew install hadolint 就能安装，其他平台也有各自的支持方式。用法非常简单：hadolint <dockerfile> 即可。

```
$ hadolint /tmp/Dockerfile
/tmp/Dockerfile:1 DL3006 Always tag the version of an image explicitly
```

2.9 Docker 架构分析

Docker 目前的组件较多，并且实现也非常复杂。Docker 这种虚拟化技术的出现有哪些核心技术的支撑？Docker 目前已经成为了非常主流的技术，已经在很多成熟公司的生产环境中使用，且 Docker 的核心技术其实已经有很多年的历史了，Linux 命名空间、控制组和 UnionFS 三大技术支撑着目前的 Docker 实现。

Docker 目前的代码库太过庞大，想要从源代码的角度完全理解 Docker 实现的细节非常困难，可以通过 Docker CE 了解。理解 Docker，主要从 namesapce、cgroups、联合文件、runC 和网络几个方面着手。namesapce 主要是隔离作用；

cgroups 主要是资源限制；联合文件主要用于镜像分层存储和管理；runC 是运行时，遵循了 OCI 接口，一般来说基于 libcontainer；网络主要是 Docker 单机网络和多主机通信模式。Docker 底层依赖的是 Linux 内核，如图 2–5 所示。

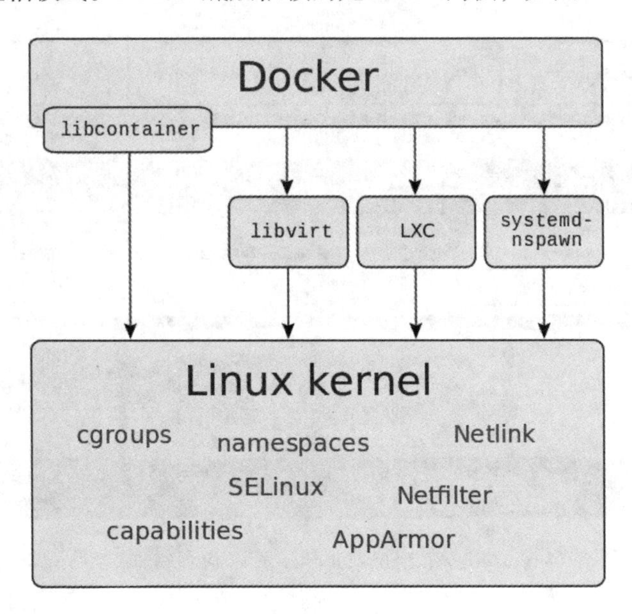

图 2–5　Docker 底层依赖

1. Docker EE

Docker EE 可在经过认证的操作系统和云提供商中使用，并可运行来自 Docker Store 的、经过认证的容器和插件。Docker EE 提供三个服务层次：

（1）Basic 包含用于认证基础设施的 Docker 平台、Docker 公司的支持，经过认证的、来自 Docker Store 的容器与插件。

（2）Standard 添加高级镜像与容器管理，LDAP/AD 用户集成，基于角色的访问控制（Docker Datacenter）。

（3）Advanced 添加 Docker 安全扫描，连续漏洞监控。

2. Docker CE

Docker CE 是免费的 Docker 产品的新名称，Docker CE 包含了完整的 Docker 平台，非常适合开发人员和运维团队构建容器 App。事实上，Docker CE 17.03 可理解为 Docker 1.13.1 的 Bug 修复版本。因此，从 Docker 1.13 升级到 Docker CE 17.03 的风险相对是较小的。

可前往 Docker 的 RELEASE log 查看详情：https://github.com/moby/moby/

releases。Docker 公司认为，Docker CE 和 EE 版本的推出为 Docker 的生命周期、可维护性以及可升级性带来了巨大的改进。Docker 公司目前直接把原 Docker 项目改名成了 Moby。Docker 的架构和组件如图 2-6 所示。

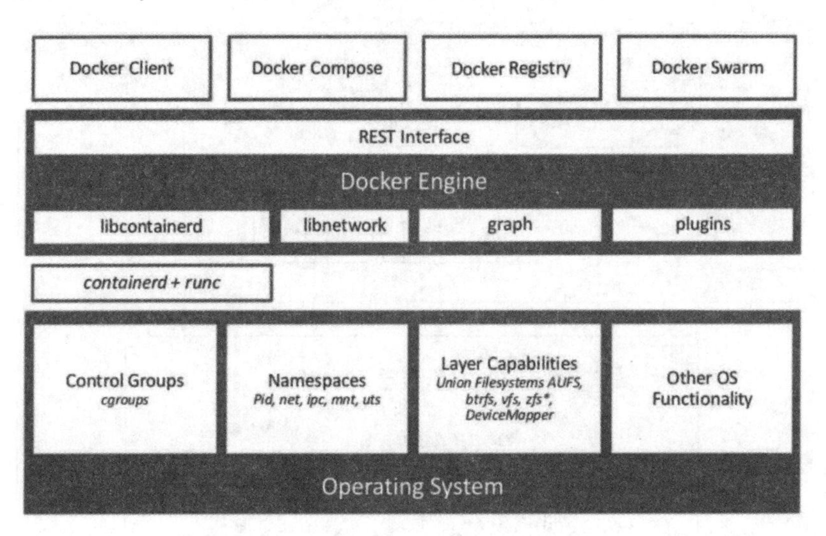

图 2-6　Docker 的架构和组件

Docker 是一个 C/S 模式的架构，后端是一个松耦合架构，模块各司其职。

Docker Compose 是用于定义和运行多容器 Docker 应用程序的工具，通过 Compose 可以使用 YML 文件来配置应用程序需要的所有服务，然后使用一个命令就可以从 YML 文件配置中创建并启动所有服务。

Docker Registry 是一个无状态、高度可扩展的服务器端应用程序，用于存储和分发 Docker 镜像，Registry 是开源的。有时使用 Docker Hub 这样的公共仓库可能不方便，用户可以创建一个本地仓库供私人使用。在 Docker 中，当执行 docker pull xxx 时，可能开发者比较好奇 Docker 会去哪查找并下载镜像。实际上，它是从 registry.hub.docker.com 这个地址去查找的，这就是 Docker 公司提供的公共仓库，上面的镜像都可以看到并使用，所以也可以带上仓库地址去拉取镜像，如：docker pull registry.hub.docker.com/library/alpine。不过要注意，这种方式下载的镜像的默认名称会长一些。

Docker Swarm 是 Docker 官方提供的一款集群管理工具，其主要作用是把若干台 Docker 主机抽象为一个整体，并且通过一个入口统一管理这些 Docker 主机上的各种 Docker 资源。Swarm 和 Kubernetes 类似，但 Swarm 更加轻，功能也比 Kubernetes 更少一些。Cgroup 和 namespace 是做资源隔离的，后面章节会详细介绍。

Docker Client 与 Docker Daemon 建立通信，并发送请求给后者。Docker Daemon 作为 Docker 架构中的主体部分，首先提供 Server 的功能使其可以接受 Docker Client 的请求；Engine 执行 Docker 内部的一系列工作，每一项工作都以一个 Job 的形式存在。在 Job 的运行过程中，当需要容器镜像时，则从 Docker Registry 中下载镜像，并通过镜像管理驱动 graphdriver，将下载镜像以 Graph 的形式存储；当需要为 Docker 创建网络环境时，通过网络管理驱动 network driver 创建并配置 Docker 容器网络环境；当需要限制 Docker 容器运行资源或执行用户指令等操作时，则通过 exec driver 来完成。

libcontainer 是一项独立的容器管理包，network driver 以及 exec driver 都是通过 libcontainer 来具体实现对容器的操作。libnetwork 是 CNM 设计规范文档标准的实现。libnetwork 是开源的，采用 Go 语言编写，项目网址 https://github.com/moby/libnetwork，跨平台（Linux 以及 Windows）。在 Docker 早期阶段，网络部分代码都存于 daemon 中，daemon 变得臃肿，并且不符合 UNIX 工具模块化设计原则，即既能独立工作，又易于集成到其他项目。因此，Docker 将该网络部分从 daemon 中拆分，并重构为一个叫 libnetwork 的外部类库。现在，Docker 核心网络架构代码都在 libnetwork 中。libnetwork 实现了 CNM 中定义的全部 3 个组件。此外，它还实现了本地服务发现（Service Discovery）、基于 Ingress 的容器负载均衡，以及网络控制层和管理层功能。

Docker plugins 是增强 Docker 引擎功能的进程外扩展。用户可以创建带有如下功能的各种插件：授权（authz）、卷驱动（VolumnDriver）、网络驱动（NetworkDriver）、Ipam 驱动（IpamDrvier）。

containerd 是容器技术标准化后的产物，为了能够兼容 OCI 标准，将容器运行时及其管理功能从 Docker Daemon 剥离。理论上，即使不运行 Docker，也能够直接通过 containerd 来管理容器 ,containerd 的主要职责是镜像管理（镜像、元信息等）、容器执行（调用最终运行时组件执行）。

containerd 向上为 Docker Daemon 提供了 gRPC 接口，使得 Docker Daemon 屏蔽下面的结构变化，确保原有接口向下兼容；向下通过 containerd-shim 结合 runC，使得引擎可以独立升级，避免之前 Docker Daemon 升级带来的所有容器不可用的问题。

3. Docker Client

Docker Client（请求）是和 Docker Daemon 建立通信的客户端。用户使用的可执行文件为 Docker（类似可执行脚本的命令），Docker 命令后接参数的形式来实现一个完整的请求命令。Docker Client 可以通过以下三种方式和 Docker Daemon 建立通信：tcp://host:port、unix://path_to_socket 和 fd://socketfd。

Docker Client 发送容器管理请求后，由 Docker Daemon 接受并处理请求，当 Docker Client 接收到返回的请求并简单处理后，Docker Client 一次完整的生命周期就结束了。完整命令如下：

子命令	命令说明
docker attach	将本地标准输入、输出和错误流附加到正在运行的容器
docker build	从 Dockerfile 构建镜像
docker builder	管理构建
docker checkpoint	管理检查点
docker commit	根据容器的更改创建新图像
docker config	管理 Docker 配置
docker container	管理容器
docker context	管理上下文
docker cp	在容器和本地文件系统之间复制文件 / 文件夹
docker create	创建一个新容器
docker diff	检查容器文件系统上文件或目录的更改
docker events	从服务器获取实时事件
docker exec	在正在运行的容器中运行命令
docker export	将容器的文件系统导出为 tar 存档
docker history	记录显示图像的历史记录
docker image	管理镜像
docker images	列出镜像
docker import	从 tarball 导入内容以创建文件系统镜像
docker info	显示系统范围的信息
docker inspect	返回有关 Docker 对象的低级信息
docker kill	杀死一个或多个正在运行的容器
docker load	从 tar 存档或 STDIN 加载图像
docker login	登录 Docker 注册表
docker logout	从 Docker 注册表注销

docker logs	获取容器的日志
docker manifest	管理 Docker 镜像清单
docker pause	暂停一个或多个容器中的所有进程
docker plugin	管理插件
docker port	列出端口映射或容器的特定映射
docker ps	列出容器
docker pull	从注册表中拉取镜像或存储库
docker push	将镜像或存储库推送到注册表
docker rename	重命名容器
docker restart	重新启动一个或多个容器
docker rm	删除一个或多个容器
docker rmi	删除一个或多个图像
docker run	在新容器中运行命令
docker save	将一个或多个图像保存到 tar 存档（默认情况下流式传输到 STDOUT）
docker search	在 Docker Hub 中搜索图像
docker secret	启动 Docker 或者 Service 需要指定密码
docker service	管理服务
docker stacks	管理 Docker 堆栈
docker start	启动一个或多个已停止的容器
docker stats	显示容器资源使用情况，统计信息的实时流
docker stop	停止一个或多个运行中的容器
docker swarm	管理群
docker system	管理 Docker 系统
docker tag	创建引用 SOURCE_IMAGE 的标签 TARGET_IMAGE
docker top	显示容器的运行过程
docker trust	管理对 Docker 镜像的信任
docker unpause	取消暂停一个或多个容器中的所有进程
docker update	更新一个或多个容器的配置
docker version	显示 Docker 版本信息
docker volume	管理卷

docker wait　　　阻塞，直到一个或多个容器停止，然后输出其退出代码

4. Docker Daemon

由图 2–7 可以看出 Docker Daemon（守护）在 Docker 体系里面的位置。

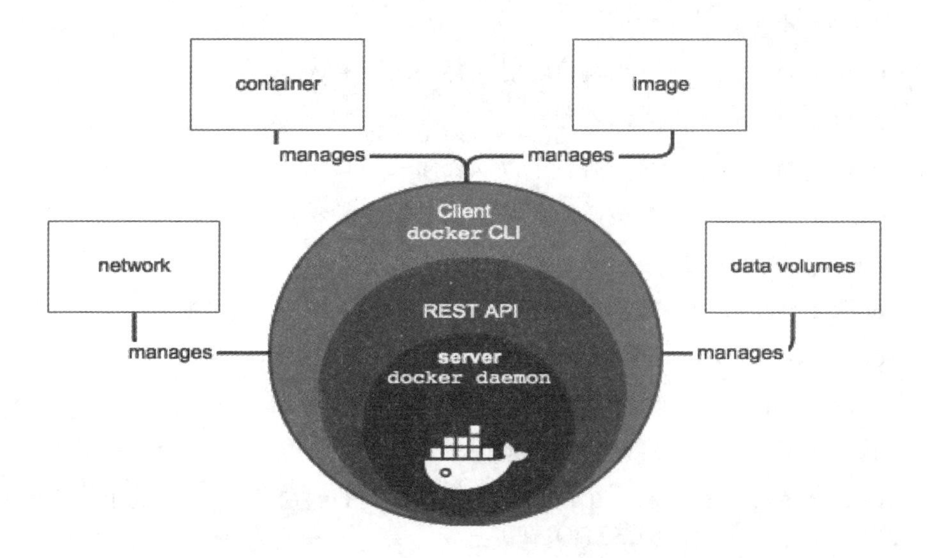

图 2–7　Docker Daemon

Docker Daemon 的架构如图 2–8 所示。

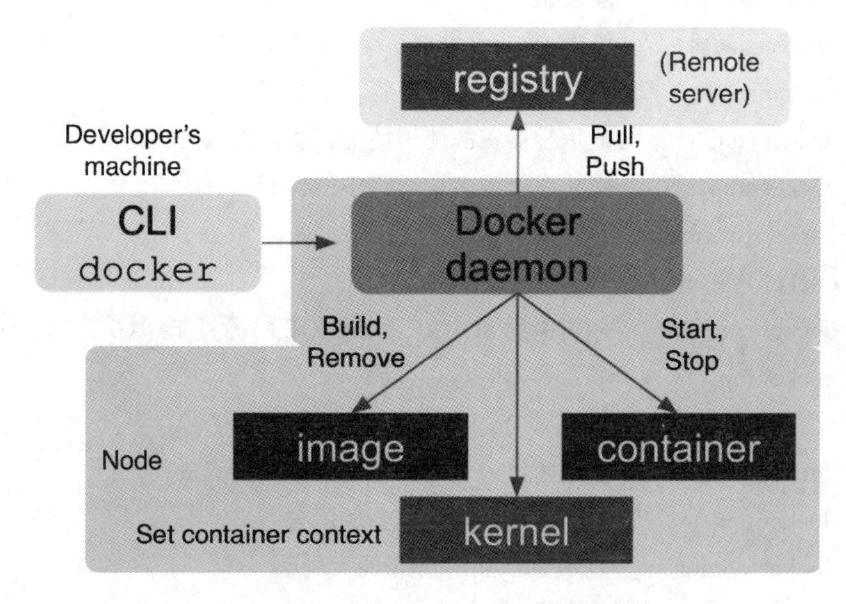

图 2–8　Docker Daemon 的架构

Daemon的主要功能包括镜像管理、镜像构建、REST API、身份验证、安全、核心网络以及编排。Docker Daemon是Docker架构中一个常驻在后台的系统进程，功能是接受并处理Docker Client发送的请求。该守护进程在后台启动了一个Server，Server负责接受Docker Client发送的请求；接受请求后，Server通过路由与分发调度，找到相应的Handler来执行请求。Docker Daemon启动所使用的可执行文件也为Docker，与Docker Client启动所使用的可执行文件相同。在Docker命令执行时，通过传入的参数来判别Docker Daemon与Docker Client。Docker Daemon的架构大致可以分为三部分：Docker Server、Engine和Job。

（1）Docker Server。Docker Server在Docker架构中是专门服务于Docker Client的Server。该Server的功能是接受并调度分发Docker Client发送的请求。

Docker Server的运行在Docker的启动过程中是靠一个名为serveapi的Job的运行来完成的。将该serveapi的Job单独抽离出来分析，理解为Docker Server。

（2）Engine。Engine是Docker架构中的运行引擎，同时也是Docker运行的核心模块。它扮演着Docker container存储仓库的角色，并且通过执行Job的方式来操纵管理这些容器。

（3）Job。一个Job可以认为是Docker架构中Engine内部最基本的工作执行单元。Docker做的每一项工作，都可以抽象为一个Job。例如：在容器内部运行一个进程，创建一个新的容器，从Internet上下载一个文档，都是Job。

5. Docker Registry

Docker Registry（仓库）是一个存储容器镜像的仓库（注册中心），可理解为云端镜像仓库，Docker Daemon会与Docker Registry通信，并实现搜索镜像、下载镜像和上传镜像的功能，对应Job名称分别为search、pull与push，工作流程如图2-9所示。

6. Graph

Graph（内部存储）包含Repository和GraphDB。Repository：镜像仓库，用于存储具体的Docker镜像，起到的是仓库存储作用。GraphDB：一个构建在SQLite之上的小型图数据库，实现了节点的命名以及节点之间关联关系的记录。它虽然仅仅实现了大多数图数据库所拥有的一个小的子集，但提供了简单的接口来表示节点之间的关系。

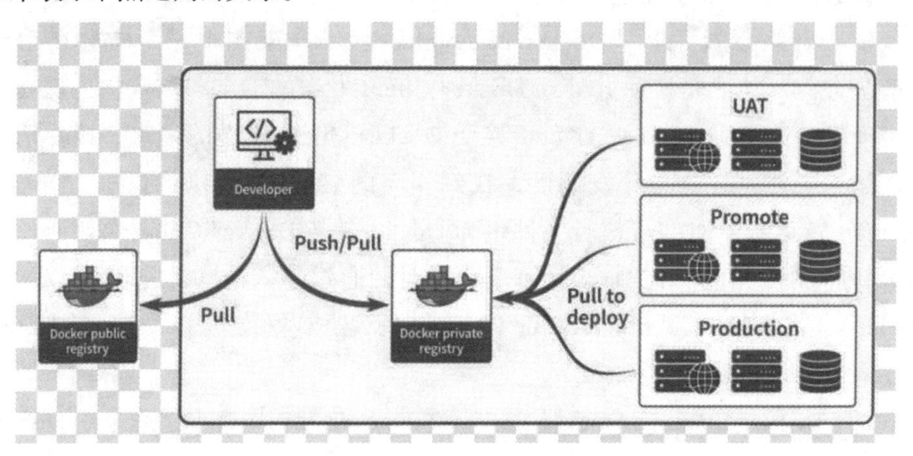

图 2–9　Docke Registry 工作流程

7. Driver

Driver（驱动）是 Docker 架构中的驱动模块，在 Docker Driver 的实现中，可以分为以下三类驱动：Graph driver、Network driver 和 Exec driver，结构如图 2–10 所示。

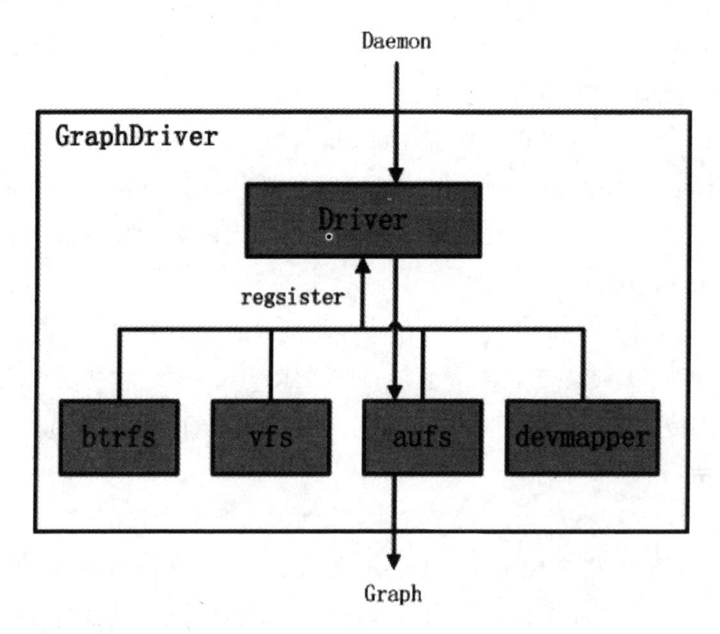

图 2–10　Docker Driver 的结构

（1）Graph driver 主要用于管理和维护镜像，包括把镜像从仓库中下载下来，到运行时把镜像挂载起来可以被容器访问等，都是 Graph driver 做的。涉及的 Docker 命令有 Docker pull、Docker push、Docker import、Docker export、Docker load、Docker save、Docker build。目前 Docker 支持的 Graph driver 有 Overlay、Aufs、Devicemapper、Btrfs、Zfs、Vfs。

（2）Network driver 的用途是完成 Docker 容器网络环境的配置，其中包括 Docker 启动时为 Docker 环境创建网桥；Docker 容器创建时为其创建专属虚拟网卡设备；为 Docker 容器分配 IP、端口并与宿主机做端口映射，设置容器防火墙策略等。

（3）Exec driver 作为 Docker 容器的执行驱动，负责创建容器运行命名空间，负责容器资源使用的统计与限制，负责容器内部进程的真正运行等。

8. Libcontainer

Libcontainer（函数库）是 Docker 架构中一个使用 Go 语言设计实现的库，设计的初衷是希望该库可以没有任何依赖，直接访问内核中与容器相关的 API，Docker 可以直接调用 Libcontainer，而最终操纵容器的 namespace、cgroups、apparmor、网络设备以及防火墙规则等。Libcontainer 的位置如图 2-11 所示。

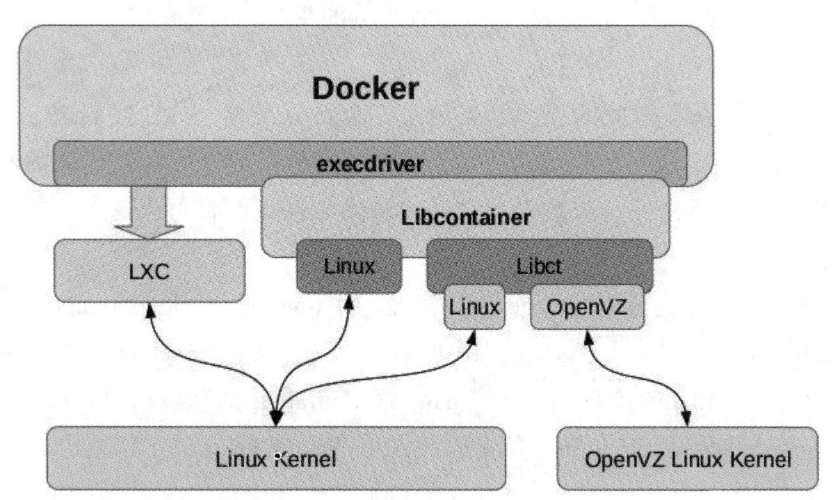

图 2-11　Libcontainer 的位置

在 https://github.com/opencontainers/runc 可以找到 Libcontainer 源码实现。

9. Docker 镜像

Docker 镜像由一系列层构建而成，每一层代表镜像的 Dockerfile 中的一条指令。除了最后一层之外，每一层都是只读的。考虑以下 Dockerfile：

```
# syntax=docker/dockerfile:1
FROM ubuntu:18.04
LABEL org.opencontainers.image.authors="org@example.com"
COPY . /app
RUN make /app
RUN rm -r $HOME/.cache
CMD python /app/app.py
```

Dockerfile 文件解析，每行命令会创建一个层。该 FROM 语句首先从“ubuntu:18.04”图像创建一个图层。该 LABEL 命令仅修改图像的元数据，不会生成新图层。该 COPY 命令从 Docker 客户端的当前目录中添加一些文件。第一个 RUN 命令使用该命令构建应用程序 make，并将结果写入新层；第二个 RUN 命令删除缓存目录，并将结果写入新层；最后，CMD 指令指定在容器内运行什么命令，它只修改图像的元数据，不会产生图像层。每一层只是与它之前层的一组差异。请注意，添加和删除文件都会产生一个新层。在上面的例子中，$HOME/.cache 目录被删除了，但在前一层中仍然可用，并且加起来就是图像的总大小。请参阅编写 Dockerfiles 和使用多阶段构建的最佳实践部分：https://docs.docker.com/develop/develop-images/dockerfile_best-practices/，了解如何优化 Dockerfiles 以获得高效的镜像。

这些层堆叠在彼此的顶部。当创建一个新容器时，会在底层之上添加一个新的可写层，这一层被称为“容器层”。对正在运行的容器所做的所有更改，例如写入新文件、修改现有文件和删除文件，都将写入这个薄的可写容器层。

Container 首先要有 Image，也就是说 Container 是通过 Image 创建的。Container 是在原先的 Image 上新加的一层，称作 Container layer，这一层是可读可写的（Image 是只读的）。Image 跟 Container 的职责区别：Image 负责 App 的存储和分发，Container 负责运行 App。Image layer 的示例结构如图 2-12 所示。

容器和图像之间的主要区别是顶部可写层。添加新数据或修改现有数据的所有写入容器都存储在此可写层中。当容器被删除时，可写层也被删除，底层图像保持不变，因为每个容器都有自己的可写容器层，所有的变化都存储在这个容器层中，所以多个容器可以共享对同一个底层镜像的访问，同时又拥有自己的数据状态。图 2-13 显示了共享同一个 Ubuntu 15.04 镜像的多个容器。

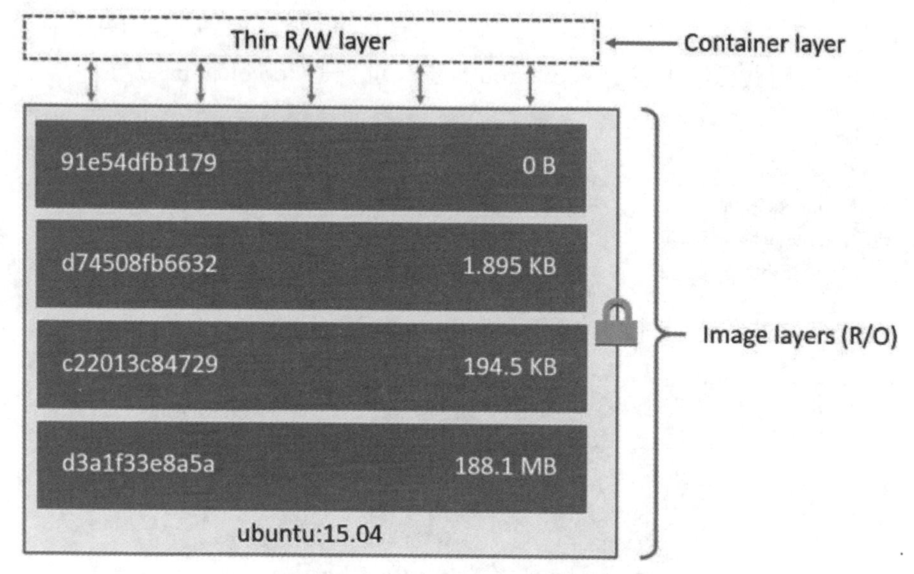

图 2-12　Image layer 结构

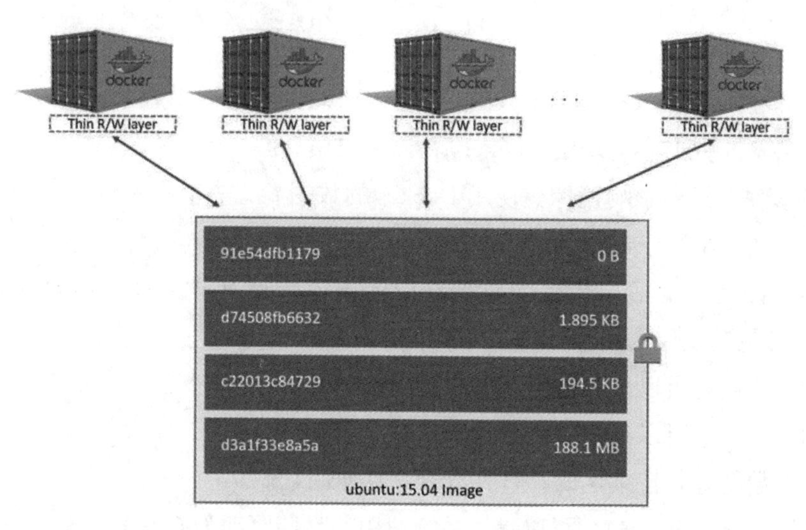

图 2-13　Container 镜像共享

Docker 使用存储驱动程序来管理镜像层和可写容器层的内容。每个存储驱动程序以不同的方式处理实现，但所有驱动程序都使用可堆叠的图像层和写时复制（CoW）策略。

10. Docker 文件系统

Dockerfile 中每一个指令都会生成一个新的 image 层，如图 2-14 所示。当执行 FROM 时就已经生成了 bootfs/rootfs 层，也就是 kernel 和 base 层。

```
Docker file :
From Debian
RUN apt-get install amacs
RUN apt-get install apache
CMD [ "bin/bash" ]
```

对应的文件系统如图 2-14 所示。

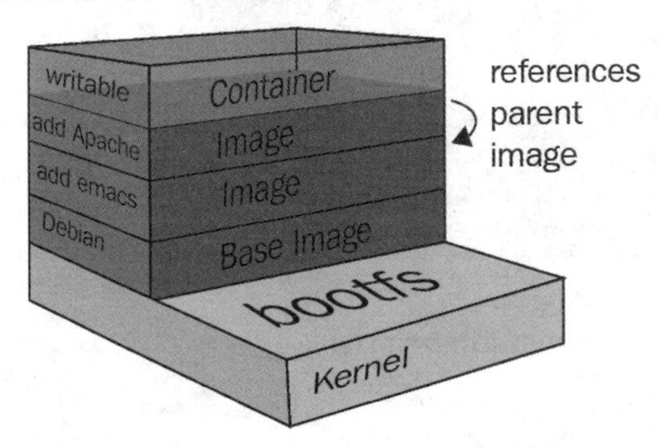

图 2-14　Docker 文件系统结构

数据卷可以用来存储 Docker 应用的数据，也可以用来在 Docker 容器间进行数据共享。数据卷呈现给 Docker 容器的形式就是一个目录，支持多个容器间共享，修改也不会影响镜像。使用 Docker 的数据卷，类似在系统中使用 mount 挂载一个文件系统。数据卷的优点如下：

（1）直接改变宿主机上的数据卷中的内容，且有些文件不需要在 docker commit 打包进镜像文件。

（2）数据卷可以在容器间共享和重用数据。

（3）数据卷可以在宿主和容器间共享数据。

（4）数据卷是持续性的，直到没有容器使用它们。

通过 docker info 命令可以看到系统使用的存储驱动为 OverlayFS，OverlayFS 是一个现代联合文件系统，实现更快、更简单。

本节介绍 Docker 的常用制作、操作指令、生命周期、数据持久化和 Docker 的安全保障技术，对 Docker 架构图中的各个模块进行功能与实现的分析，深化对 Docker 架构、功能与价值的理解。

2.10　namespace 技术

容器实现要依赖 namespace 技术，所以了解 namespace 很有必要。Linux namespaces 机制提供一种资源隔离方案。PID、IPC、Network 等系统资源不是全局性的，而是属于某个特定的 namespace。每个 namespace 下的资源对于其他 namespace 下的资源都是透明、不可见的。因此在操作系统层面上看，就会出现多个相同 pid 的进程。

系统中可以同时存在两个进程号为 0、1、2 的进程，由于属于不同的 namespace，因此它们之间并不冲突。而在用户层面上只能看到属于用户自己 namespace 下的资源，例如使用 ps 命令只能列出自己 namespace 下的进程。这样每个 namespace 看上去就像一个单独的 Linux 系统。在不同的 user namespace 中，同样一个用户的 user ID 和 group ID 可以不一样，换句话说，一个用户可以在父 user namespace 中是普通用户，在子 user namespace 中是超级用户。

Linux 在很早的版本中就实现了部分 namespace，比如内核 2.4 就实现了 mount namespace。大多数的 namespace 支持是在内核 2.6 中完成的，比如 IPC、Network、PID 和 UTS。还有个别的 namespace 比较特殊，比如 User，从内核 2.6 就开始实现了，但在内核 3.8 中才宣布完成。同时，随着 Linux 自身的发展以及容器技术持续发展带来的需求，也会有新的 namespace 被支持，比如在内核 4.6 中就添加了 Cgroup namespace。

Linux 提供了多个 API 用来操作 namespace，它们是 clone()、setns() 和 unshare() 函数，为了确定隔离的到底是哪项 namespace，在使用这些 API 时，通常需要指定一些调用参数：CLONE_NEWIPC、CLONE_NEWNET、CLONE_NEWNS、CLONE_NEWPID、CLONE_NEWUSER、CLONE_NEWUTS 和 CLONE_NEWCGROUP。如果要同时隔离多个 namespace，可以使用“|(按位或)”组合这些参数，同时我们还可以通过“/proc”下面的一些文件来操作 namespace，通过这 7 个选项能在创建新的进程时设置新进程应该在哪些资源上与宿主机器进行隔离。

目前，Linux 内核里实现了 7 种不同类型的 namespace，如图 2-15 所示。

名称	宏定义	隔离的资源
IPC	CLONE_NEWIPC	System V IPC(信号量、消息队列和共享内存) 和 POSIX message queues
Network	CLONE_NEWNET	Network devices, stacks, ports, etc(网络设备、网络栈、端口等).
Mount	CLONE_NEWNS	Mount points(文件系统挂载点)
PID	CLONE_NEWPID	Process IDs(进程编号)
User	CLONE_NEWUSER	User and group IDs(用户和用户组)
UTS	CLONE_NEWUTS	Hostname and NIS domain name(主机名与 NIS 域名)
Cgroup	CLONE_NEWCGROUP	Cgroup root directory(cgroup 的根目录)

图 2-15 namespace 隔离资源

1. IPC namespaces

始于内核版本 Linux 2.6.19，特定的进程间通信资源，包括 System V IPC 和 POSIX message queues，每个容器有自己的 System V IPC 和 POSIX 消息队列文件系统，因此，只有在同一个 IPC namespace 的进程之间才能互相通信。

2. Network namespaces

始于 Linux 2.6.24，完成于 Linux 2.6.29，有网络相关的系统资源，每个容器有独立的网络设备、IP 地址、IP 路由表、/proc/net 目录和端口号等。这也使得一个 host 上多个容器内的同一个应用都绑定到各自容器的 80 端口上。

3. Mount namespaces

Linux 2.4.19，文件系统挂接点，每个容器能看到不同的文件系统层次结构。

4. PID namespaces

始于内核版本 Linux 2.6.24，进程 ID 数字空间（process ID number space），每个 PID namespace 中的进程可以有独立的 PID，每个容器可以有 PID 为 1 的 root 进程，使得容器可以在不同的 host 之间迁移，因为 namespace 中的进程 ID 和 host 无关。这也使得容器中的每个进程有两个 PID：容器中的 PID 和 host 上的 PID。

5. User namespaces

始于 Linux 2.6.23，完成于 Linux 3.8，每个 container 可以有不同的 user 和 group id，一个 host 上的非特权用户可以成为 user namespace 中的特权用户。

当 Docker 创建一个容器时，它会创建新的 6 种 namespace 的实例，然后把容器中的所有进程放到这些 namespace 之中，使得 Docker 容器中的进程只能看到隔离的系统资源。

6. UTS namespaces

UTS namespaces 对当前系统中多个容器的信息统一管理，每个容器都对应一个 UTS namespaces，用来隔离容器的内核名称、版本等信息，只能查看自己的信息，不能互相查看。

7. 和 namespace 相关的函数

（1）clone() 函数。

clone：创建一个新的进程并把它放到新的 namespace 中。

```
int clone(int (*child_func)(void *), void *child_stack
            , int flags, void *arg);
```

flags：指定一个或者多个上面的 CLONE_NEW*（当然也可以包含跟 namespace 无关的 flags），这样就会创建一个或多个新的不同类型的 namespace，并把新创建的子进程加入新创建的这些 namespace 中。

（2）setns() 函数。

setns：将当前进程加入已有的 namespace 中。

```
int setns(int fd, int nstype);
```

fd：指向“/proc/[pid]/ns/”目录里相应 namespace 对应的文件，表示要加入哪个 namespace。

nstype：指定 namespace 的类型（上面的任意一个 CLONE_NEW*）：

1）如果当前进程不能根据 fd 得到它的类型，如 fd 由其他进程创建，并通过 UNIX domain socket 传给当前进程，那么就需要通过 nstype 来指定 fd 指向的 namespace 的类型。

2）如果进程能根据 fd 得到 namespace 类型，比如这个 fd 是由当前进程打开的，那么 nstype 设置为 0 即可。

（3）unshare() 函数与 unshare 命令。

Unshare：使当前进程退出指定类型的 namespace，并加入新创建的 namespace（相当于创建并加入新的 namespace）。

```
int unshare(int flags);
```

flags：指定一个或者多个上面的 CLONE_NEW*，这样，当前进程就退出了当前指定类型的 namespace 并加入新创建的 namespace。

clone 和 unshare 的功能都是创建并加入新的 namespace，其区别是：

1）unshare 是使当前进程加入新的 namespace。

2）clone 是创建一个新的子进程，然后让子进程加入新的 namespace，而当前进程保持不变。

2.11 cgroup

有了 namespace，为什么还要 cgroup?

Docker 容器使用 Linux namespace 来隔离其运行环境，使得容器中的进程看起来就像一个独立运行的环境一样。但是，光有运行环境隔离还不够，因为这些进程还是可以不受限制地使用系统资源，比如网络、磁盘、CPU 以及内存等。至于原因，一方面是为了防止它占用太多的资源而影响其他进程；另一方面，在系统资源耗尽的时候，Linux 内核会触发 OOM，这会让一些被“杀”掉的进程成了无辜的“替死鬼”。因此，为了让容器中的进程更加可控，Docker 使用 Linux cgroups 来限制容器中的进程所使用的资源。

Linux cgroup 可为系统中所运行任务（进程）的用户定义组群分配资源，比如 CPU 时间、系统内存、网络带宽或者这些资源的组合。可以监控管理员配置的 cgroup，拒绝 cgroup 访问某些资源，甚至在运行的系统中动态配置 cgroup。所以，可以将 control groups 理解为 controller（system resource for process）groups，也就是说，它以一组进程为目标进行系统资源分配和控制。其主要功能如下：

（1）Resource limitation：限制资源使用，比如内存使用上限以及文件系统的缓存限制。

（2）Prioritization：优先级控制，比如 CPU 利用和磁盘 I/O 吞吐。

（3）Accounting：一些审计或统计，主要目的是计费。

（4）Controller：挂起进程，恢复执行进程。

1. 使用 cgroup 限制资源使用

使用 cgroup，系统管理员可更具体地控制对系统资源的分配、优先顺序、拒绝、管理和监控，可更好地根据任务和用户分配硬件资源，提高总体效率。

在实践中，系统管理员一般会利用 cgroup 隔离一个进程集合（比如 nginx 的所有进程），并限制他们所消费的资源，比如绑定 CPU 的核；为这组进程分配足够的内存，并分配相应的网络带宽和磁盘存储限制，以及限制访问某些设备（通过设置设备的白名单）。

cgroup 和 namespace 的区别，简单来说就是，cgroup 限制可以使用的资源（memory、CPU、block I/O、network），而 namespace 限制 pid、net、mnt、uts、 ipc、user。

2. 使用 cgroup 绑定 CPU

由于目前的 CPU 核数有几十个核，为了避免某些进程在关键时刻拿不到 CPU，从而导致任务堆积卡住造成瓶颈，因此，绑定某个进程使用某些核心的 CPU 就很有用了。尤其在区块链领域，需要大量的 CPU 和 GPU 计算，CPU 资源的争夺非常激烈。任务编排任务调度也需要用到 CPU，绑定 CPU 核心的有 tastset、numactl、cgroup，比如：

（1）使用 taskset，设置“PID（TID）= 11498”的线程可用的 CPU 核心到 #0、#2 上，虚拟核心：

```
# taskset -pc 0,2 11498
```

（2）使用 numactl，指定在第 1 个物理 CPU 上执行一个 java param 命令：

```
#apt install numactl
# numactl –hardware 查看硬件资源
# numactl --cpubind=1 --membind=1 java param
```

（3）使用 cgroup，创建设置 small 组策略，4 核：

```
#cgcreate -g cpuset:small
#cgset -r cpuset.cpus=0-3 small
#cgset -r cpuset.mems=0 small
```

（4）创建设置 large 组策略，8 核：

```
#cgcreate -g cpuset:large
#cgset -r cpuset.cpus=0-7 large
#cgset -r cpuset.mems=0 large
```

（5）cpuset.mems：指定 cpuset 使用的 mem 节点，配置完在 /sys/fs/cgroup/cpuset 目录会出现 smal、large 目录：

```
# 使用 large 组策略限制程序运行在固定 CPU 核数上

#cgexec -g cpuset:large sh t1.sh &
```

示例：

（1）创建控制组，worker1 是一个目录名称，前面的目录固定不变：

```
mkdir -pv /sys/fs/cgroup/cpuset/worker1
```

（2）绑定 CPU 18~31，用 lscpu -e 查看有哪些核心：

```
echo 18-31> /sys/fs/cgroup/cpuset/worker1/cpuset.cpus
```

（3）绑定对应的 node，用 lscpu -e 查看：

```
echo 0 > /sys/fs/cgroup/cpuset/worker1/cpuset.mems
```

（4）将 PID 写入 miner1 目录的 procs 和 tasks 中：

```
echo 6362 > /sys/fs/cgroup/cpuset/worker1/cgroup.procs
```

需要先设置 CPU 和 mems，才能设置 tasks：

```
echo 6362 > /sys/fs/cgroup/cpuset/worker1/tasks
```

（5）查看进程“id=6362”跑在哪个 CPU 上：

```
ps -p 6362 -o pid,cpuid,args,user
```

2.12 Union Filesystem

Linux 的命名空间和控制组分别解决了不同资源隔离的问题，前者解决了进程、网络以及文件系统的隔离，后者实现了 CPU、内存等资源的隔离，但在 Docker 中还有另一个非常重要的问题需要解决，那就是镜像。

Docker 镜像本质上就是一个压缩包，可以使用下面的命令将一个 Docker 镜像中的文件导出：

```
$ docker export $(docker create busybox) | tar -C rootfs -xvf -
$ ls
bin dev etc home proc root sys tmp usr var
```

可以看到，这个 busybox 镜像中的目录结构与 Linux 操作系统的根目录中的内容并没有太多的区别，可以说 Docker 镜像就是一个文件。Docker 使用了一系列不同的存储驱动管理镜像内的文件系统并运行容器，这些存储驱动与 Docker 卷有些不同，存储引擎管理着能够在多个容器之间共享的存储。想要理解 Docker 使用的存储驱动，首先需要理解 Docker 是如何构建并且存储镜像的，也需要明白 Docker 的镜像是如何被每一个容器所使用的。Docker 中的每一个镜像都是由一系列只读的层组成的，Dockerfile 中的每一个命令都会在已有的只读层上创建一个新的层：

```
FROM ubuntu:18.04
COPY . /app
RUN make /app
CMD python /app/app.py
```

容器中的每一层都只对当前容器进行了非常小的修改，上述的 Dockerfile 文件会构建一个拥有 4 层 layer 的镜像。

2.13　RunC

RunC 是一个轻量级的工具，它是用来运行容器的。我们可以认为它就是个命令行小工具，可以不用通过 Docker 引擎，直接运行容器。事实上，RunC 是标准化的产物，它根据 OCI (Open Container Initiative) 标准来创建和运行容器，而 OCI 组织旨在围绕容器格式和运行时制定一个开放的工业化标准。OCI 由 Docker、CoreOS 以及其他容器相关的公司创建于 2015 年，目前主要有两个标准文档：容器运行时标准（runtime spec）和 容器镜像标准（image spec）。RunC 由 Golang 语言实现，基于 libcontainer 库。

1. RunC 代码解读

总体来说，RunC 代码比较简单，主要引用 github.com/urfave/cli 库，实现一系列命令：

```
app.Commands = []cli.Command{
    checkpointCommand,
    createCommand,
    deleteCommand,
    eventsCommand,
    execCommand,
    initCommand,
    killCommand,
    listCommand,
    pauseCommand,
    psCommand,
    restoreCommand,
    resumeCommand,
    runCommand,
    specCommand,
```

```
        startCommand,
        stateCommand,
        updateCommand,
    }
```

熟悉 Docker 命令的人，应该对此很熟悉了，这些命令底层调用 libcontainer 库实现具体的操作，主要有以下几个重要的文件需要理解：

```
factory.go
container.go
process.go
init_linux.go
```

2. RunC 实现的两大阶段

第一个阶段叫“bootstrap”，设置一些环境以及配置信息，创建匿名管道，把容器的配置信息通过管道发送给第二阶段。第二个阶段代码里没有明确的名称，暂称为“worker”，主要是创建子进程，并根据管道传过来的配置信息，设置进程的 namespace 信息。

bootstrap 和 worker 主要通过 socketpair 这种全双工管道交互，这样实现主要考虑的是 worker 的大部分时间处于自己的 namespace 中，所以有些事情自己做不了，必须让 bootstrap 协助完成。另外，bootstrap 用 Go 语言实现，worker 最重要的开始部分用 C 语言实现，后面的部分以 Go 语言实现，中间的切换非常合理。特别说明的是，RunC 支持 Linux、Windows、solaris 等多种操作系统，所以代码的一个通用规则是，对于某个功能定一个接口，然后针对各种平台的实现定义一个独立的文件，比如：

```
container.go
container_linux.go
container_widnows.go
container_solaris.go
```

Docker Engine 现在建立在 RunC 和 Containerd 之上。Engine 用于卷、网络、容器等，它完成了现在分为 4 个组件的所有工作：Engine、Containerd、RunC，以及位于 Containerd 和 RunC 之间的 Containerd-shim。Docker Engine 仍然负责镜像管理，接着将镜像交给 Containerd 运行后，Containerd 使用 RunC 来运行容器。

Containerd 只处理容器，它负责启动、停止、暂停和销毁容器。由于容器运行时与引擎隔离，因此，引擎最终能够重新启动或升级而无须重新启动容器。其他一些好处是删除了特定于 Linux 的代码，这种更改有助于使用其他容器运行时，同时保持相同的 Docker UI 命令（因此从表面上看，一切都相同），它们之间的联系如图 2-16 所示。

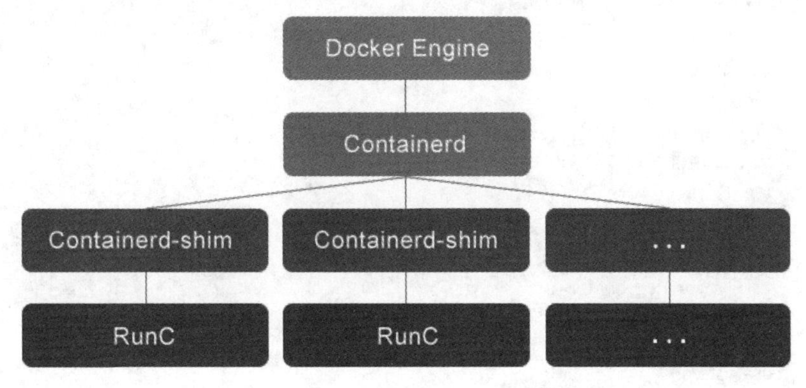

图 2-16　Containerd 和 RunC 联系

2.14　启动流程

Docker 项目地址：https://github.com/moby/moby，我们通过如何创建一个容器来剖析和理解。先调用“spec, err := setupSpec(context)”加载配置文件 config.json 的内容。此处和前面提到的 OCI bundle 相关。Docker 中的容器启动函数 containerStart()，定义在 /daemon/start.go 中，代码如下：

```
func (daemon *Daemon) containerStart(container
    *container.Container) (err error) {
    ......
    // 创建 spec 文件
    // 定义在 /daemon/oci_linux 中
    spec, err := daemon.createSpec(container)
    if err != nil {
        return err
    }
    ......
    return nil
}
```

Docker 的容器就是用上述技术实现与宿主机器的进程隔离，当每次运行 docker run 或 docker start 时，都会在下面的方法中创建一个用于设置进程间隔离的 Spec。createSpec() 定义在 /daemon/oci_linux.go 中，代码如下：

```
// 创建 oci 的 spec 文件
func (daemon *Daemon) createSpec(c *container.Container)
    (*libContainerd.Spec, error) {

    // 生成 spec 模板
    s := oci.DefaultSpec()
    if err := daemon.populateCommonSpec(&s, c); err != nil {
        return nil, err
    }
    var cgroupsPath string
    scopePrefix := "docker"
    parent := "/docker"
    useSystemd := UsingSystemd(daemon.configStore)
    if useSystemd {
        parent = "system.slice"
    }
    if c.HostConfig.CgroupParent != "" {
        parent = c.HostConfig.CgroupParent
    } else if daemon.configStore.CgroupParent != "" {
            parent = daemon.configStore.CgroupParent
    }
    if useSystemd {
        cgroupsPath = parent + ":" + scopePrefix + ":" + c.ID
        logrus.Debugf("createSpec: cgroupsPath: %s", cgroupsPath)
    } else {
        cgroupsPath = filepath.Join(parent, c.ID)
    }

    // 设置 spec 的 Linux.CgroupsPath 字段
    s.Linux.CgroupsPath = &cgroupsPath

    // 设置 spec 的 Linux.Resources 字段
    if err := setResources(&s, c.HostConfig.Resources); err != nil {
        return nil, fmt.Errorf("linux runtime spec resources: %v", err)
    }

    // 设置 spec 的 Linux.Resources.OOMScoreAdj 字段
    s.Linux.Resources.OOMScoreAdj = &c.HostConfig.OomScoreAdj

    // 设置 spec 的 Linux.Sysctl 字段
    s.Linux.Sysctl = c.HostConfig.Sysctls
    if err := setDevices(&s, c); err != nil {
        return nil, fmt.Errorf("linux runtime spec devices: %v", err)
    }
```

```
// 设置 spec 的 Process.Rlimits 字段
if err := setRlimits(daemon, &s, c); err != nil {
  return nil, fmt.Errorf("linux runtime spec rlimits: %v", err)
}

// 设置 spec 的 Process.User 字段
if err := setUser(&s, c); err != nil {
  return nil, fmt.Errorf("linux spec user: %v", err)
}

// 设置 spec 的 Linux.Namespace 字段
if err := setNamespaces(daemon, &s, c); err != nil {
  return nil, fmt.Errorf("linux spec namespaces: %v", err)
}

// 设置 spec 的 Proecess.capabilities 字段
if err := setCapabilities(&s, c); err != nil {
  return nil, fmt.Errorf("linux spec capabilities: %v", err)
}

// 定义在 /daemon/seccomp_linux.go 中
// 设置 spec 的 Linux.Seccomp 字段
if err := setSeccomp(daemon, &s, c); err != nil {
  return nil, fmt.Errorf("linux seccomp: %v", err)
}

// 定义在 /daemon/container_operations_unix.go
if err := daemon.setupIpcDirs(c); err != nil {
  return nil, err
}

ms, err := daemon.setupMounts(c)
if err != nil {
  return nil, err
}

//c.IpcMounts():
ms = append(ms, c.IpcMounts()...)

//c.TmpfsMounts():  []
ms = append(ms, c.TmpfsMounts()...)
sort.Sort(mounts(ms))
```

```
        // 设置 spec 的 mounts 字段
        if err := setMounts(daemon, &s, c, ms); err != nil {
            return nil, fmt.Errorf("linux mounts: %v", err)
        }

        // 如果 namespace 中有 network 且 Path 为空，则设置 spec 的 hooks.prestart 字段
        for _, ns := range s.Linux.Namespaces {
            if ns.Type == "network" && ns.Path == "" && !c.Config.NetworkDisabled {
                target, err := os.Readlink(filepath.Join("/proc", strconv.Itoa(os.Getpid()), "exe"))
                if err != nil {
                    return nil, err
                }
                s.Hooks = specs.Hooks{
                    Prestart: []specs.Hook{{
                        Path: target, // FIXME: cross-platform

                        // 子命令为 libnetwork-setkey
                        Args: []string{"libnetwork-setkey", c.ID, daemon.netController.ID()},
                    }},
                }
            }
        }
    }
    if apparmor.IsEnabled() {
        appArmorProfile := "docker-default"
        if len(c.AppArmorProfile) > 0 {
            appArmorProfile = c.AppArmorProfile
        } else if c.HostConfig.Privileged {
            appArmorProfile = "unconfined"
        }
        s.Process.ApparmorProfile = appArmorProfile
    }
    s.Process.SelinuxLabel = c.GetProcessLabel()
    s.Process.NoNewPrivileges = c.NoNewPrivileges
    s.Linux.MountLabel = c.MountLabel
    return (*libContainerd.Spec)(&s), nil
    }
```

createSpec() 的流程如下，oci.DefaultSpec() 生成 spec 模板：

（1）设置 linux.cgroupsPath，表明容器的 cgroup 路径。

（2）设置 linux.resources，里面有 devices、memory、CPU 等信息。

（3）设置 linux.resources.oomScoreAdj，和 oom 的优先级相关。

（4）设置 linux.sysctl 字段。

（5）设置 linux.resources.devices。

（6）设置 process.rlimits 字段，为进程资源限制。

（7）设置 process.user 字段。

（8）设置 linux.namespace 字段，为容器需要创建的 namespace。

（9）设置 process.capabilities 字段，表明进程所拥有的能力。

（10）设置 linux.seccomp 字段。

（11）设置 mounts 字段。

（12）如果需要，设置 hooks。

（13）设置其他字段。

在 setNamespaces 方法中，不仅会设置进程相关的命名空间，还会设置与用户、网络、IPC 以及 UTS 相关的命名空间：

```
func setNamespaces(daemon *Daemon, s *specs.Spec, c *container.Container) error {
// user
// network
// ipc
// uts
// pid
if c.HostConfig.PidMode.IsContainer() {
  ns := specs.LinuxNamespace{Type: "pid"}
  pc, err := daemon.getPidContainer(c)
  if err != nil {
    return err
  }
  ns.Path = fmt.Sprintf("/proc/%d/ns/pid", pc.State.GetPID())
  setNamespace(s, ns)
} else if c.HostConfig.PidMode.IsHost() {
  oci.RemoveNamespace(s, specs.LinuxNamespaceType("pid"))
} else {
   ns := specs.LinuxNamespace{Type: "pid"}
   setNamespace(s, ns)
}

return nil
}
```

所有命名空间相关的设置，Spec 最后都会作为 Create 函数的输入参数在创建新的容器时进行设置：

```
daemon.Containerd.Create(context.Background(), Container mieten in München, spec, createOptions)
```

所有与命名空间相关的设置都是在上述两个函数中完成的，Docker 通过命名空间成功完成了与宿主机进程和网络的隔离。一个完成的启动示例代码如下：

```
package main

import (
    "context"
    "io"
    "os"
    "github.com/docker/docker/api/types"
    "github.com/docker/docker/api/types/container"
    "github.com/docker/docker/client"
    "github.com/docker/docker/pkg/stdcopy"
)

func main() {
    ctx := context.Background()
    cli, err := client.NewClientWithOpts(client.FromEnv, client.WithAPIVersionNegotiation())
    if err != nil {
        panic(err)
    }
    // 拉取镜像
    reader, err := cli.ImagePull(ctx, "docker.io/library/alpine", types.ImagePullOptions{})
    if err != nil {
        panic(err)
    }
    io.Copy(os.Stdout, reader)
    // 创建容器
    resp, err := cli.ContainerCreate(ctx, &container.Config{
        Image: "alpine",
        Cmd:   []string{"echo", "hello world"},
        Tty:   false,
    }, nil, nil, nil, "")
    if err != nil {
        panic(err)
    }
    //启动
    if err := cli.ContainerStart(ctx, resp.ID, types.ContainerStartOptions{}); err != nil {
        panic(err)
    }
     // 阻塞，直到一个或多个容器停止，然后输出它们的退出代码
```

```
        statusCh, errCh := cli.ContainerWait(ctx, resp.ID, container.WaitConditionNotRunning)
        select {
        case err := <-errCh:
                if err != nil {
                        panic(err)
                }
        case <-statusCh:
        }

        out, err := cli.ContainerLogs(ctx, resp.ID, types.ContainerLogsOptions{ShowStdout: true})
        if err != nil {
            panic(err)
        }

        stdcopy.StdCopy(os.Stdout, os.Stderr, out)
}
```

2.15　Docker API

Docker 提供了一个用于与 Docker 守护进程进行交互的 API（称为 Docker Engine API），以及用于 Go 和 Python 的 SDK。用 SDK 可以快速轻松地构建和扩展 Docker 应用程序和解决方案。如果 Go 或 Python 不适用，则可以直接使用 Docker Engine API。

Docker Engine API 是一种 RESTful API，可通过诸如 wget 或 curl 的 HTTP 客户端或大多数现代编程语言中的 HTTP 库访问 RESTful API。

docker.sock 是 docker client 和 docker daemon 在 localhost 进行通信的 socket 文件。此处直接使用 socket 文件来创建容器，启动容器（其实就是直接 call docker daemon API 而不是通过 docker client 的方式去操控 docker daemon）。

什么是 unix socket？ unix socket 可以让一个程序通过类似处理一个文件的方式和另一个程序通信，这是一种进程间通信的方式（IPC）。在 host 上安装并启动好 docker，docker daemon 会自动创建一个 socket 文件并保存在 /var/run/docker.sock 目录下。docker daemon 监听着 socket 中即将到来的链接请求（可以通过 –H unix:///var/run/docker.sock 设定 docker daemon 监听的 socket 文件，–H 参数还可以设定监听 tcp:port 或者其他的 unix socket），当一个链接请求到来时，它会使用标准 IO 来读写数据。curl 是常用的命令行工具，用来请求 Web 服务器，它的名字就是客户端（client）的 URL 工具的意思。

1. 运行一个容器

相当于 docker run，HTTP 实现：

```
$ curl --unix-socket /var/run/docker.sock -H "Content-Type: application/json" \
  -d '{"Image": "alpine", "Cmd": ["echo", "hello world"]}' \
  -X POST http://localhost/v1.41/containers/create
{"Id":"1c6594faf5","Warnings":null}

$ curl --unix-socket /var/run/docker.sock -X POST http://localhost/v1.41/containers/1c6594faf5/start

$ curl --unix-socket /var/run/docker.sock -X POST http://localhost/v1.41/containers/1c6594faf5/wait
{"StatusCode":0}

$ curl --unix-socket /var/run/docker.sock "http://localhost/v1.41/containers/1c6594faf5/logs?stdout=1"
hello world
```

代码实现：

```
package main

import (
	"context"
	"io"
	"os"
	"github.com/docker/docker/api/types"
	"github.com/docker/docker/api/types/container"
	"github.com/docker/docker/client"
	"github.com/docker/docker/pkg/stdcopy"
)
func main() {
	ctx := context.Background()
	cli, err := client.NewClientWithOpts(client.FromEnv, client.WithAPIVersionNegotiation())
	if err != nil {
		panic(err)
	}
	// 拉取镜像
	reader, err := cli.ImagePull(ctx, "docker.io/library/alpine", types.ImagePullOptions{})
	if err != nil {
		panic(err)
	}
	io.Copy(os.Stdout, reader)
	// 使用镜像 alpine 创建容器
```

```
	resp, err := cli.ContainerCreate(ctx, &container.Config{
		Image: "alpine",
		Cmd:   []string{"echo", "hello world"},
		Tty:   false,
	}, nil, nil, nil, "")
	if err != nil {
		panic(err)
	}
	// 启动
	if err := cli.ContainerStart(ctx, resp.ID, types.ContainerStartOptions{}); err != nil {
		panic(err)
	}
	// 等待
	statusCh, errCh := cli.ContainerWait(ctx, resp.ID, container.WaitConditionNotRunning)
	select {
	case err := <-errCh:
		if err != nil {
			panic(err)
		}
	case <-statusCh:
	}

	out, err := cli.ContainerLogs(ctx, resp.ID, types.ContainerLogsOptions{ShowStdout: true})
	if err != nil {
		panic(err)
	}

	stdcopy.StdCopy(os.Stdout, os.Stderr, out)
}
```

2. 在后台运行一个容器

相当于 docker run –d bfirsh/reticulate–splines，HTTP 实现：

```
$ curl --unix-socket /var/run/docker.sock -H "Content-Type: application/json" \
  -d '{"Image": "bfirsh/reticulate-splines"}' \
  -X POST http://localhost/v1.41/containers/create
{"Id":"1c6594faf5","Warnings":null}
$ curl --unix-socket /var/run/docker.sock -X POST http://localhost/v1.41/containers/1c6594faf5/start
```

代码如下：

```
package main

import (
```

```
    "context"
    "fmt"
    "io"
    "os"

    "github.com/docker/docker/api/types"
    "github.com/docker/docker/api/types/container"
    "github.com/docker/docker/client"
)

func main() {
    ctx := context.Background()
    cli, err := client.NewClientWithOpts(client.FromEnv, client.WithAPIVersionNegotiation())
    if err != nil {
        panic(err)
    }

    imageName := "bfirsh/reticulate-splines"
    // 拉取镜像
    out, err := cli.ImagePull(ctx, imageName, types.ImagePullOptions{})
    if err != nil {
        panic(err)
    }
    io.Copy(os.Stdout, out)
    // 创建容器
    resp, err := cli.ContainerCreate(ctx, &container.Config{
        Image: imageName,
    }, nil, nil, "")
    if err != nil {
        panic(err)
    }
    // 启动容器
    if err := cli.ContainerStart(ctx, resp.ID, types.ContainerStartOptions{}); err != nil {
        panic(err)
    }

    fmt.Println(resp.ID)
}
```

3. 列出容器列表

相当于 docker ps，HTTP 实现：

```
$ curl --unix-socket /var/run/docker.sock http://localhost/v1.41/containers/json
```

```
[{
  "Id":"ae63e8b89a26f01f6b4b2c9a7817c31a1b6196acf560f66586fbc8809ffcd772",
  "Names":["/tender_wing"],
  "Image":"bfirsh/reticulate-splines",
  ...
}]
```

代码如下：

```
package main

import (
	"context"
	"fmt"

	"github.com/docker/docker/api/types"
	"github.com/docker/docker/client"
)

func main() {
	ctx := context.Background()
	cli, err := client.NewClientWithOpts(client.FromEnv, client.WithAPIVersionNegotiation())
	if err != nil {
		panic(err)
	}
	// 列出
	containers, err := cli.ContainerList(ctx, types.ContainerListOptions{})
	if err != nil {
		panic(err)
	}
	// 输出
	for _, container := range containers {
		fmt.Println(container.ID)
	}
}
```

4. 停止所有运行的容器

不要在生产环境运行。HTTP 实现：

```
$ curl --unix-socket /var/run/docker.sock http://localhost/v1.41/containers/json
[{
  "Id":"ae63e8b89a26f01f6b4b2c9a7817c31a1b6196acf560f66586fbc8809ffcd772",
  "Names":["/tender_wing"],
  "Image":"bfirsh/reticulate-splines",
```

```
  ...
}]

$ curl --unix-socket /var/run/docker.sock \
  -X POST http://localhost/v1.41/containers/ae63e8b89a26/stop
```

代码实现如下：

```
package main

import (
	"context"
	"fmt"

	"github.com/docker/docker/api/types"
	"github.com/docker/docker/client"
)

func main() {
	ctx := context.Background()
	cli, err := client.NewClientWithOpts(client.FromEnv, client.WithAPIVersionNegotiation())
	if err != nil {
		panic(err)
	}
	// 列出所有容器
	containers, err := cli.ContainerList(ctx, types.ContainerListOptions{})
	if err != nil {
		panic(err)
	}
	// 停止所有
	for _, container := range containers {
		fmt.Print("Stopping container ", container.ID[:10], "... ")
		// 停止
		if err := cli.ContainerStop(ctx, container.ID, nil); err != nil {
			panic(err)
		}
		fmt.Println("Success")
	}
}
```

5. 输出某个容器的日志

HTTP 实现：

```
$ curl --unix-socket /var/run/docker.sock "http://localhost/v1.41/containers/ca5f55cdb/logs?stdout=1"
```

```
Reticulating spline 1...
Reticulating spline 2...
Reticulating spline 3...
Reticulating spline 4...
Reticulating spline 5...
```

代码如下：

```
package main

import (
	"context"
	"io"
	"os"

	"github.com/docker/docker/api/types"
	"github.com/docker/docker/client"
)

func main() {
	ctx := context.Background()
	cli, err := client.NewClientWithOpts(client.FromEnv, client.WithAPIVersionNegotiation())
	if err != nil {
		panic(err)
	}

	options := types.ContainerLogsOptions{ShowStdout: true}
	// f1064a8a4c82 是容器 ID
	out, err := cli.ContainerLogs(ctx, "f1064a8a4c82", options)
	if err != nil {
		panic(err)
	}

	io.Copy(os.Stdout, out)
}
```

6. 列出所有镜像

相当于运行 docker image ls，HTTP 实现：

```
$ curl --unix-socket /var/run/docker.sock http://localhost/v1.41/images/json
[{
"Id":"sha256:31d9a31e1dd803470c5a151b8919ef1988ac3efd44281ac59d43ad623f275dcd",
"ParentId":"sha256:ee4603260daafe1a8c2f3b78fd760922918ab2441cbb2853ed5c439e59c52f96",
  ...
```

```
}]
```


代码如下：

```
package main

import (
	"context"
	"fmt"

	"github.com/docker/docker/api/types"
	"github.com/docker/docker/client"
)

func main() {
	ctx := context.Background()
	cli, err := client.NewClientWithOpts(client.FromEnv, client.WithAPIVersionNegotiation())
	if err != nil {
		panic(err)
	}

	images, err := cli.ImageList(ctx, types.ImageListOptions{})
	if err != nil {
		panic(err)
	}

	for _, image := range images {
		fmt.Println(image.ID)
	}
}
```

7. 拉取一个镜像

相当于：

```
$ curl --unix-socket /var/run/docker.sock \
  -X POST "http://localhost/v1.41/images/create?fromImage=alpine"
{"status":"Pulling from library/alpine","id":"3.1"}
{"status":"Pulling fs layer","progressDetail":{},"id":"8f13703509f7"}
{"status":"Downloading","progressDetail":{"current":32768,"total":2244027},"progress":"[\u003e] 32.77 kB/2.244 MB","id":"8f13703509f7"}
...
```

代码如下：

```
package main

import (
	"context"
	"io"
	"os"

	"github.com/docker/docker/api/types"
	"github.com/docker/docker/client"
)

func main() {
	ctx := context.Background()
	cli, err := client.NewClientWithOpts(client.FromEnv, client.WithAPIVersionNegotiation())
	if err != nil {
		panic(err)
	}

	out, err := cli.ImagePull(ctx, "alpine", types.ImagePullOptions{})
	if err != nil {
		panic(err)
	}

	defer out.Close()

	io.Copy(os.Stdout, out)
}
```

8. 通过认证拉取一个镜像

相当于：

```
$ JSON=$(echo '{"username": "string", "password": "string", "serveraddress": "string"}' | base64)

$ curl --unix-socket /var/run/docker.sock \
  -H "Content-Type: application/tar"
  -X POST "http://localhost/v1.41/images/create?fromImage=alpine"
  -H "X-Registry-Auth"
  -d "$JSON"
{"status":"Pulling from library/alpine","id":"3.1"}
{"status":"Pulling fs layer","progressDetail":{},"id":"8f13703509f7"}
{"status":"Downloading","progressDetail":{"current":32768,"total":2244027},"progress":"[\u003e
] 32.77 kB/2.244 MB","id":"8f13703509f7"}
...
```

代码如下：

```
package main

import (
	"context"
	"encoding/base64"
	"encoding/json"
	"io"
	"os"

	"github.com/docker/docker/api/types"
	"github.com/docker/docker/client"
)

func main() {
	ctx := context.Background()
	cli, err := client.NewClientWithOpts(client.FromEnv, client.WithAPIVersionNegotiation())
	if err != nil {
		panic(err)
	}
	// 输入你的用户名和密码
	authConfig := types.AuthConfig{
		Username: "username",
		Password: "password",
	}
	encodedJSON, err := json.Marshal(authConfig)
	if err != nil {
		panic(err)
	}
	authStr := base64.URLEncoding.EncodeToString(encodedJSON)
	// 拉取镜像
	out, err := cli.ImagePull(ctx, "alpine", types.ImagePullOptions{RegistryAuth: authStr})
	if err != nil {
		panic(err)
	}

	defer out.Close()
	io.Copy(os.Stdout, out)
}
```

9. 创建镜像与提交容器

相当于：

```
$ docker run -d alpine touch /helloworld
0888269a9d584f0fa8fc96b3c0d8d57969ceea3a64acf47cd34eebb4744dbc52
$ curl --unix-socket /var/run/docker.sock\
  -X POST "http://localhost/v1.41/commit?container=0888269a9d&repo=helloworld"
{"Id":"sha256:6c86a5cd4b87f2771648ce619e319f3e508394b5bfc2cdbd2d60f59d52acda6c"}
```

代码如下：

```
package main

import (
	"context"
	"fmt"

	"github.com/docker/docker/api/types"
	"github.com/docker/docker/api/types/container"
	"github.com/docker/docker/client"
)

func main() {
	ctx := context.Background()
	cli, err := client.NewClientWithOpts(client.FromEnv, client.WithAPIVersionNegotiation())
	if err != nil {
		panic(err)
	}
	// 基于 alpine 镜像创建一个容器
	createResp, err := cli.ContainerCreate(ctx, &container.Config{
		Image: "alpine",
		Cmd:   []string{"touch", "/helloworld"},
	}, nil, nil, "")
	if err != nil {
		panic(err)
	}
	// 启动
	if err := cli.ContainerStart(ctx, createResp.ID, types.ContainerStartOptions{}); err != nil {
		panic(err)
	}
	// 等待
	statusCh, errCh := cli.ContainerWait(ctx, createResp.ID, container.WaitConditionNotRunning)
	select {
	case err := <-errCh:
		if err != nil {
			panic(err)
		}
```

```
        case <-statusCh:
        }
        // 从容器创建一个新的镜像
        commitResp, err := cli.ContainerCommit(ctx, createResp.ID, types.ContainerCommitOptions{Refere
                        nce: "helloworld"})
        if err != nil {
            panic(err)
        }

        fmt.Println(commitResp.ID)
}
```

2.16 Docker 的同类产品

Docker 的同类产品有 Containerd、CRI-O、Firecracker、gVisor、Inclavare Containers、Kata Containers、lxd、rkt、runc、Singularity、SmartOS、Sysbox、WasmEdge Runtime。

1. CoreOS rkt

2018 年，rkt（Rocket 的缩写，发音同）占据了 12% 的容器市场份额。rkt 支持两种不同的镜像类型：Docker 和 appc。rkt 最大的优势就是可以直接兼容 Kubernetes，也因此被称作 rktnetes。只需要一个命令行，就可以在 Kubernetes 中完成对 rkt 的部署：

```
$ kubelet --container-runtime=rkt
```

rkt 还支持 TPM（可信平台模块），提供了非常好的安全性支持。它对应用容器也做了很多优化处理。同 Docker 相比，rkt 还是缺少一些可整合的第三方接口。但是总体来说，rkt 具备良好的兼容性，使它很容易实现公有云迁移，并完成快速部署。

另外，它对 OCI（开放容器项目）的兼容性不够好。虽然 rkt 已经摒弃 appc，全力匹配 OCI，可是目前仍没有最终实现。面向 CRI（容器运行时接口）的 rklet 也仍在开发中。与 Docker 相比，rkt 不需要 root 权限运行，安全性和性能都比 Docker 要高。

2. Mesos 容器引擎

2018 年，Mesos 容器引擎占据了整个容器市场份额的 4%。作为 Apache 的开源项目，Mesos 提供了非常好的性能参数。同 rkt 类似，它也支持 Docker 和 appc 两种镜像。参考 Docker 对 OCI 的兼容方式，Mesos 对 OCI 标准的支持也将很快发布。

在谈到 Mesos 的用户案例时，基础设施及 DevOps 专家 Ricardo Aravena 认为，尽管它可以应用到不同的情景下，它最好的场景还是结合 Spark 和 Flink 等计算引擎，实现一个面向大数据处理的平台。不足的是，Mesos 容器引擎必须通过 Mesos 框架来运行这些容器，而不能像其他容器那样单独运行。

3. LXC 容器

LXC Linux 容器占据了 1% 的容器市场份额，其实 LXC 的出现要早于 Docker，LXC 本身也有一个非常活跃的技术社区。

LXC 容器主要由三部分组成：作为运行时的 LXC，用 Go 编写的管理容器和镜像文件的守护进程 LXD 以及管理文件系统的 Lxfuse。最开始的 LXC 只是一些容器管理工具的底层实现，LXD 则在 LXC 的基础上实现了新的图形界面和命令行工具，很好地改善了用户的使用体验。

按照 Aquasec 的说法，LXD 用容器的方式仿真了一个类似虚拟机的操作体验，并避免了虚拟机额外的系统负载，而且 Windows 与 MacOS 用户都可以访问 LXD 进程。可惜的是，LXC 容器目前还不能同 Kubernetes 进行整合，也没有实现对 OCI 标准的支持，当然，我们希望正在开发的 Lxcrun 可以解决这些问题。

4. OpenVZ

OpenVZ 作为 Linux 内核的一个功能扩展，2005 年发布了第一版。它是一个基于容器虚拟化的开源解决方案，允许在单操作系统上运行多虚拟环境或多虚拟专用服务器。所有虚拟容器共享了主机系统内核，这使得 OpenVZ 具有非常少的内存消耗。

因为 OpenVZ 操作系统级容器化的定位，它不太适合运行在单一程序的场景。而且它也没有提供主流的 CRI 支持或 Kubernetes 整合。

5. Containerd

Containerd 是一个符合工业标准的容器运行时，注重简洁、健壮性以及可移植性。它目前是 CNCF（云原生计算基金会）的孵化项目。Containerd 可以以守护进程的方式在 Linux 和 Windows 上运行。

Containerd 支持 OCI 镜像文件，与 gRPC 天然嵌合，且具有完善的容器生命周期管理功能，更多内容可参阅官方文档。Containerd 和 Docker 不同，Containerd 是继承大规模的系统，例如 Kubernetes，而不是面向开发者，更多的是容器运行时的概念，承载容器运行。

6. 符合 K8s CRI 接口的容器

Kubernetes 节点的底层由一个叫作“容器运行时”的软件进行支撑，它负责比如启停容器这样的事情。最广为人知的容器运行时当属 Docker，但它不是唯一的。事实上，容器运行时这个领域发展非常迅速。为了使 Kubernetes 的扩展变得更容易，我们一直在打磨支持容器运行时的 K8s 插件 API：容器运行时接口 (Container Runtime Interface, CRI)。

Kubernetes 作为云原生应用的最佳部署平台，已经开放了容器运行时接口（CRI）、容器网络接口（CNI）和容器存储接口（CSI），这些接口让 Kubernetes 的开放性变得最大化，而 Kubernetes 本身则专注于容器调度。

CRI 的主要组件 Protocol Buffers API 包含两个 gRPC 服务 :ImageService 和 RuntimeService。ImageService 提供了从仓库拉取镜像、查看和移除镜像的功能；RuntimeService 负责 Pod 和容器的生命周期管理，以及与容器的交互 (exec/attach/port-forward)。

```
service RuntimeService {
    // 沙盒操作 .
    rpc RunPodSandbox(RunPodSandboxRequest) returns (RunPodSandboxResponse) {}
    rpc StopPodSandbox(StopPodSandboxRequest) returns (StopPodSandboxResponse) {}
    rpc RemovePodSandbox(RemovePodSandboxRequest) returns (RemovePodSandboxResponse) {}
    rpc PodSandboxStatus(PodSandboxStatusRequest) returns (PodSandboxStatusResponse) {}
    rpc ListPodSandbox(ListPodSandboxRequest) returns (ListPodSandboxResponse) {}

    // 容器操作 .
    rpc CreateContainer(CreateContainerRequest) returns (CreateContainerResponse) {}
    rpc StartContainer(StartContainerRequest) returns (StartContainerResponse) {}
    rpc StopContainer(StopContainerRequest) returns (StopContainerResponse) {}
    rpc RemoveContainer(RemoveContainerRequest) returns (RemoveContainerResponse) {}
    rpc ListContainers(ListContainersRequest) returns (ListContainersResponse) {}
    rpc ContainerStatus(ContainerStatusRequest) returns (ContainerStatusResponse) {}


    ...
}
```

其他的容器运行时还有：

（1）Windows Server 容器。

（2）Linux VServer。

（3）Hyper-V 容器。

（4）Unikernels（单一地址空间内核）。

（5）Java 容器。

第 3 章　K8s

3.1　K8s 简 介

K8s（Kubernetes）是一个开源的、用于管理云平台中多个主机上的容器化的应用，Kubernetes 的目标是让部署容器化的应用简单且高效 ,Kubernetes 提供了应用部署、规划、更新、维护的一种机制。通过 Kubernetes 可以快速部署应用、快速扩展应用、无缝对接新的应用功能、节省资源、优化硬件资源的使用。其目标是促进完善组件和工具的生态系统，以减轻应用程序在公有云或私有云中运行的负担。Kubernetes 的特性如下：

（1）自我修复。在节点故障时重新启动、替换部署失败的容器，保证预期容器的副本数量；杀死健康检查失败的容器，并且在准备好之前不会处理客户端请求，确保线上服务不中断。

（2）弹性伸缩。使用命令、UI 或基于 CPU 使用情况自动快速扩容和缩容应用程序，保证应用业务高峰并发时的高可用性；业务低峰时回收资源，以最小成本运行服务。

（3）自动部署与回滚。K8s 采用滚动更新策略更新应用，一次更新一个 Pod，而不是同时删除所有 Pod，如果在更新过程中出现问题，更改回滚，确保升级不影响业务。

（4）服务发现与负载均衡。K8s 为多个容器提供一个统一访问入口（内部 IP 地址和一个 DNS 名称），并且负载均衡关联所有容器，使用户无须考虑容器 IP 问题。

（5）机密和配置管理。管理机密数据和应用程序配置，而不需要把敏感数据暴露在镜像里，提高了敏感数据的安全性。可以将一些常用的配置存储在 K8s 中，方便应用程序使用。

（6）存储编排。挂载外部存储系统，无论是来自本地存储、公有云（如 AWS），还是网络存储（如 NFS、GlusterFS、Ceph），都作为集群资源的一部分使用，极大地提高了存储使用灵活性。

（7）批处理。提供一次性任务、定时任务，满足批量数据处理和分析的场景。K8s 是为容器服务而生的一个可移植容器的编排管理工具，越来越多的公司正在使用 K8s，并且 K8s 已经主导了云业务流程，推动了微服务架构等热门技术的普及和落地。

3.2　使用 kubeadm 部署 K8s 高可用集群

通过 kubeadm，只需两步：

（1）Master 节点执行：kubeadm init，初始化一个 master 节点。

（2）Node 节点执行：kubeadm join，将节点加入集群中。

使用 kubeadm 部署集群的第一步，就是安装 kubelet、kubectl 和 kubeadm 这三个二进制文件。

```
yum install -y kubelet kubeadm kubectl
systemctl enable kubelet && systemctl start kubelet
```

ubuntu 系统将 yum 改成 apt 即可，这样 kubeadm、kubelet 和 kubectl 就安装好了。

1. 创建一个 kubeadm 初始化的配置文件

创建一个 kubeadm 初始化的配置文件，名字随意，暂且叫它 kubeadm-config.yaml，具体代码如下：

```
apiVersion: kubeadm.K8s.io/v1beta1
kind: ClusterConfiguration
kubernetesVersion: "v1.13.3"
controlPlaneEndpoint: "10.0.20.145:6443"  #vip
dns:
  type: "CoreDNS"
networking:
  serviceSubnet: "10.1.0.0/16"
  podSubnet: "10.244.0.0/16"
imageRepository: registry.aliyuncs.com/google_containers
--- # 区分两个 apiserver 服务
apiVersion: kubeproxy.config.K8s.io/v1alpha1
kind: KubeProxyConfiguration
mode: IPVS  # kube-proxy 使用 IPVS 模式
```

用 kubeadm 部署 kubernetes 时默认会自己部署一个 etcd。除非特别指定，kubeadm 使用默认网关对应的网卡接口地址作为这个 control-plane 节点 API server 的通告地址。要使用其他网络接口地址，需要指定“--apiserver-advertise-address=<ip-address>”参数给 kubeadm init。要部署使用 IPv6，需要指定 IPv6 地址，比如“--apiserver-advertise-address=fd00::101”。

2. 初始化第一个主节点

初始化第一个主节点“kubeadm init --config kubeadm-config.yaml”，初始化完成后生成对应的证书密钥等文件，创建后可以查看 kubeadm-config.yaml：

```
kubectl get cm kubeadm-config  -n kube-system -o yaml > kubeadm-config.yaml
```

需要了解的原理如下：

（1）预检查。在执行 kubeadm init 命令后，kubeadm 首先要做的是“预检查”工作，确定这个服务器的环境资源是否符合部署 K8s。预检查检查的项目：Docker 和 kubelet 的驱动是否相同；是否安装了 K8s 运行所需的二进制文件；Docker 是不是正常安装；检查 K8s 组件的端口是否被占用，比如 10250、10251 等端口；安装的 kubeadm 和 kubelet 的版本是否匹配；Linux Cgroups 模块是否可用；配置的 hosts 是否能正常解析到对应的 IP；等等。

（2）生成对应的证书和目录。在预检查的项目没问题后，kubeadm 将生成 K8s 对应的证书和目录，这些证书和目录是保证 K8s 集群正常运行的必备条件。需要注意的是，用户也可以选择使用自己的证书，不使用 kubeadm 生成的证书，那 kubeadm 就会跳过证书生成的步骤。可以把证书放到证书的存放目录下，路径：/etc/kubernetes/pki/。

（3）生成配置文件。其他组件要访问 api-serever，就需要对应地访问配置文件，这些配置文件的路径是：

```
/etc/kubernetes/admin.conf  /etc/kubernetes/controller-manager.conf
/etc/kubernetes/kubelet.conf  /etc/kubernetes/scheduler.conf
```

（4）为主节点的组件生成 Pod 对应的配置文件。kubeadm 将 master 组件生成 Pod 配置文件。Kubernetes 有三个 master 组件，即 kube-apiserver、kube-controller-manager 和 kube-scheduler，它们都会被使用 Pod 的方式部署起来。

（5）安装默认插件。K8s 默认的 kube-proxy 代理和 DNS 这两个插件是必须安装的。它们分别用来提供整个集群的服务发现和 DNS 功能。其实，只需要通过 K8s 的客户端命令 kubectl 安装就可以了。

3. kubeadm join 加入集群

使用 kubeadm init 命令生成对应的 token，就可以在已经部署了 kubelet 和 kubeadm 的机器上通过 kubeadm join 加入集群。

（1）高可用的主节点 master 加入集群的命令：

```
kubeadm join masterIP:8443 --token pqqcvk.t8apqpldoff49oqu \
    --discovery-token-ca-cert-hash sha256:8daa9dc668df02424ab7fef21b5d568597c582b5368c5641cd16b
743fd832f22 \
    --control-plane
```

参数 --control-plane 表示的是控制平面，也就是集群的主节点。

（2）高可用的工作节点 worker 加入集群的命令：

```
kubeadm join masterIP:8443 --token pqqcvk.t8apqpldoff49oqu \
    --discovery-token-ca-cert-hash sha256:8daa9dc668df02424ab7fef21b5d568597c582b5368c5641cd16b
743fd832f22
```

kubeadm 通过 init 和 join 两个步骤，简单、快捷地实现了高可用集群的部署，在 init 通过预检查、生成对应的证书和目录、生成配置文件以及安装插件的步骤，最后通过获取对应的 token，节点就可以加到集群中。

3.3　K8s 资源类型

K8s 资源类别包括：

（1）资源对象：Pod、ReplicaSet、Deployment、StatefulSet、DaemonSet、Job、CronJob、Horizontal Pod Autoscaling、Replication Controller。

（2）配置对象：Node、Namespace、Service、Secret、ConfigMap、Ingress、Label、ThirdPartyResource、ServiceAccount。

（3）存储对象：Volume、Persistent Volume。

（4）策略对象：Security Context、Resource Quota、LimitRange。

下面分别进行介绍。

3.3.1　资源对象

1. ReplicaSet

ReplicaSet 简称 RS，是 Replication Controller（RC）的升级版。RS 和 Replication

Controller一样，用于确保任何给定时间指定的Pod副本数量，并提供声明式更新等功能。RC与RS的唯一区别就是lable selectore支持不同，RS支持新的基于集合的标签，RC仅支持基于等式的标签。

2. Deployment

Deployment是一个更高层次的API对象，它管理ReplicaSets和Pod，并提供声明式更新等功能。官方建议使用Deployment管理ReplicaSets，而不是直接使用ReplicaSets，这就意味着可能永远不需要直接操作ReplicaSet对象。

3. StatefulSet

StatefulSet适合持久性的应用程序，有唯一的网络标识符（IP），持久存储，有序地部署、扩展、删除和滚动更新。

4. DaemonSet

用户对Daemon一词应该不陌生，比如Daemon进程（守护进程）、Daemon程序（守护程序）。顾名思义，DaemonSet一般是用来部署一些特殊应用的，譬如日志应用等有“守护”意义的应用。

DaemonSet确保所有（或一些）节点运行在同一个Pod（这里不是指“同一个”，而是和“副本”一样的概念，当然不可能多个节点运行在同一个Pod，它并不是量子态）。当节点加入Kubernetes集群中时，Pod会被调度到该节点上运行；当节点从集群中移除时，DaemonSet的Pod会被删除。删除DaemonSet会清理它所创建的Pod。

5. Job

一次性任务，运行完成后Pod销毁，不再重新启动新容器。对于ReplicaSet、Replication Controller等类型的控制器而言，希望Pod保持预期数目且持久地运行下去，除非用户明确删除，否则这些对象一直存在，它们针对的是耐久性任务，如Web服务等。对于非耐久性任务，比如压缩文件，任务完成后Pod需要结束运行，不需要Pod继续保持在系统中，这个时候就要用到Job。因此说Job是对ReplicaSet、Replication Controller等持久性控制器的补充。

Job的定义方法与ReplicaSet等控制器相似，只有细微差别。Job中的restart policy必须是Never或OnFailure，因为Pod要运行到结束，而不是反复重新启动。Job不需要选择器，其中的Pod也不需要标签，系统在创建Job时会自动添加相关内容。当然，用户也可以出于资源组织的目的添加标签，但这个与 Job 本身的实现没有关系。

Job 新增加两个字段：.spec.completions 和 .spec.parallelism，详细用法在示例中说明。

6. CronJob

CronJob 是在 Job 的基础上加了定时功能。

7. Horizontal Pod Autoscaling

Horizontal Pod Autoscaling 简称 HPA，即 Pod 的水平自动扩展。自动扩展主要分为两种：一是水平扩展，针对实例数目的增减；二是垂直扩展，即单个实例可以使用的资源的增减。HPA 属于前者。HPA 的操作对象是 RC、RS 或 Deployment 对应的 Pod，根据观察到的 CPU 等实际使用量与用户的期望值进行比对，做出是否需要增减实例数量的决策。

（1）原理。根据 Pod 当前系统的负载来自动水平扩容，如果系统负载超过预定值，就开始增加 Pod 的个数，如果低于某个值，就自动减少 Pod 的个数。目前 K8s 的 HPA 只能根据 CPU 等资源使用情况去度量系统的负载，而且目前还依赖 heapster 去收集 CPU 的使用情况。

（2）条件。HPA 通过定期检查 Status.PodSelector 来查询 Pods 的状态，获得 Pod 的 CPU 使用率。然后通过现有 Pods 的 CPU 使用率的平均值跟目标使用率比较，在扩容时，还要遵循预先设定的副本数限制：MinReplicas ≤ Replicas ≤ MaxReplicas。计算扩容后的 Pod 个数：sum（最近一分钟内某个 Pod 的 CPU 使用率的平均值）/CPU 使用上限的整数 +1。

（3）流程。

1）创建 HPA 资源，设定目标 CPU 使用率限额，以及最大、最小实例数。

2）收集一组（PodSelector）中每个 Pod 最近一分钟内的 CPU 使用率，并计算平均值。

3）读取 HPA 中设定的 CPU 使用限额。

4）计算“平均值之和 / 限额”，求出目标调整的实例个数。

5）目标调整的实例数不能超过 1）中设定的最大、最小实例数，如果没有超过，则扩容；若超过，则扩容至最大的实例个数。

6）回到第 2）步不断循环。

8. Replication Controller

Replication Controller（副本控制器）是一种 K8s 资源，确保它的 Pod 始终

保持运行状态。它是用于复制和在异常情况下重新调度节点的K8s组件。RC可以确保一个Pod（或多个Pod副本）持续运行，在现有Pod丢失时可以启动新的Pod。集群节点发生故障时，RC为上面的Pod（受RC控制的节点上的Pod）创建替代副本，轻松实现Pod的水平伸缩。目前Replication Controller已经被ReplicaSet完全取代了，我们也不会直接去创建ReplicaSet，而是使用Deployment去管理ReplicaSet。

3.3.2 配置对象

1. Node

Node是Kubernetes中的工作节点，可以是虚拟机或物理机。每个Node都由Master管理，Node上可以有多个Pod，Kubernetes Master会自动处理集群中Node的Pod调度，同时Master的自动调度会考虑每个Node上的可用资源。

2. Namespace

Namespace（命名空间）是Kubernetes系统中另一个非常重要的概念，Namespace在很多情况下用于实现多租户的资源隔离。Namespace通过将集群内部的资源对象“分配”到不同的Namespace中，形成逻辑上分组的不同项目、小组或用户组，便于不同的分组在共享使用整个集群的资源时还能被分别管理。

3. Service

Service是Kubernetes最核心的概念，通过创建Service，可以为一组具有相同功能的容器应用提供一个统一的入口地址，并且将请求进行负载分发到后端的各个容器应用上。

4. Secret

Secret对象类型用来保存敏感信息，例如密码、OAuth令牌和SSH密钥。将这些信息放在Secret中比放在Pod的定义或容器镜像中更安全和灵活。参阅Secret设计文档可以获取更多详细信息。

Secret是一种包含少量敏感信息（如令牌或密钥）的对象。这样的信息可能会被放在Pod规约中或镜像中。用户可以创建Secret，同时系统也创建了一些Secret。

Secret可以把想要访问的加密数据存放到Etcd中，然后Pod可以通过Volume的方式访问Secret保存的信息，每当修改数据时，Pod挂载的Secret文件也会被修改，特别适合用来存放账户密码。

5. ConfigMap

ConfigMap 用来存储配置文件的 Kubernetes 资源对象，所有的配置内容都存储在 etcd 中。ConfigMap 用于保存配置数据的键值对，可以用来保存单个属性，也可以用来保存配置文件。ConfigMap 同 Kubernetes 的另一个概念 Secret 类似，区别是 ConfigMap 主要用于保存不包含敏感信息的明文字符串。

6. Ingress

Ingress 是对集群中服务的外部访问进行管理的 API 对象，典型的访问方式是 HTTP 和 HTTPS。Ingress 可以提供负载均衡、SSL 和基于名称的虚拟托管。

7. Label

在为对象定义好 Label 后，其他对象就可以通过 Label 来对对象进行引用。在某些特殊情况下，需要将某些服务固定在一台宿主机上，K8s 可以使用 Label 给 Node 节点打上标签来满足这种需求。

8. ThirdPartyResources

ThirdPartyResources 是一种无须改变代码就可以扩展 Kubernetes API 的机制，可以用来管理自定义对象。每个 ThirdPartyResource 都包含以下属性：

（1）metadata：与 Kubernetes metadata 一样。

（2）kind：自定义的资源类型，采用 <kind mame>.<domain> 的格式。

（3）description：资源描述。

（4）versions：版本列表。

（5）其他：可以保护任何其他自定义的属性。

9. ServiceAccount

ServiceAccount 是一种账号，但它不是给 Kubernetes 集群的用户（系统管理员、运维人员）用的，而是给运行在 Pod 里的进程用的，它为 Pod 里的进程提供了必须的身份证明。Kubernetes 创建一个 Namespace，每个 Namespace 下都有一个名为 default 的默认的 ServiceAccount 对象，在这个 ServiceAccount 里有个 token，可以当作 Volume 被挂载到 Pod 里的 Secret。当 Pod 启动时，这个 Secret 会自动挂载到 Pod 的指定目录下，用来协助完成 Pod 中的进程访问 API Server 时的身份鉴权。

ServiceAccount 与 User 的区别：

（1）User 是给人用的，ServiceAccount 是给 Pod 里的进程用的。

（2）User 账号是全局性的，ServiceAccount 则属于某个具体的 Namespace。

3.3.3 存储对象

1. Volume

Volume 是 Pod 中能够被多个容器共享的磁盘目录。在默认情况下，Docker 容器中的数据都是非持久化的，在容器消亡后数据也会消失。因此，Docker 提供了 Volume 机制以便实现数据的持久化。Kubernetes 中 Volume 的概念与 Docker 中的 Volume 类似，但不完全相同。具体区别如下：

（1）Kubernetes 中的 Volume 与 Pod 的生命周期相同，但与容器的生命周期不相关。当容器终止或重启时，Volume 中的数据也不会丢失。

（2）当 Pod 被删除时，Volume 才会被清理，且数据是否丢失取决于 Volume 的具体类型，比如 emptyDir 类型的 Volume 数据会丢失，而 PV 类型的数据则不会丢失。

Kubernetes 提供了非常丰富的 Volume 类型，常用的 Volume 类型有 emptyDir、hostPath 和 gcePersistentDisk。注意，这些 Volume 并不全是持久化的，比如 emptyDir、secret 和 gitRepo 等，这些 Volume 会随着 Pod 的消亡而消失。

2. Persistent Volume

Volume 是被定义在 Pod 上的（emptyDir 或 hostPath），属于计算资源的一部分。Volume 是有局限性的，在实际的运用过程中，通常会先定义一个网络存储，然后从中划出一个网盘并挂接到虚拟机上。

为了屏蔽底层存储实现的细节，让用户方便使用，同时让管理员方便管理，Kubernetes 从 V1.0 版本就引入了 Persistent Volume(PV) 和与之相关联的 Persistent Volume Claim(PVC) 两个资源对象来实现对存储的管理。

PV 可以被理解成 Kubernetes 集群中的与某个网络存储对应的一块存储，它与 Volume 类似，但是有区别：PV 只能是网络存储，不属于任何 Node，但是可以在每个 Node 上访问；PV 不是被定义在 Pod 上，而是独立在 Pod 外被定义的，意味着 Pod 被删除了，PV 仍存在，这点与 Volume 不同。Persistent Volume Claim(PVC) 是用户层面对存储资源的需求申请，主要包括存储空间大小、访问模式、PV 的选择条件、存储类别等信息的设置。PVC 和 PV 的关系如图 3–1 所示，最底层可以看作是 Volume。

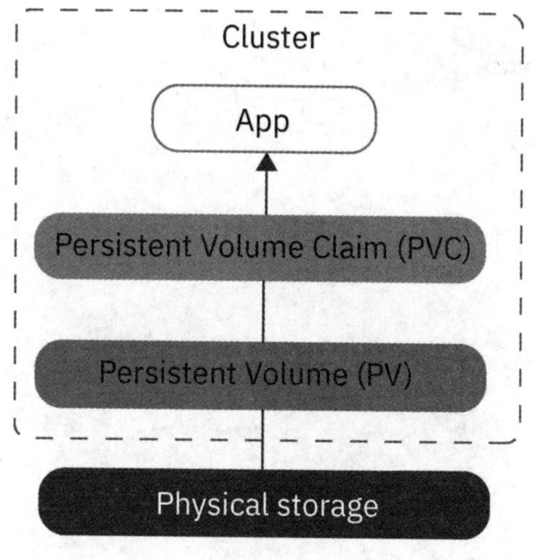

图 3-1　PVC 和 PV 的关系

3.3.4　策略对象

1. Security Context

Security Context 即安全上下文，用于定义 Pod 或 Container 的权限和访问控制。Kubernetes 提供了 3 种配置 Security Context 的方法：

（1）Container-level Security Context：应用于容器级别。

（2）Pod-level Security Context：应用于 Pod 级别。

（3）Pod Security Policy：应用于集群级别。

2. Resource Quotas

Resource Quotas 即资源配额，简称 Quota，是对 Namespace 进行资源配额、限制资源使用的一种策略。K8s 是一个多用户架构，当多用户或团队共享一个 K8s 系统时，SA 使用 Quota 防止用户（基于 Namespace）的资源被抢占，定义好资源分配策略。

Quota 应用在 Namespace 上，在默认情况下没有 Resource Quota，需要另外创建 Quota，并且每个 Namespace 最多只能有一个 Quota 对象。比如 K8s 系统共有 20 核 CPU 和 32 GB 内存，分配给 aaa 用户 5 核 CPU 和 16 GB，分配给 bbb 租户 5 核 CPU 和 8 GB，预留 10 核 CPU 和 8 GB 内存。用户中所使用的 CPU 和内存的总和不能超过指定的资源配额，促使其更合理地使用资源，代码如下：

```
kubectl delete -f resourcequota.yaml
cat << EOF > resourcequota.yaml
apiVersion: v1
kind: ResourceQuota
metadata:
  namespace: abc
  name: aaa
  labels:
    project: axy
    app: resourcequota
    version: v1
spec:
  hard:
    pods: 50
    requests.cpu: 0.5
    requests.memory: 512Mi
    limits.cpu: 5
    limits.memory: 16Gi
    configmaps: 20
    persistentvolumeclaims: 20
    replicationcontrollers: 20
    secrets: 20
    services: 50
EOF
  kubectl create -f resourcequota.yaml
```

3. LimitRange

从字面上来看，LimitRange 就是对范围进行限制，实际上是对 CPU 和内存资源使用范围的限制。前面讲过资源配额，资源配额是对整个名称空间资源的总限制，是从整体上来限制的，而 LimitRange 则是对 Pod 和 Container 级别来做限制的。由于 LimitRange 是基于名称空间的，因此为了测试，先创建一个名称空间：

```
kubectl create namespace default-mem-example
```

创建 LimitRange 和 Pod 对象，以下配置文件声明了内存的默认限制量和默认请求量：

```
admin/resource/memory-defaults.yaml

apiVersion: v1
kind: LimitRange
```

```yaml
metadata:
  name: mem-limit-range
spec:
  limits:
  - default:
      memory: 512Mi
    defaultRequest:
      memory: 256Mi
    type: Container
```

3.4　K8s 组件

部署完 Kubernetes 后即拥有了一个完整的集群。一个 Kubernetes 集群由一组被称作节点的机器组成，这些节点上运行着 Kubernetes 所管理的容器化应用。集群至少有一个工作节点，工作节点托管作为应用负载组件的 Pod，控制平面管理集群中的工作节点和 Pod。为集群提供故障转移和高可用性，这些控制平面一般跨多主机运行，集群跨多个节点运行。Kubernetes 集群所需的各种组件如图 3–2 所示。

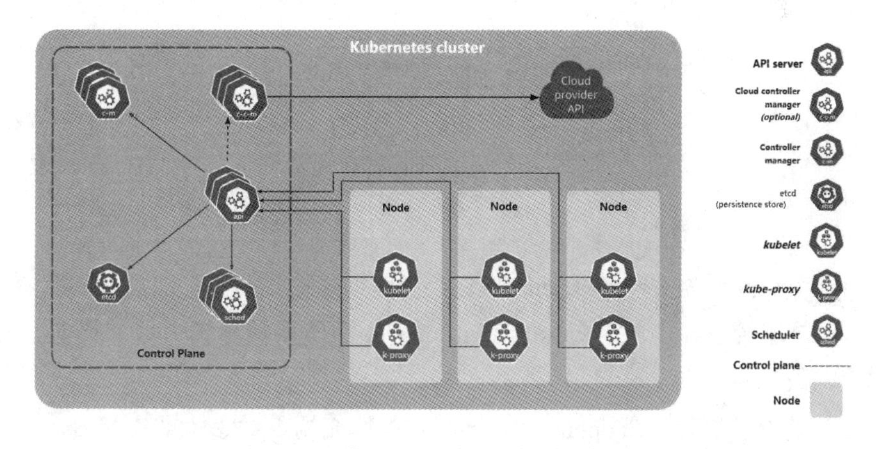

图 3–2　Kubernetes 组件

Kubernetes 组件分类总览如图 3–3 所示。

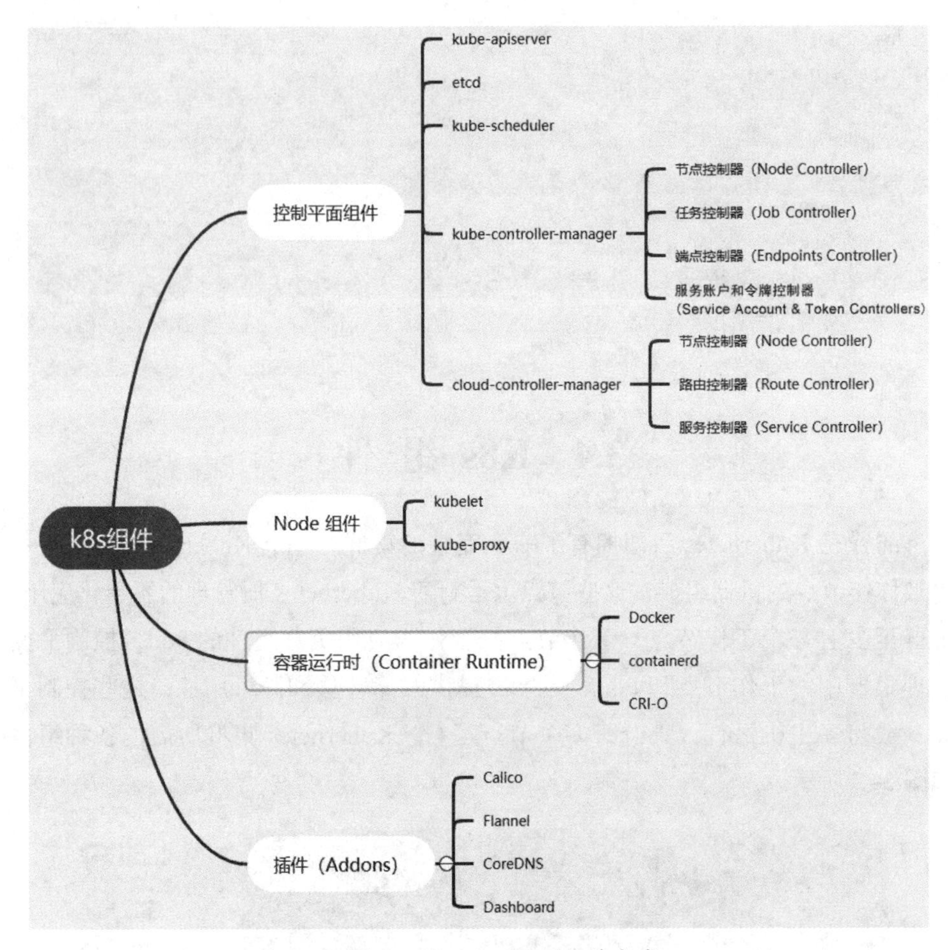

图 3-3　Kubernetes 组件分类

K8s 组件主要包括：

（1）节点控制器（Node Controller）：当节点移除时，负责注意和响应。

（2）副本控制器（Replication Controller）：负责维护系统中每个副本控制器对象正确数量的 Pod。

（3）端点控制器（Endpoints Controller）：填充端点对象（即连接 Services & Pods）。

（4）服务账户和令牌控制器（Service Account & Token Controllers）：为新的 Namespace 创建默认账户和 API 访问令牌。

（5）Etcd：保存整个集群的状态，保存 K8s 集群的一些数据，比如 Pod 的副本数，Pod 的期望状态与现在的状态。

（6）Apiserver：提供资源操作的唯一入口，并提供认证、授权、访问控制、API 注册和发现等机制。

（7）controller manager：负责维护集群的状态，比如故障检测、自动扩展和滚动更新等。

（8）scheduler：负责资源的调度，按照预定的调度策略将 Pod 调度到相应的机器上。

（9）kubelet：负责维护容器的生命周期，同时也负责 Volume（CVI）和网络（CNI）的管理。

（10）Container Runtime：负责镜像管理以及 Pod 和容器的真正运行（CRI）。

（11）kube-proxy：负责为 Service 提供 cluster 内部的服务发现和负载均衡。

3.5　K8s 资源文件的类型

1. Endpoints

Endpoints 可以把外部链接到 K8s 系统中，如将一个 MySQL 连接到 K8s 中：

```
kind: Endpoints
apiVersion: v1
metadata:
  name: mysql-production
  namespace: test
subsets:
  - addresses:
      - ip: 10.0.0.82
    ports:
      - port: 3306
```

10.0.0.xx：3306 为外部 MySQL。

namespace: test 为命名空间。

2. service

部署一个内部虚拟 IP，其他 deployment 可以链接：

```
apiVersion: v1
```

```
kind: Service
metadata:
  name: mysql-production
  namespace: test
spec:
  ports:
    - port: 3306
```

port: 3306 为内部 IP。

name: mysql-production 为 service 名称。

此时 mysql-production.test 即为 mysql 的虚拟 IP，其他可配置该字段连接到 mysql，如：

```
"java","-Dspring.datasource.url=jdbc:mysql://mysql-production.test:3306/config", "-jar", "xxx.jar"
```

spec.selector：selector 配置，将选择具有指定 label 的 Pod 作为管理范围。

NodePort：使用宿主机的端口，使能够访问各 Node 的外部客户端通过 Node 的 IP 地址和端口号就能访问服务。

3. Deployment

部署一个 Pod，内部只能链接 service，无法互相链接：

```
apiVersion: apps/v1beta2
kind: Deployment
metadata:
name: xxxx
namespace: test
spec:
replicas: 1
selector:
matchLabels:
app: xxxx
template:
metadata:
labels:
app: xxxx
spec:
containers:
- name: xxxx
image: xx/xx/xx:xxx
ports:
```

```
- containerPort: 8080
```

Deployment 说明：

```
apiVersion: v1                  # 当前配置格式的版本
kind: Deployment                #kind 是要创建的资源类型，这里是 deployment
metadata:                       # 该资源的元数据，name 是必需的元素
  name: rc-nginx
spec:                           #spec 部分是定义的 deployment 的规格说明
  replicas: 2                   #replicas 是副本数量，默认时为 1，此处配置为双副本
  template:                     # 定义 Pod 的模板
    metadata:                   # 定义 Pod 的元数据，至少要定义一个 label，label 的 key 和元数
                                据可以任意指定
      labels:
        app: rc-nginx
    spec:                       # 描述 Pod 的规格，定义的 name 和 images 都是必需的
      containers:
      - name: nginx
        image: nginx
```

3.6　外部到内部的网络流程

K8s 访问流程如图 3-4 所示。

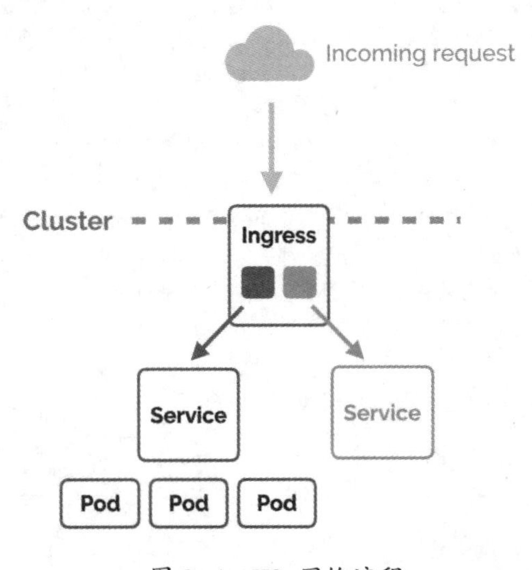

图 3-4　K8s 网络流程

由图 3-4 可见，K8s 访问流程有三个主要的组成部分：Ingress、Service 和 Pod。K8s 一般用 Nginx、Traefik 和 Istio 等第三方 API 网关做路由均衡负载。Ingress 收到请求会检查路由表，将请求分配到后端的 Service，一般请求“URL → Service”根据不同的 URL 转发到 Service。

3.6.1 Ingress

Ingress 相当于一个 7 层的负载均衡器，是 K8s 对反向代理的一个抽象。大概的工作原理也确实类似于 Nginx，可以理解成在 Ingress 里建立一个映射规则，Ingress Controller 通过监听 Ingress 这个 API 对象里的配置规则并转化成 Nginx 的配置（Kubernetes 声明式 API 和控制循环），然后对外部提供服务。Ingress 包括 Ingress Controller 和 Ingress Resources。

Ingress Controller 的核心是 deployment，实现方式有很多，比如 Nginx、Contour、Haproxy、Trafik、Istio，需要编写的 yaml 有 Deployment、Service、ConfigMap、ServiceAccount（Auth），其中 Service 的类型可以是 NodePort，也可以是 LoadBalancer。

Ingress 代码示例如下：

```
apiVersion: extensions/v1beta1

kind: Ingress
metadata:
name: test-ingress
spec: # Ingress spec 中包含配置一个 loadbalancer 或 proxy server 的所有信息，最重要的是它包含了一个匹配所有入站请求的规则列表，目前 Ingress 只支持 HTTP 规则
rules:
- http:
paths:
- path: /testpath # 每条 HTTP 规则包含一个 host 配置项（比如 for.bar.com，在这个例子中默认是 * ）、path 列表（比如：/testpath），每个 path 都关联一个 backend( 比如 test:80)。在 loadbalancer 将流量转发到 backend 之前，所有的入站请求都要先匹配 host 和 path
backend:

serviceName: test # backend 是一个 service:port 的组合。Ingress 的流量被转发到它所匹配的 backend
servicePort: 80
```

3.6.2 Service

Kubernetes 服务将一组 Pod 连接到抽象的服务名称和 IP 地址。服务提供 Pod 之间的发现和路由。例如，服务将应用程序前端连接到其后端，每个后端都在集群中的单独部署中运行。服务使用标签和选择器将 Pod 与其他应用程序匹配。Kubernetes 服务的核心属性是：

（1）定位 Pod 的标签选择器。

（2）clusterIP 是 IP 地址和分配的端口号。

（3）端口定义。

（4）传入端口到目标端口的可选映射。

Service 的另一个重要作用是，一个服务后端的 Pods 可能会随着生存灭亡而产生 IP 的改变，Service 的出现给服务提供了一个固定的 IP，而无视后端 Endpoint 的变化。

1. Service 类型

比如登录、注册、增、删、改、查，都是一个个不同的服务，这些服务通过 K8s 的 Service 提供对外服务。Service 的类型有 4 种：

（1）ExternalName 用于将集群外部的服务引入集群内部，在集群内部可直接访问获取服务。它的值必须是 FQDN，此 FQDN 为集群内部的 FQDN，即 ServiceName.Namespace.Domain.LTD.，CoreDNS 接受到该 FQDN 后，能解析出一个 CNAME 记录，该别名记录为真正互联网上的域名，如 www.xxxx.com，接着 CoreDNS 再向互联网上的根域 DNS 解析该域名，获得真实互联网 IP。

（2）ClusterIP 用于在集群内 Pod 访问时提供固定的访问地址，默认自动分配地址，可使用 ClusterIP 关键字指定固定 IP。

（3）NodePort 用于为集群外部访问 Service 后面 Pod 提供访问接入端口，这种类型的 Service 工作流程为 Client → NodeIP:NodePort → ClusterIP:ServicePort → PodIP:ContainerPort。

（4）LoadBalancer 用于当 K8s 运行在一个云环境内时，若该云环境支持 LBaaS，则此类型可自动触发创建一个软件负载均衡器，用于对 Service 做负载均衡调度。因为外部所有 Client 都访问一个 NodeIP，该节点的压力将会很大，而 LoadBalancer 则可以解决这个问题。而且它还直接动态监测后端 Node 是否被移除或新增了，然后动态地更新调度节点数。它们之间的相互包含关系如图 3–5 所示。

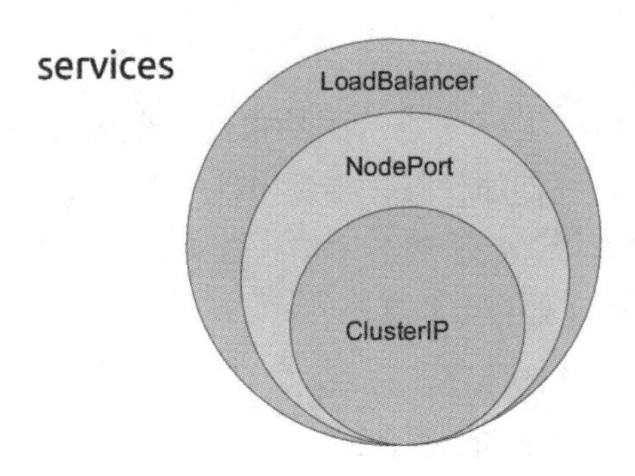

图 3-5　K8s Services 关系

由图 3-5 可以看到，底层是依赖 ClusterIP 来实现的。代码示例如下：

```
apiVersion: v1
kind: Service
matadata: # 元数据
name: string #Service 的名称
namespace: string # 命名空间
labels: # 自定义标签属性列表
- name: string
annotations: # 自定义注解属性列表
- name: string
spec: # 详细描述
selector: [] #label selector 配置，将选择具有 label 标签的 Pod 作为管理

# 范围

type: string #Service 的类型，指定 Service 的访问方式，默认为 clusterIp
clusterIP: string # 虚拟服务地址
sessionAffinity: string # 是否支持 session
ports: #service 需要暴露的端口列表
- name: string # 端口名称

protocol: string # 端口协议，支持 TCP 和 UDP，默认 TCP
port: int # 服务监听的端口号
targetPort: int # 需要转发到后端 Pod 的端口号
nodePort: int # 当 type = NodePort 时，指定映射到物理机的端口号
status: # 当 spce.type=LoadBalancer 时，设置外部负载均衡器的地址
loadBalancer: # 外部负载均衡器
ingress: # 外部负载均衡器
ip: string # 外部负载均衡器的 IP 地址值
hostname: string # 外部负载均衡器的主机名
```

2. kube-proxy

Service 的核心是 kube-proxy，提供路由分发功能，如图 3-6 所示。

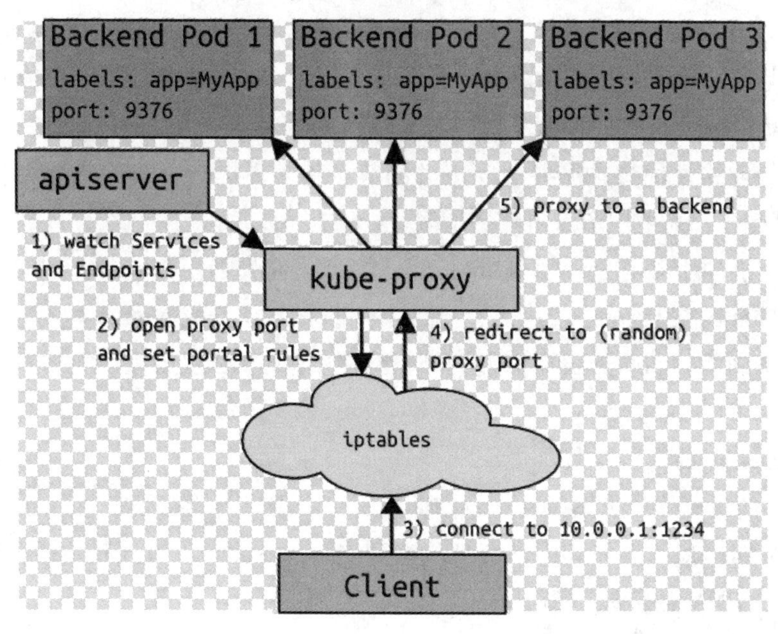

图 3-6　kube-proxy 路由

kube-proxy 是 Kubernetes 的核心组件，部署在每个 Node 节点上，它是实现 Kubernetes Service 的通信与负载均衡机制的重要组件。kube-proxy 负责为 Pod 创建代理服务，从 apiserver 获取所有 Server 信息，并根据 Server 信息创建代理服务，实现 Server 到 Pod 的请求路由和转发，从而实现 K8s 层级的虚拟转发网络。

在 K8s 中，提供相同服务的一组 Pod 可以抽象成一个 Service，通过 Service 提供的统一入口对外提供服务，每个 Service 都有一个虚拟的 IP 地址（VIP）和端口号供客户端访问。kube-proxy 存在于各个 Node 节点上，主要用于 Service 功能的实现，具体来说，就是实现集群内的客户端 Pod 访问 Service，或者是集群外的主机通过 NodePort 等方式访问 Service。在当前版本的 K8s 中，kube-proxy 默认使用的是 iptables 模式，通过各个 Node 节点上的 iptables 规则来实现 Service 的负载均衡，但是随着 Service 数量的增大，iptables 模式由于具有线性查找匹配、全量更新等特点，其性能会显著下降。从 K8s 的 1.8 版本开始，kube-proxy 引入了 IPVS 模式，IPVS 模式与 iptables 同样基于 Netfilter，但是采用 hash 表，因此当 Service 的数量达到一定规模时，hash 查表的速度优势就会显现出来，从而提高 Service 的服务性能。

kube-proxy 负责为 Service 提供 cluster 内部的服务发现和负载均衡，它运行在每个 Node 计算节点上，负责 Pod 网络代理。它会定时从 etcd 服务获取 Service 信息来做相应的策略，维护网络规则和四层负载均衡工作。在 K8s 集群中，微服务的负载均衡是由 kube-proxy 实现的，它是 K8s 集群内部的负载均衡器，也是一个分布式代理服务器，在 K8s 的每个节点上都有一个，这一设计体现了它的伸缩性优势，需要访问服务的节点越多，提供负载均衡能力的 kube-proxy 就越多，高可用节点也随之增多。

每台机器上都运行一个 kube-proxy 服务，它监听 API server 中的 Service 和 Endpoint 的变化情况，并通过 iptables 等来为服务配置负载均衡（仅支持 TCP 和 UDP）。kube-proxy 可以直接运行在物理机上，也可以以 static pod 或者 daemonset 的方式运行。

3. userspace

最早的负载均衡方案是在用户空间监听一个端口，所有服务通过 iptables 转发到这个端口，然后在其内部负载均衡到实际的 Pod。该方式最主要的问题是效率低，有明显的性能瓶颈。userspace 的原理如图 3–7 所示。

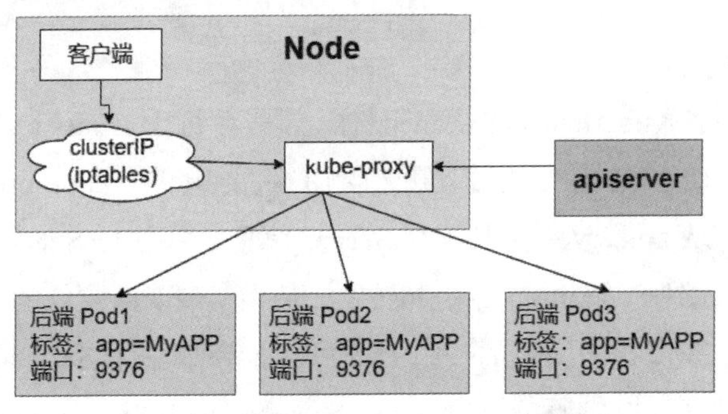

图 3–7　kube-proxy userspace 模式

4. iptables

目前推荐以 iptables 规则的方式来实现 Service 负载均衡，该方式最主要的问题是在服务多的时候产生太多的 iptables 规则，非增量式更新会引入一定的时延，在大规模情况下有明显的性能问题。有 4 个表：filter、nat、mangle、raw，默认表是 filter（没有指定表的时候就是 filter 表）。处理表的优先级：raw>mangle>nat>filter。

（1）filter 有一般的过滤功能，默认的主机防火墙，过滤流入 / 流出主机的数据包。里边包含 INPUT、OUTPUT、FORWARD 三个链，INPUT 过滤进入主机的数据包；OUTPUT 处理从本机发出去的数据包；FORWARD 处理流经本主机的数据包，与 NAT 有关系。filter 表是企业实现防火墙功能的重要手段。

（2）nat：用于端口映射、地址映射等。nat 负责网络地址转换（来源于目的地址的 IP 与端口的转换），一般用于局域网的共享上网，与网络交换机 acl 类似，包含 OUTPUT、PREROUTING、POSTROUTING 三条链。OUTPUT 改变主机发出去的数据包的目标地址；PREROUTING 是数据包到达防火墙时在分路由判断前执行的规则，改变数据包的目的地址和目的端口；POSTROUTING 是数据包离开防火墙时在分路由判断前执行的规则，改变数据包的源地址和源的端口。

（3）mangle：用于对特定数据包的修改。

（4）raw：有限级最高，设置 raw 一般是为了不再让 iptables 做数据包的链接跟踪处理，提高性能。raw 表只使用在 PREROUTING 链和 OUTPUT 链上，因为优先级最高，所以可以对收到的数据包在连接跟踪前进行处理。一旦用户使用了 raw 表，在某个链上，raw 表处理完后，将跳过 nat 表和 ip_conntrack 处理，即不再做地址转换和数据包的链接跟踪处理。raw 表可以应用在那些不需要做 nat 的情况下，以便提高性能，如大量访问的 Web 服务器，可以让 80 端口不再让 iptables 做数据包的链接跟踪处理，以便提高用户的访问速度。

四个表和数据流程如图 3–8 所示。

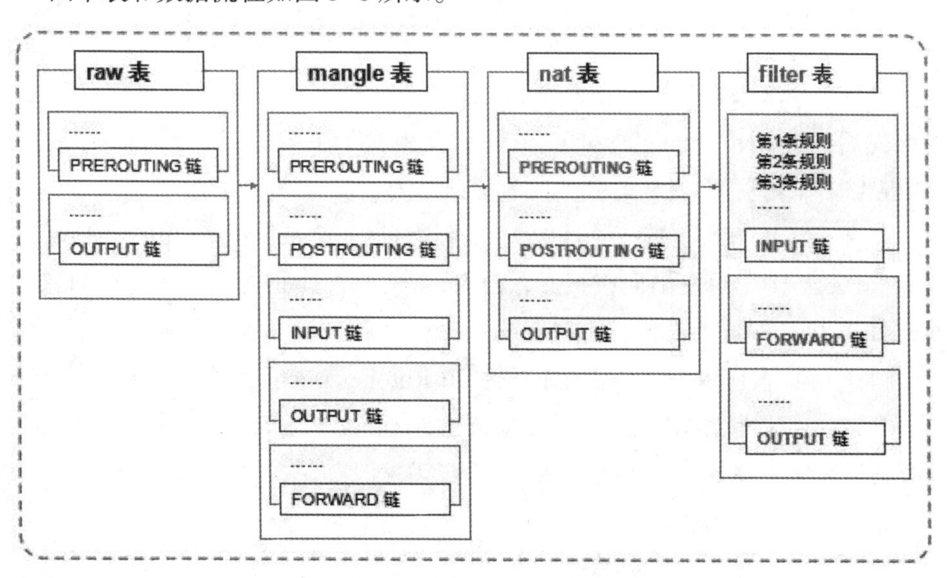

图 3–8　iptables 四个表和数据流程

更直观的流程图如图 3–9 所示。

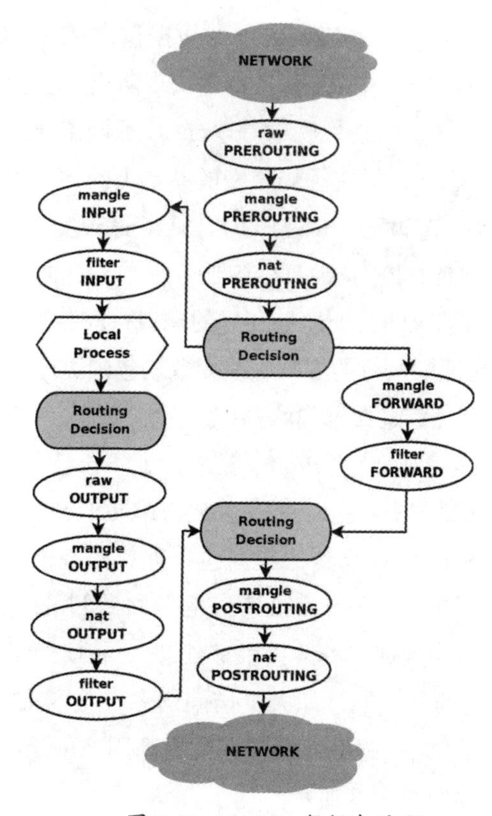

图 3-9 iptables 数据包流程

当用户请求报文到达时先经过 PREROUTING，它上面有 3 张表存在，按优先级先后到达 raw、mangle、nat。在本机路由做了决策后有 2 个流向，要么是 FORWARD（转发），要么是 INPUT（流入站内）。

如果到达 INPUT 链，可以做两种功能：先 mangle 后 filter，由本机 LocalProcess 接受后发出回应报文，由 Routing Decision 决策后发给 OUTPUT，OUTPUT 上表的优先级是 raw、mangle、nat、filter。

同样，到达 FORWARD 上也一样，由 Routing Decision 决定由哪个网卡流出。OUTPUT 和 FORWARD 上的数据流由 Routing Decision 决定由哪个网卡流出，然后发给 POSTROUTING，最后发到互联网上。

iptables 命令示例如下：

以下规则不会阻止本地进程连接绑定到 eth0 地址上的端口 4000。

```
iptables -A INPUT -i eth0 -p tcp --dport 4000 -j REJECT
```

正如以下规则只会阻止本地进程连接绑定到 eth0 地址上的端口 4000，而不是从其他主机：

```
iptables -A INPUT -i lo -p tcp --dport 4000 -j REJECT
```

允许某个端口：

```
iptables -A INPUT -p tcp --dport 22 -j ACCEPT
iptables -A OUTPUT -p tcp --sport 22 -j ACCEPT
```

iptables mode 如图 3–10 所示。

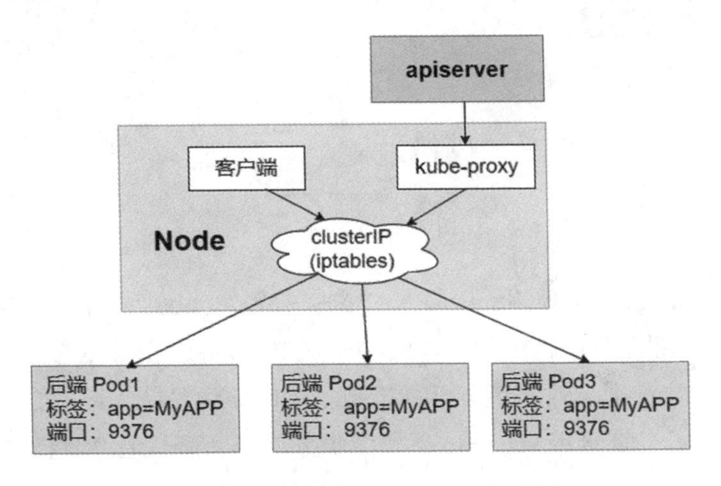

图 3–10　kube-proxy iptables 模式

iptables 包含 4 个表，即 filter、nat、mangle、raw；包含 5 个链，即 PREROUTING、INPUT、FORWARD、OUTPUT、POSTROUTING。PREROUTING：数据包进入路由表之前；INPUT：通过路由表后目的地为本机；FORWARD：通过路由表后目的地不为本机；OUTPUT：由本机产生，向外转发；POSTROUTING：发送到网卡接口之前。

流入的报文数据先在 PREROUTING 上做一些处理，然后在路由决策上判断报文中的目标 IP 是本机还是其他主机，如果是本机，发送到 INPUT 处理，其他主机则发送到 FORWARD 进行转发，到这一步的全部流程称为前半场或上半场。之后，本机处理好报文数据向外发送时，或本机进程主动访问外部主机发送报文时，都要发给 OUTPUT 来处理，无论是通过 FORWARD 进行报文转发还是来自 OUTPUT 过滤后的本机报文，都要通过路由决策来判断经由主机的哪块网卡发送报文，每一块网卡都有下一条，都有下一台主机，由路由来决策一条最佳路线。路由决策过后，数据报文还在本地之前，可通过

POSTROUTING 对数据做最后一次处理。上半场之后的全部步骤称为后半场或下半场。

按照报文流向区分，可分为以下几种（见图 3-11）：

（1）流入本机：PREROUTING → INPUT。

（2）由本机流出：OUTPUT → POSTROUTING。

（3）转发：PREROUTING → FORWARD → POSTROUTING。

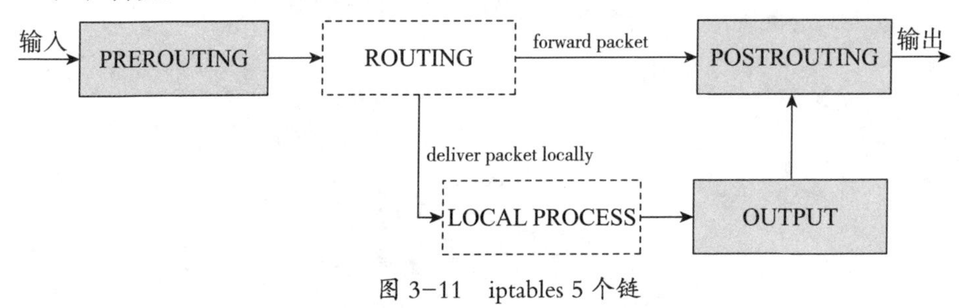

图 3-11　iptables 5 个链

iptables mode 因为使用 iptable NAT 来完成转发，也存在不可忽视的性能损耗。另外，如果集群中存在上万的 Service 或 Endpoint，那么 Node 上的 iptables rules 将会非常庞大，性能将会再打折扣。这也导致目前大部分企业在用 K8s 生产时，都不会直接用 kube-proxy 作为服务代理，而是通过自己开发或通过 Ingress Controller 来集成 HAProxy，用 Nginx 来代替 kube-proxy。

相比 userspace 模式，克服了请求在用户态—内核态反复传递的问题，性能上有所提升，但使用 iptables NAT 来完成转发，存在不可忽视的性能损耗，而且在大规模场景下，iptables 规则的条目会十分大，性能上还要再打折扣。iptables 的方式则利用了 Linux 的 iptables 的 nat 转发实现。

5. IPVS

从 Kubernetes 的 1.8 版本开始，kube-proxy 引入了 IPVS（IP Virtual Server，IP 虚拟服务器）模式，IPVS 在 Kubernetes1.11 中升级为 GA 稳定版。IPVS 模式与 iptables 同样基于 Netfilter，作为 Linux 内核的一部分实现传输层负载均衡的技术，通常称为第 4 层 LAN 交换。但是 IPVS 采用的是 hash 表（哈希表）（性能更加高效），iptables 则用的是一条条的规则列表。iptables 和 IPVS 的区别如下：

（1）IPVS 为大型集群提供了更好的可扩展性和性能。

（2）IPVS 支持比 iptables 更复杂的负载平衡算法（最小负载、最少连接、位置、加权等）。

（3）IPVS 支持服务器健康检查和连接重试等。

IPVS 代理模式基于 netfilter 钩子函数，类似于 iptables 模式，但使用 hash 表作为底层数据结构，工作在内核空间。这意味着 IPVS 模式下的 kube-proxy 比 iptables 模式下的 kube-proxy 以更低的延迟来重定向流量，在同步代理规则时具有更好的性能。与其他代理模式相比，IPVS 模式还支持更高的网络流量吞吐量。

IPVS 提供了更多选项来平衡后端 Pod 的流量：

（1）rr：循环。

（2）lc：最少连接（最少打开连接数）。

（3）dh：目标哈希。

（4）sh：源哈希。

（5）sed：最短的预期延迟。

（6）nq：从不排队。

IPVS 的工作流程大体如图 3–12 所示。

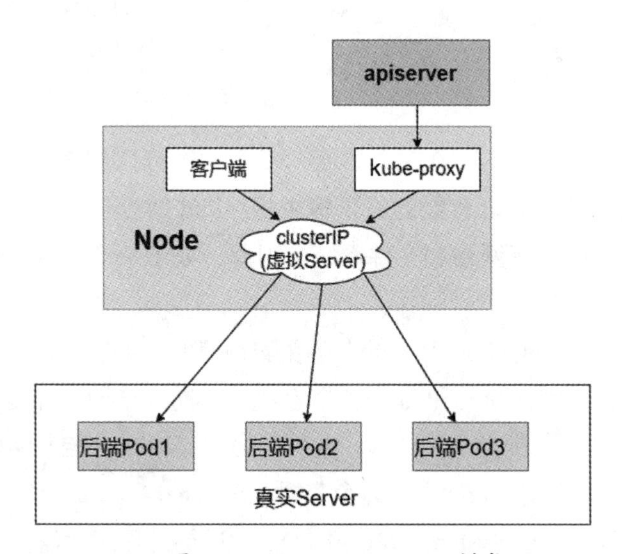

图 3–12　kube-proxy IPVS 模式

在这些代理模型中，绑定到 Service 的 IP:Port 的流量被代理到适当的后端，而客户端对 Kubernetes、Service 或 Pod 一无所知。如果想确保每次都将来自特定客户端的连接传递到同一个 Pod，可以通过将 service.spec.sessionAffinity 设置为 ClientIP（默认为“None”），然后根据客户端的 IP 地址选择会话亲缘关系。

还可以通过 service.spec.sessionAffinityConfig.clientIP.timeoutSeconds 来适当设置最大会话黏滞时间（默认值为 10 800 s，计算为 3 h）。要启用该 kube-proxy IPVS 模式，必须在 kube_proxy_extra_args 集群配置文件中设置该参数。

如何在 kube-proxy 开启 IPVS？具体步骤如下：

（1）修改 configmap：

```
kubectl edit configmap kube-proxy -n kube-system
```

（2）修改 mode "" 为 IPVS：

```
mode: IPVS
```

（3）停止所有 kube-proxy pods：

```
kubectl get po -n kube-system
kubectl delete po -n kube-system <pod-name>
```

（4）验证 kube-proxy 是否启动 IPVS proxier：

```
kubectl logs [kube-proxy pod] | grep "Using ipvs Proxier"
```

3.6.3 Pod

Pod 是 Kubernetes 调度的最小单元。一个 Pod 可以包含一个或多个容器，因此它可以被看成是内部容器的逻辑宿主机。Pod 的设计理念是为了支持多个容器在一个 Pod 中共享网络和文件系统。因此，处于一个 Pod 中的多个容器共享以下资源：

（1）PID 命名空间：Pod 中不同的应用程序可以看到其他应用程序的进程 ID。

（2）network 命名空间：Pod 中多个容器处于同一个网络命名空间，因此能够访问的 IP 和端口范围都是相同的，也可以通过 localhost 相互访问。

（3）IPC 命名空间：Pod 中的多个容器共享 Inner-process Communication 命名空间，因此可以通过 SystemV IPC 或 POSIX 进行进程间通信。

（4）UTS 命名空间：Pod 中的多个容器共享同一个主机名。

（5）Volumes：Pod 中的各个容器可以共享在 Pod 中定义分存储卷（Volume）。

Pod 代码示例如下：

```
# yaml 格式的 Pod 定义文件完整内容
apiVersion: v1                    # 必选，版本号，例如 v1
```

```
kind: Pod                           # 必选，Pod
metadata:                           # 必选，元数据
  name: string                      # 必选，Pod 名称
  namespace: string                 # 必选，Pod 所属的命名空间
  labels:                           # 自定义标签
    - name: string                  # 自定义标签名字
  annotations:                      # 自定义注释列表
    - name: string
spec:                               # 必选，Pod 中容器的详细定义
  containers:                       # 必选，Pod 中容器列表
  - name: string                    # 必选，容器名称
    image: string                   # 必选，容器的镜像名称
    imagePullPolicy: [Always | Never | IfNotPresent]
        # 获取镜像的策略，Alawys 表示下载镜像，IfNotPresent 表示优先使用本地镜像
        # 否则下载镜像，Nerver 表示仅使用本地镜像
    command: [string]               # 容器的启动命令列表，如不指定，使用打包时使用的启动
                                      命令
    args: [string]                  # 容器的启动命令参数列表
    workingDir: string              # 容器的工作目录
    volumeMounts:                   # 挂载到容器内部的存储卷配置
    - name: string                  # 引用 Pod 定义的共享存储卷的名称，需用 volumes[] 部分定
                                      义的卷名
      mountPath: string             # 存储卷在容器内 mount 的绝对路径，应少于 512 字符
      readOnly: boolean             # 是否为只读模式
    ports:                          # 需要暴露的端口库号列表
    - name: string                  # 端口号名称
      containerPort: int            # 容器需要监听的端口号
      hostPort: int                 # 容器所在主机需要监听的端口号，默认与 Container 相同

      protocol: string              # 端口协议，支持 TCP 和 UDP，默认 TCP
    env:                            # 容器运行前需设置的环境变量列表
    - name: string                  # 环境变量名称
      value: string                 # 环境变量的值
    resources:                      # 资源限制和请求的设置
      limits:                       # 资源限制的设置
        cpu: string                 # CPU 的限制，单位为 core 数，将用于 docker run --cpu-shares
                                      参数
        memory: string              # 内存限制，单位可以为 Mib/Gib，将用于 docker run --memory
                                      参数
      requests:                     # 资源请求的设置
        cpu: string                 #CPU 请求，容器启动的初始可用数量
```

```
        memory: string              # 内存请求，容器启动的初始可用数量
    livenessProbe:                  # 对 Pod 内容器健康检查的设置
                                    当探测无响应，几次后将自动重启该容器，检查方法有 exec、
                                    httpGet 和 tcpSocket，对一个容器只需设置其中一种方法即可
      exec:                         # 对 Pod 容器内检查方式设置为 exec 方式
        command: [string]           #exec 方式需要制定的命令或脚本
      httpGet:                      # 对 Pod 内的容器健康检查方法设置为 HttpGet，需要制定
                                      Path、port
        path: string
        port: number
        host: string
        scheme: string
        HttpHeaders:
        - name: string
          value: string
      tcpSocket:                    # 将 Pod 内的容器健康检查方式设置为 tcpSocket 方式
          port: number
        initialDelaySeconds: 0      # 容器启动完成后首次探测的时间，单位为 s
        timeoutSeconds: 0           # 对容器健康检查探测等待响应的超时时间，单位 s，默认 1 s
        periodSeconds: 0            # 对容器监控检查的定期探测时间设置，单位 s，默认 10 s 一次
        successThreshold: 0
        failureThreshold: 0
        securityContext:
          privileged:false
      restartPolicy: [Always | Never | OnFailure]
                  #Pod 的重启策略，Always 表示一旦不管以何种方式终止运行
                  #Kubelet 都将重启，OnFailure 表示只有 Pod 以非 0 退出码退出才重启，
                  Nerver 表示不再重启该 Pod
      nodeSelector: obeject         # 设置 NodeSelector，表示将该 Pod 调度到包含这个 label 的
                                      Node 上，以 key：value 的格式指定
      imagePullSecrets:             #Pull 镜像时使用的 Secret 名称，以 key：secretkey 格式指定
      - name: string
      hostNetwork:false             # 是否使用主机网络模式，默认为 false，如果设置为 true，表
                                      示使用宿主机网络
      volumes:                      # 在该 Pod 上定义共享存储卷列表
      - name: string                # 共享存储卷名称（volumes 类型有很多种）
        emptyDir: {}                # 类型为 emptyDir 的存储卷，与 Pod 同生命周期的一个临时目
                                      录

        hostPath: string            # 类型为 hostPath 的存储卷，表示挂载 Pod 所在宿主机的目录
        path: string               #Pod 所在宿主机的目录，将被用于同期中 mount 的目录
```

```
        secret:                    #类型为Secret的存储卷，挂载集群与定义的Secret对象到容器内部
          scretname: string
          items:
          - key: string
            path: string
        configMap:                 #类型为configMap的存储卷，挂载预定义的configMap对象到容器内部
          name: string
          items:
          - key: string
            path: string
```

3.6.4 通过yaml创建 Ingress Services Pod

首先，创建两个服务来演示 Ingress 如何分发请求。将运行两个网络应用程序，它们输出的响应会稍有不同。创建 apple.yaml：

```
kind: Pod
apiVersion: v1
metadata:
  name: apple-app
  labels:
    app: apple
spec:
  containers:
    - name: apple-app
      image: hashicorp/http-echo
      args:
        - "-text=apple"
---
kind: Service
apiVersion: v1
metadata:
  name: apple-service
spec:
  selector:
    app: apple
  ports:
    - port: 5678 # Default port for image
```

创建 banana.yaml：

```
kind: Pod
apiVersion: v1
metadata:
  name: banana-app
  labels:
    app: banana
spec:
  containers:
    - name: banana-app
      image: hashicorp/http-echo
      args:
        - "-text=banana"

---

kind: Service
apiVersion: v1
metadata:
  name: banana-service
spec:
  selector:
    app: banana
  ports:
    - port: 5678 # Default port for image
```

然后创建：

```
$ kubectl apply -f apple.yaml
$ kubectl apply -f banana.yaml
```

最后，定义一个 Ingress，将 /apple 的请求路由到第一个服务，将 /banana 的请求路由到第二个服务。查看 Ingress 的规则字段，该字段声明传递请求：

```
apiVersion: extensions/v1beta1
kind: Ingress
metadata:
  name: example-ingress
  annotations:
    ingress.kubernetes.io/rewrite-target: /
spec:
```

```
rules:
- http:
    paths:
      - path: /apple
        backend:
          serviceName: apple-service
          servicePort: 5678
      - path: /banana
        backend:
          serviceName: banana-service
          servicePort: 5678
```

运行“kubectl create -f ingress.yaml”，检查是否正常运行：

```
$ curl -kL http://localhost/apple
```

输出：apple。

```
$ curl -kL http://localhost/banana
```

输出：banana。

```
$ curl -kL http://localhost/notfound
```

输出：default backend – 404。

3.7　K8s 中的 Pod、Service 和 Ingress 的关系

应用服务需要通过域名访问时，会经过 Ingress → Service → Pod 流程，实现所需要的功能，流程如图 3–13 所示。

客户端通过 URL 访问 Ingress 入口时，会根据配置的 URL 自动匹配分发到后端的 Service 服务。直接访问 Pod 资源，存在的缺陷如下：

（1）Pod 会随时被 Deployment 这样的控制器删除重建，访问 Pod 的结果就会变得不可预知。

（2）Pod 的地址是在 Pod 启动后才分配的，在启动前并不知道 Pod 的 IP 地址。

（3）应用往往都是由多个运行相同镜像的一组 Pod 组成，对 Pod 进行逐个访问变得不现实。

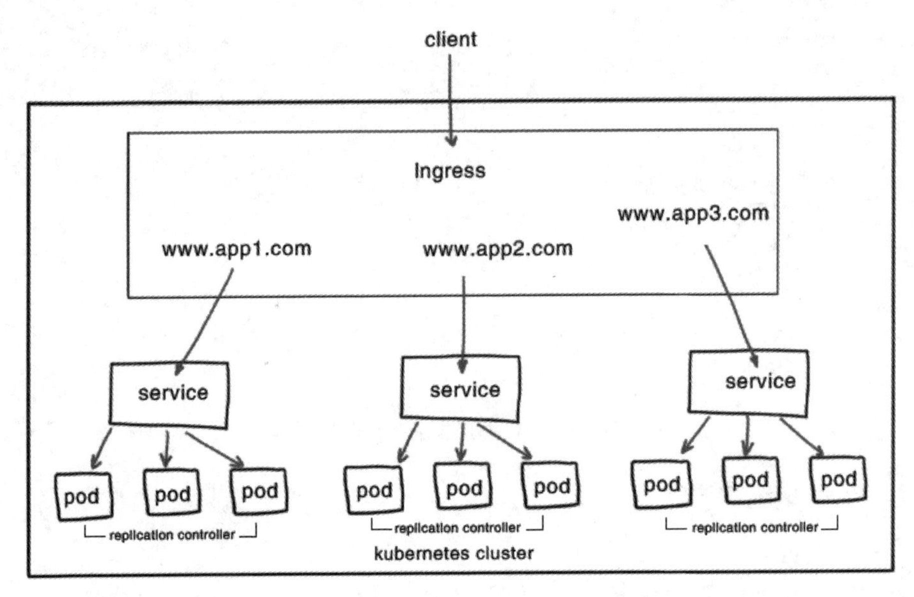

图 3-13　外部访问 Pod 流程

K8s 中的 Service 对象用来解决上述 Pod 访问的问题。注意：Service 有一个固定的 IP 地址，Service 将访问该地址的流量转发给 Pod，具体转发给哪些 Pod 则通过 label 来选择，而且 Service 可以给这些 Pod 做负载均衡。

通常情况下，Service 和 Pod 的 IP 仅可以在集群内部访问，集群外部的请求需要通过负载均衡转发到 Service 在 Node 上暴露的 NodePort 上，然后由 kube-proxy 通过边缘路由器 (edge router) 将其转发给相关的 Pod 或者丢弃，而 Ingress 就是为进入集群的请求提供路由规则的集合。

Ingress 可以给 Service 提供集群外部访问的 URL、负载均衡、ssl 终止、HTTP 路由等。为了配置这些 Ingress 规则，集群管理员需要部署一个 Ingress Controller，它监听 Ingress 和 Service 的变化，根据规则配置负载均衡并提供访问入口。组成部分如下：

（1）Nginx：实现负载均衡到 Pod 的集合。

（2）Ingress Controller：从集群 API 获取 Service 对应的 Pod 的 IP 到 Nginx 的配置文件中。

（3）Ingress：为 Nginx 创建虚拟主机。

3.8 Kubernetes CRD 开发

3.8.1 CRD简介

Kubernetes 1.7 版本之后增加了对 CRD（Custom Resource Definition）自定义资源二次开发的能力，来扩展 Kubernetes API，通过 CRD 可以向 Kubernetes API 中增加新资源类型，而不需要修改 Kubernetes 源码来创建自定义的 API Server，该功能大大提高了 Kubernetes 的扩展能力。

在 Kubernetes 中使用的 Deployment、DamenSet、StatefulSet、Service、Ingress、ConfigMap、Secret 都是资源，而对这些资源的创建、更新、删除的动作都会被当成事件 (Event)，Kubernetes 的 Controller Manager 负责事件监听，并触发相应的动作来满足期望（Spec），这种方式就是声明式，即用户只需要关心应用程序的最终状态。当在使用中发现现有的资源不能满足需求时，Kubernetes 提供了自定义资源（Custom Resource）和 Operator 为应用程序提供基于 Kubernetes 的扩展，CRD 则是对自定义资源的描述。

CRD 是用来扩展 Kubernetes 最常用的方式，在 Service Mesh 和 Operator 中也被大量使用。因此，如果想在 Kubernetes 上做扩展和开发的话，十分有必要了解 CRD。可以通过 CRD 机制注册新的资源类型到 K8s 中。实际底层就是通过 apiserver 接口，在 etcd 中注册一种新的资源类型，此后可以创建对应的资源对象，就像为不同应用创建不同的 Deployment 对象一样。

仅注册资源与创建资源对象通常是没有价值的，重要的是需要实现 CRD 背后的功能。比如 Deployment 的功能是生成一定数量的 Pod 并监控它们的状态。所以 CRD 需要配套实现 Controller。Controller 需要 CRD 配套开发的程序，它通过 apiserver 监听相应类型的资源对象事件，比如创建、删除、更新等，然后做出相应的动作，比如 Deployment 创建或更新时需要对 Pod 进行更新操作等。

1. CRD 定义

CRD 即在 Kubernetes 中添加一个和 Pod、Service 类似的、新的 API 资源类型，用于统一部署或编排多个内置 K8s 资源（Pod、Service 等）。

2. 需要 CRD 的原因

Helm 也可以做到统一部署或编排 Deployment、Service、Ingress，但它缺

乏对资源的全生命周期的监控，CRD 通过 apiserver 接口，在 etcd 中注册一种新的资源类型，此后就可以创建对应的资源对象并监控它们的状态以及执行相关动作，比如可以定义一个 mysql 的 CRD 完成 mysql 集群项目的全部 Pod 和 Service 的创建和监控功能。

假设公司的 Go 项目都是 deployment+service+ingress 的统一做法，那么就可以定义一个 CRD，命令为 go-deployment，创建一个这样的资源对象，就可以全自动地拉起 Deployment、Service、Ingress，并且全程监控它们的生命周期。比如我们想给研发提供一键创建 mysql 的服务，可以实现一个 CRD，它可以创建 stateful 的 mysql 实例，挂载 PVC 持久卷，并且及时发送邮件通知我们有关 mysql POD 的启停事件，非常方便。

3. CRD 实现方法

CRD 的实现工具和框架有 kubebuilder 和 Operator SDK，后者在向前者融合，建议使用 kubebuilder。

4. CRD 示例

postgres-operator 的 CRD，代码如下：

```
apiVersion: apiextensions.K8s.io/v1beta1
kind: CustomResourceDefinition
metadata:
  name: postgresqls.acid.zalan.do
  labels:
    app.kubernetes.io/name: postgres-operator
  annotations:
    "helm.sh/hook": crd-install
spec:
  group: acid.zalan.do
  names:
    kind: postgresql
    listKind: postgresqlList
    plural: postgresqls
    singular: postgresql
    shortNames:
    - pg
  additionalPrinterColumns:
  - name: Team
    type: string
```

```
        description: Team responsible for Postgres CLuster
        JSONPath: .spec.teamId
      - name: Version
        type: string
        description: PostgreSQL version
        JSONPath: .spec.postgresql.version
      - name: Pods
        type: integer
        description: Number of Pods per Postgres cluster
        JSONPath: .spec.numberOfInstances
      - name: Volume
        type: string
        description: Size of the bound volume
        JSONPath: .spec.volume.size
    ...
```

CRD 主要包括 apiVersion、kind、metadata 和 spec 四个部分，其中最关键的是 apiVersion 和 kind。apiVersion 表示资源所属的组织和版本，一般由 APIGourp 和 Version 组成，这里的 APIGourp 是 apiextensions.K8s.io，Version 是 v1beta1，相关信息可以通过 kubectl api–resoures 查看。kind 表示资源类型，这里是 Custom Resource Definition，表示一个自定义的资源描述。

3.8.2 Operator

API 的编程利器有 Operator 和 Operator Framework。Kubernetes 对管理无状态的应用有很好的优势，但对于有状态应用，Kubernetes 有很大的不足。像数据库、缓存等在进行升级和弹性扩 / 缩容时，不能很好地将现有的数据配置到新的实例上。Operator 就是为了解决上述问题而出现的，其目的是能够正视不同应用（有状态）的特点，开发特定的控制器来监听 Kubernetes API，在实例创建、伸缩、死亡等各个生命周期中做出相应的处理来保证有状态应用中的数据连续性。

Kubernetes 1.7 版本引入了自定义控制器的概念，该功能可以让开发人员扩展添加新功能并更新现有功能；可以自动执行一些管理任务，这些自定义的控制器就像 Kubernetes 原生的组件一样，Operator 直接使用 Kubernetes API 进行开发，即可以根据这些控制器内部编写的自定义规则来监控集群、更改 Pods/Services、对正在运行的应用进行扩 / 缩容。

安装 operator-sdk 到 https://github.com/operator-framework/operator-sdk/releases，查找最新版本 operator-sdk_linux_amd64，右键复制链接。

进入要安装的目录：

```
cd /usr/local/bin
wget https://github.com/operator-framework/operator-sdk/releases/download/v1.12.0/operator-sdk_
linux_amd64
#ls 查看文件名 operator-sdk_linux_amd64，重命名为 operator-sdk
[root@master ~]#mv operator-sdk_linux_amd64 operator-sdk
# 添加可执行权限
[root@master ~]#chmod +x operator-sdk_linux_amd64
# 安装成功，查看版本
[root@master ~]# operator-sdk version
# 检查安装
$ operator-sdk version
# 显示
operator-sdk version: "v1.12.0", commit: "d3b2761afdb78f629a7eaf4461b0fb8ae3b02860", kubernetes
version: "1.21", go version: "go1.16.7", GOOS: "linux", GOARCH: "amd64"
# 进入目录
cd $GOPATH/src/
$ export GO111MODULE=on && export GOPROXY=https://goproxy.io
```

查看 operator-sdk 如何使用，代码如下：

```
[root@master webapps]# operator-sdk --help
CLI tool for building Kubernetes extensions and tools.
Usage:
  operator-sdk [flags]
  operator-sdk [command]

Examples:
The first step is to initialize your project:
    operator-sdk init [--plugins=<PLUGIN KEYS> [--project-version=<PROJECT VERSION>]]

<PLUGIN KEYS> is a comma-separated list of plugin keys from the following table
and <PROJECT VERSION> a supported project version for these plugins.

                Plugin keys | Supported project versions
-------------------------------------+-------------------------------------
ansible.sdk.operatorframework.io/v1 |                3
```

```
    declarative.go.kubebuilder.io/v1 |                  2, 3
                go.kubebuilder.io/v2 |                  2, 3
                go.kubebuilder.io/v3 |                     3
    helm.sdk.operatorframework.io/v1 |                     3
  kustomize.common.kubebuilder.io/v1 |                     3
quarkus.javaoperatorsdk.io/v1-alpha |                      3
For more specific help for the init command of a certain plugins and project version
configuration please run:
    operator-sdk init --help --plugins=<PLUGIN KEYS> [--project-version=<PROJECT VERSION>]

Default plugin keys: "go.kubebuilder.io/v3"
Default project version: "3"
Available Commands:
  alpha                   Alpha-stage subcommands
  bundle                  Manage operator bundle metadata
  cleanup                 Clean up an Operator deployed with the 'run' subcommand
  completion              Load completions for the specified shell
  create                  Scaffold a Kubernetes API or webhook
  edit                    Update the project configuration
  generate                Invokes a specific generator
  help                    Help about any command
  init                    Initialize a new project
  olm                     Manage the Operator Lifecycle Manager installation in your cluster
  pkgman-to-bundle        Migrates packagemanifests to bundles
  run                     Run an Operator in a variety of environments
  scorecard               Runs scorecard
  version                 Print the operator-sdk version
Flags:
  -h, --help                  help for operator-sdk
      --plugins strings       plugin keys to be used for this subcommand execution
      --project-version string  project version (default "3")
      --verbose               Enable verbose logging
Use "operator-sdk [command] --help" for more information about a command.
```

1. 步骤 1：创建工程

用 operator sdk 创建项目模板，这里使用官方提供的一个模板：

```
# operator-sdk init --domain example.com --repo github.com/example/memcached-operator  --skip-go-version-check
```

要求 Go 的版本在 1.13（含 1.13）与 1.17 之内。执行指令后输出如下：

```
Writing kustomize manifests for you to edit...
Writing scaffold for you to edit...
Get controller runtime:
# go get sigs.K8s.io/controller-runtime@v0.9.2
Update dependencies:
# go mod tidy
Next: define a resource with:
# operator-sdk create api
```

项目结构目录创建完成，如图 3–14 所示。

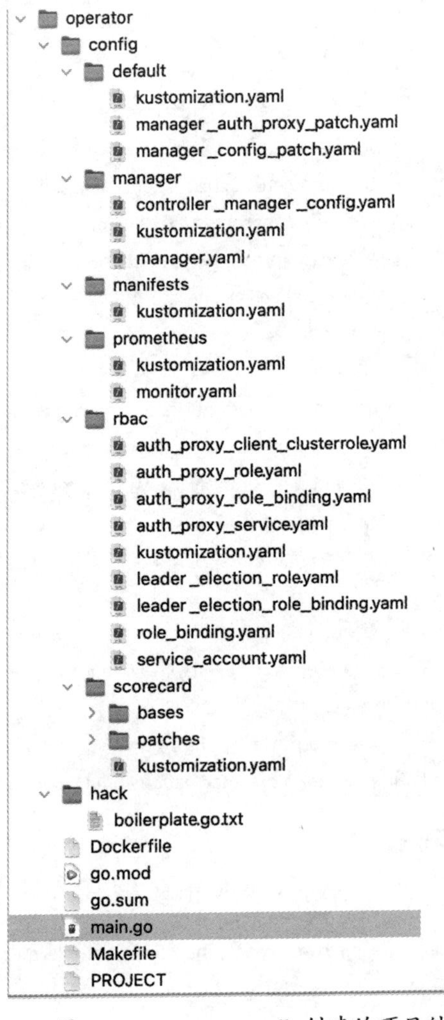

图 3–14　operator–sdk 创建的项目结构

main.go 的源代码如下：

```
package main

import (
	"flag"
	"os"
	// Import all Kubernetes client auth plugins (e.g. Azure, GCP, OIDC, etc.)
	// to ensure that exec-entrypoint and run can make use of them.
	_ "K8s.io/client-go/plugin/pkg/client/auth"
	"K8s.io/apimachinery/pkg/runtime"
	utilruntime "K8s.io/apimachinery/pkg/util/runtime"
	clientgoscheme "K8s.io/client-go/kubernetes/scheme"
	ctrl "sigs.K8s.io/controller-runtime"
	"sigs.K8s.io/controller-runtime/pkg/healthz"
	"sigs.K8s.io/controller-runtime/pkg/log/zap"
	//+kubebuilder:scaffold:imports
)

var (
	scheme   = runtime.NewScheme()
	setupLog = ctrl.Log.WithName("setup")
)

func init() {
	utilruntime.Must(clientgoscheme.AddToScheme(scheme))

	//+kubebuilder:scaffold:scheme
}

func main() {
	var metricsAddr string
	var enableLeaderElection bool
	var probeAddr string
	flag.StringVar(&metricsAddr, "metrics-bind-address", ":8080", "The address the metric endpoint
			binds to.")
	flag.StringVar(&probeAddr, "health-probe-bind-address", ":8081", "The address the probe
			endpoint binds to.")
	flag.BoolVar(&enableLeaderElection, "leader-elect", false,
		"Enable leader election for controller manager. "+
```

```
        "Enabling this will ensure there is only one active controller manager.")
    opts := zap.Options{
        Development: true,
    }
    opts.BindFlags(flag.CommandLine)
    flag.Parse()
    ctrl.SetLogger(zap.New(zap.UseFlagOptions(&opts)))

    mgr, err := ctrl.NewManager(ctrl.GetConfigOrDie(), ctrl.Options{
        Scheme:                 scheme,
        MetricsBindAddress:     metricsAddr,
        Port:                   9443,
        HealthProbeBindAddress: probeAddr,
        LeaderElection:         enableLeaderElection,
        LeaderElectionID:       "b11.my.domain",
    })
    if err != nil {
        setupLog.Error(err, "unable to start manager")
        os.Exit(1)
    }
    //+kubebuilder:scaffold:builder
    if err := mgr.AddHealthzCheck("healthz", healthz.Ping); err != nil {
        setupLog.Error(err, "unable to set up health check")
        os.Exit(1)
    }
    if err := mgr.AddReadyzCheck("readyz", healthz.Ping); err != nil {
        setupLog.Error(err, "unable to set up ready check")
        os.Exit(1)
    }

    setupLog.Info("starting manager")
    if err := mgr.Start(ctrl.SetupSignalHandler()); err != nil {
        setupLog.Error(err, "problem running manager")
        os.Exit(1)
    }
}
```

2. 步骤 2：创建新的 api 与控制器

```
#operator-sdk create api --group cache --version v1alpha1 --kind Memcached --resource –controller
```

执行后会输出日志，最终项目下会多出一些文件，如图 3-15 所示。

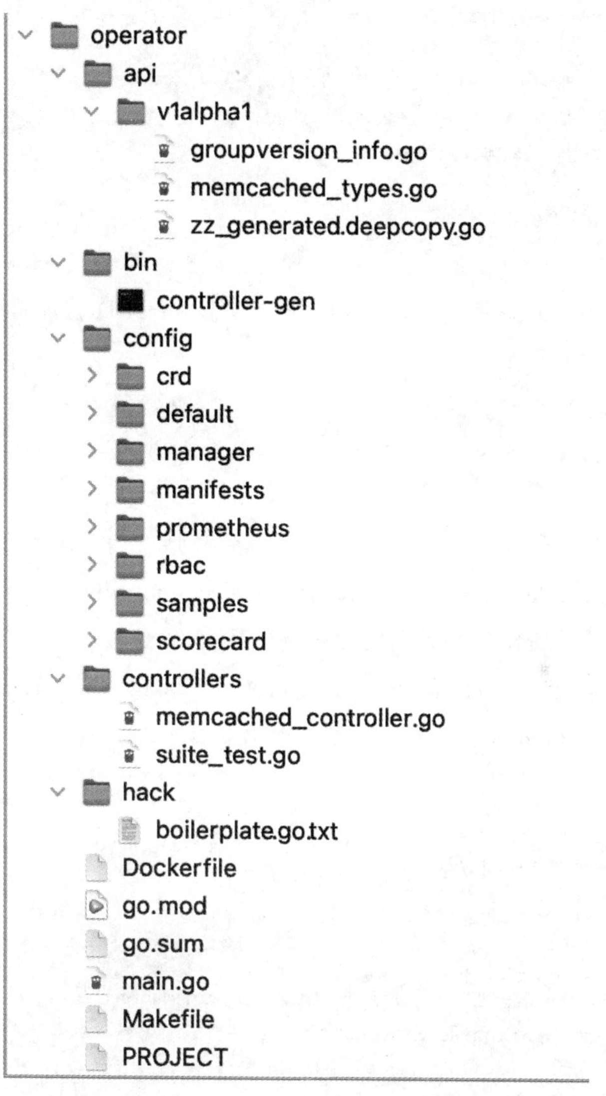

图 3-15　operator-sdk 创建 api 后的目录变化

由图 3-15 可以看出，多了 api 和 bin 目录，生成了可执行的 controller-gen 文件。api/v1alpha1/memcached_types.go 文件是搭建 Memcached 资源 API，controllers/memcached_controller.go 文件是控制器。通过 api/v1alpha1/memcached_types.go 来定义 Go 类型，使其具有以下规范和状态：

```
type MemcachedSpec struct {
        //+kubebuilder:validation:Minimum=0
```

```
        // Size is the size of the memcached deployment
        Size int32 `json:"size"`
}
type MemcachedStatus struct {
        // Nodes are the names of the memcached pods
        Nodes []string `json:"nodes"`
}
// 为资源类型更新生成的代码
# make generate
```

（1）生成 CRD 清单。使用规范 / 状态字段和 CRD 验证标记定义 API 后，使用以下命令生成和更新 CRD 清单：

```
# make manifests
// 这将调用 controller-gen 来生成 CRD 清单 config/crd/bases/cache.example.com_memcacheds.yaml
```

（2）实现控制器。对于此示例，将生成的控制器文件 controllers/memcached_controller.go 替换为示例 memcached_controller.go。注意：接下来解释控制器如何监视资源以及如何触发协调循环。

1）控制器监视的资源。该 SetupWithManager() 函数位于 controllers/memcached_controller.go，用来说明监控什么资源：

```
import (
    ...
    appsv1 "K8s.io/api/apps/v1"
    ...
)

func (r *MemcachedReconciler) SetupWithManager(mgr ctrl.Manager) error {
      return ctrl.NewControllerManagedBy(mgr).
            For(&cachev1alpha1.Memcached{}).
            Owns(&appsv1.Deployment{}).
            Complete(r)
}
    NewControllerManagedBy() 提供了一个可以注册多个 controller 配置的 controller builder。
```

For(&cachev1alpha1.Memcached{}) 将 Memcached 类型指定为要监视的第一类资源。对于每个 Memcached 类型的添加 / 更新 / 删除事件，协调循环将为该 Memcached 对象发生一个协调请求。Owns(&appsv1.Deployment{}) 将 Deployments 类型指定为要监视的第一类资源。对于每个部署类型的添加 / 更新/删除事件，事件处理器会将每个事件映射为关联了这个部署的 Memcached 的请求。

2）控制器的配置。在初始化控制器时，可以搭建许多其他有用的配置。通过 MaxConcurrentReconciles 选项设置控制器的最大并发协调数，默认为 1：

```
func (r *MemcachedReconciler) SetupWithManager(mgr ctrl.Manager) error {
  return ctrl.NewControllerManagedBy(mgr).
    For(&cachev1alpha1.Memcached{}).
    Owns(&appsv1.Deployment{}).
    WithOptions(controller.Options{MaxConcurrentReconciles: 2}).
    Complete(r)
}
```

（3）构建镜像。在项目目录执行命令：

```
# make docker-build IMG=liumiaocn/memcache:v1
```

使用如下命令运行刚刚创建的 Operator：

```
# make install && make deploy IMG=liumiaocn/memcache:v1
```

有关协调器、客户端和与资源事件交互的指南，请参阅客户端 API 文档：https://sdk.operatorframework.io/docs/building-operators/golang/references/client/。

以上参考 https://sdk.operatorframework.io/docs/building-operators/golang/quickstart/。

Operator SDK 提供以下工作流来开发一个新的 Operator：

1）使用 SDK 创建一个新的 Operator 项目。

2）通过添加自定义资源（CRD）定义新的资源 API。

3）指定使用 SDK API 来监视的资源。

4）定义 Operator 的协调（reconcile）逻辑。

5）使用 Operator SDK 构建并生成 Operator 部署清单文件。

平时在部署一个简单的 Webserver 到 Kubernetes 集群中时，都需要先编写一个部署的控制器，然后创建一个服务对象，通过 Pod 的 label 标签进行关联，最后通过 Ingress 或 type=NodePort 类型的服务来暴露服务。每次都需要这样操作，会略显麻烦，这时就可以创建一个自定义的资源对象，通过 CRD 来描述要部署的应用信息，比如镜像、服务端口、环境变量等，然后创建自定义类型的资源对象时，通过控制器去创建对应的部署和服务，这样就方便得多，相当于用一个资源清单去描述部署和服务要做的两件事。

创建一个名为 MyService 的 CRD 资源对象，然后定义如下的资源清单进行应用部署：

```
apiVersion: app.example.com/v1
kind: MyService
metadata:
  name: nginx-app
spec:
  size: 2
  image: nginx:1.7.9
  ports:
    - port: 80
      targetPort: 80
      nodePort: 30002
```

通过这里自定义的 AppService 资源对象去创建副本数为 2 的 Pod，然后通过 nodePort=30002 的端口去暴露服务，然后就可以一步步实现这个简单的 Operator 应用。接下来，为自定义资源添加新的 API，按照上面预定义的资源清单文件，在 Operator 相关根目录下面执行如下命令：

```
$ operator-sdk add api --api-version=app.example.com/v1 --kind=MyService
```

添加对应的自定义 API 具体实现的 Controller，同样在项目根目录下面执行如下命令：

```
$ operator-sdk add controller --api-version=app.example.com/v1 --kind=MyService
```

这样，整个 Operator 项目的脚手架就已经搭建完成了，一些 Operator 例子可在 https://github.com/operator–framework/awesome-operators 查看。

（4）Kubernetes Operator 底层实现。这里以 mysql–operator 为例，具体分析 Kubernetes Operator 的具体实现。首先分析其入口 main 函数，就是解析参数，并执行 app.Run 函数，源码网址：https://github.com/oracle/mysql-operator/blob/master/cmd/mysql-operator/main.go。

```
...
  if err := app.Run(opts); err != nil {
          fmt.Fprintf(os.Stderr, "%v\n", err)
          os.Exit(1)
  }
...
```

然后看app.Run函数，为了突显主要逻辑，省略了部分代码，网址为https://github.com/oracle/mysql-operator/blob/master/cmd/mysql-operator/app/mysql_operator.go#L56:6，代码如下：

```
// Run starts the mysql-operator controllers. This should never exit.
func Run(s *operatoropts.MySQLOperatorOpts) error {
  // 构造 kubeconfig 以便连接 Kubernetes 的 APIServer
        kubeconfig, err := clientcmd.BuildConfigFromFlags(s.Master, s.KubeConfig)
        if err != nil {
                return err
        }

        ...

        // 构造 kubeClient、mysqlopClient，以便操作 Kubernetes 里的一些资源
        kubeClient := kubernetes.NewForConfigOrDie(kubeconfig)
        mysqlopClient := clientset.NewForConfigOrDie(kubeconfig)
  // 构造一些共享的 informer，以便监听自定义对象及 Kubernetes 里的一些核心资源
        // Shared informers (non namespace specific).
        operatorInformerFactory := informers.NewFilteredSharedInformerFactory(mysqlopClient,
resyncPeriod(s)(), s.Namespace, nil)
        kubeInformerFactory := kubeinformers.NewFilteredSharedInformerFactory(kubeClient,
resyncPeriod(s)(), s.Namespace, nil)
        var wg sync.WaitGroup
        // 构造自定义类型 mysqlcluster 的控制器
                clusterController := cluster.NewController(
                        *s,
                        mysqlopClient,
                        kubeClient,
                        operatorInformerFactory.MySQL().V1alpha1().Clusters(),
                        kubeInformerFactory.Apps().V1beta1().StatefulSets(),
                        kubeInformerFactory.Core().V1().Pods(),
                        kubeInformerFactory.Core().V1().Services(),
                        30*time.Second,
                        s.Namespace,
                )
                wg.Add(1)
                go func() {
                        defer wg.Done()
                        clusterController.Run(ctx, 5)
                }()

                // 下面分别为每个自定义类型构造相应的控制器
```

```
        ...
        // Kubernetes Operator 的核心逻辑就在自定义类型的控制器里面

// https://github.com/oracle/mysql-operator/blob/master/pkg/controllers/cluster/controller.go#L142

// NewController creates a new MySQLController.
func NewController(
        ...
) *MySQLController {
  // 构造 MySQLController
  m := MySQLController{
        ...
     }
  // 监控自定义类型 mysqlcluster 的变化 ( 增加、更新、删除 )
  // m.enqueueCluster 函数只是把发生变化的自定义对象的名称放入工作队列中
     clusterInformer.Informer().AddEventHandler(cache.ResourceEventHandlerFuncs{
            AddFunc: m.enqueueCluster,
            UpdateFunc: func(old, new interface{}) {
                    m.enqueueCluster(new)
            },
            DeleteFunc: func(obj interface{}) {
                    cluster, ok := obj.(*v1alpha1.Cluster)
                    if ok {
                        m.onClusterDeleted(cluster.Name)
                    }
            },
     })
  //https://github.com/oracle/mysqloperator/blob/master/pkg/controllers/cluster/controller.go#L231

  // Run 函数会启动工作协程处理上述放入工作队列的自定义对象
  func (m *MySQLController) Run(ctx context.Context, threadiness int) {
   ...
  // Launch two workers to process Foo resources
     for i := 0; i < threadiness; i++ {
          go wait.Until(m.runWorker, time.Second, ctx.Done())
     }
     ...
}
// 从 runWorker 函数一步步跟踪过程，干活的是 syncHandler 函数

//https://github.com/oracle/mysqloperator/blob/master/pkg/controllers/cluster/controller.go#L301

func (m *MySQLController) syncHandler(key string) error {
     ...
```

```
nsName := types.NamespacedName{Namespace: namespace, Name: name}
// Get the Cluster resource with this namespace/name.
cluster, err := m.clusterLister.Clusters(namespace).Get(name)
if err != nil {
   // 如果自定义资源对象已不存在，则不用处理
        if apierrors.IsNotFound(err) {
                utilruntime.HandleError(fmt.Errorf("mysqlcluster '%s' in work queue no longer
                exists", key))
                return nil
        }
        return err
}
cluster.EnsureDefaults()
// 校验自定义资源对象
if err = cluster.Validate(); err != nil {
        return errors.Wrap(err, "validating Cluster")
}
// 给自定义资源对象设置一些默认属性
if cluster.Spec.Repository == "" {
        cluster.Spec.Repository = m.opConfig.Images.DefaultMySQLServerImage
}
...
svc, err := m.serviceLister.Services(cluster.Namespace).Get(cluster.Name)
// 如果该自定义资源对象存在，则应该创建相应的 Serivce；如 Serivce 不存在则创建
if apierrors.IsNotFound(err) {
        glog.V(2).Infof("Creating a new Service for cluster %q", nsName)
        svc = services.NewForCluster(cluster)
        err = m.serviceControl.CreateService(svc)
}
if err != nil {
        return err
}
if !metav1.IsControlledBy(svc, cluster) {
        msg := fmt.Sprintf(MessageResourceExists, "Service", svc.Namespace, svc.Name)
        m.recorder.Event(cluster, corev1.EventTypeWarning, ErrResourceExists, msg)
        return errors.New(msg)
}
ss, err := m.statefulSetLister.StatefulSets(cluster.Namespace).Get(cluster.Name)
// 如果该自定义资源对象存在，则创建相应的 StatefulSet，如 StatefulSet 不存在则创建
if apierrors.IsNotFound(err) {
        glog.V(2).Infof("Creating a new StatefulSet for cluster %q", nsName)
        ss = statefulsets.NewForCluster(cluster, m.opConfig.Images, svc.Name)
        err = m.statefulSetControl.CreateStatefulSet(ss)
```

```
        }
        if err != nil {
            return err
        }
        if !metav1.IsControlledBy(ss, cluster) {
            msg := fmt.Sprintf(MessageResourceExists, "StatefulSet", ss.Namespace, ss.Name)
            m.recorder.Event(cluster, corev1.EventTypeWarning, ErrResourceExists, msg)
            return fmt.Errorf(msg)
        }
        // 确保 StatefulSet 上的 BuildVersion 与自定义资源对象一致，如不一致则修改为一致
        if err := m.ensureMySQLOperatorVersion(cluster, ss, buildversion.GetBuildVersion()); err != nil {
            return errors.Wrap(err, "ensuring MySQL Operator version")
        }
        // Upgrade the MySQL server version if required.
        if err := m.ensureMySQLVersion(cluster, ss); err != nil {
            return errors.Wrap(err, "ensuring MySQL version")
        }
        // 如果 StatefulSet 的 Replicas 值与自定义资源对象配置不一致，则更新 StatefulSet
        if cluster.Spec.Members != *ss.Spec.Replicas {
            glog.V(4).Infof("Updating %q: clusterMembers=%d statefulSetReplicas=%d",
                    nsName, cluster.Spec.Members, ss.Spec.Replicas)
            old := ss.DeepCopy()
            ss = statefulsets.NewForCluster(cluster, m.opConfig.Images, svc.Name)
            if err := m.statefulSetControl.Patch(old, ss); err != nil {
                return err
            }
        }
        // 最后更新自定义资源对象的状态
        err = m.updateClusterStatus(cluster, ss)
        if err != nil {
            return err
        }
        m.recorder.Event(cluster, corev1.EventTypeNormal, SuccessSynced, MessageResourceSynced)
        return nil
}
```

大部分 Controller 都是这样的逻辑。这里有个地址要注意下，为了保证那些依据自定义资源对象创建的核心资源生命周期一致，比如随着自定义资源对象一起删除，在构建核心资源时需要设置 OwnerReferences。参考 https://github.com/oracle/mysql-operator/blob/master/pkg/resources/statefulsets/statefulset.go#L390，代码如下：

```
OwnerReferences: []metav1.OwnerReference{
        *metav1.NewControllerRef(cluster, schema.GroupVersionKind{
                            Group:   v1alpha1.SchemeGroupVersion.Group,
                            Version: v1alpha1.SchemeGroupVersion.Version,
                            Kind:    v1alpha1.ClusterCRDResourceKind,
                    }),
        },
```

整个 Operator 大概就是这样。

（5）Operator 的逻辑处理函数：Reconcile 函数。官方已经给出了 operator-sdk 的教程，只需要重点编写 Reconcile 函数的逻辑就可以了。核心的是 Reconcile 函数，该方法就是不断地监视资源的状态，然后根据状态实现各种操作，参考 https://github.com/operator-framework/operator-sdk-samples/blob/master/memcached-operator/pkg/controller/memcached/memcached_controller.go#L84。

3.8.3 Kubebuilder

Kubebuilder 是使用 CRDs 构建 K8s API 的 SDK，主要作用：提供脚手架工具初始化 CRDs 工程，自动生成 boilerplate 代码和配置；提供代码库封装底层的 K8s go-client；方便用户从零开始开发 CRDs 来扩展 K8s。Kubebuilder 是一个基于 CRD 来构建 Kubernetes API 的框架，可以使用 CRD 来构建 API、Controller 和 Admission Webhook。

目前，扩展 Kubernetes 的 API 的方式有创建 CRD、使用 Operator SDK 等，都需要写很多的样本文件（boilerplate），十分不方便。为了能够更方便地构建 Kubernetes API 和工具，就需要一款能够事半功倍的工具，与其他 Kubernetes API 扩展方案相比，Kubebuilder 更加简单易用，获得了广泛支持。

Kubebuilder 的工作流程如下：

1）创建一个新的工程目录。

2）创建一个或多个 CRD 资源，然后将字段添加到资源。

3）在控制器中实现协调循环，监视额外的资源。

4）在集群中运行测试（自动安装 CRD 并自动启动控制器）。

5）更新引导集成测试测试新字段和业务逻辑。

6）使用用户提供的 Dockerfile 构建和发布容器。

Kubebuilder 提供精简的抽象库。能使用 Go 接口和库，就不使用代码生成；能使用代码生成，就不多使用一次存根初始化；能使用一次存根，就不 fork 和修改 boilerplate。

1. 安装 Kubebuilder

```
# curl -L -o kubebuilder https://go.kubebuilder.io/dl/latest/$(go env GOOS)/$(go env GOARCH)
chmod +x kubebuilder && mv kubebuilder /usr/local/bin/
export PATH=$PATH:/usr/local/bin
```

2. 创建项目

创建一个目录，然后在其中运行 init 命令以初始化一个新项目：

```
mkdir -p ~/projects/guestbook
cd ~/projects/guestbook
# kubebuilder init --domain my.domain --repo my.domain/guestbook
```

--domain：项目的域名。

--repo xxx：仓库地址，同时也是 go mode 中的 repo 地址。

生成一个项目，包括以下文件：

```
config  Dockerfile  go.mod  go.sum  hack  main.go  Makefile  PROJECT
```

运行以下命令创建一个新的 API（组 / 版本）webapp/v1 及其上的新种类（CRD）Guestbook：

```
kubebuilder create api --group webapp --version v1 --kind Guestbook
```

此时，项目会增加一些文件和文件夹：

```
api  config       Dockerfile  go.sum  main.go  PROJECT
bin  controllers  go.mod      hack    Makefile
```

整个项目目录架构如图 3-16 和图 3-17 所示。

文件目录结构如下：

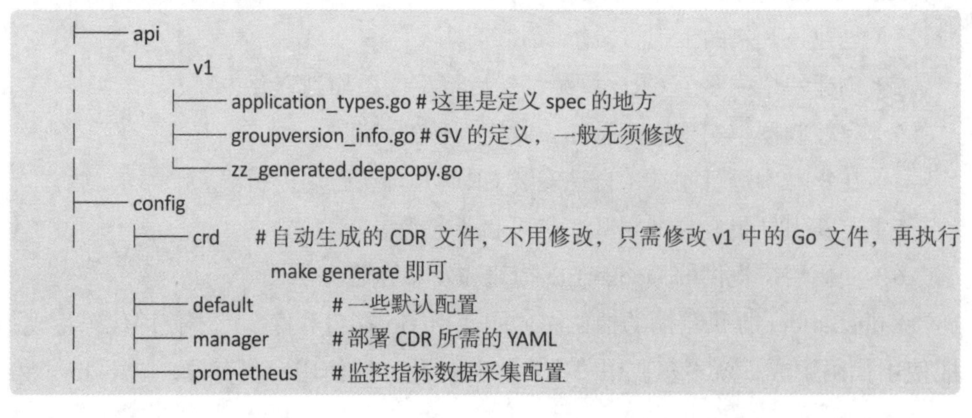

```
├── api
│   └── v1
│       ├── application_types.go # 这里是定义 spec 的地方
│       ├── groupversion_info.go # GV 的定义，一般无须修改
│       └── zz_generated.deepcopy.go
├── config
│   ├── crd    # 自动生成的 CDR 文件，不用修改，只需修改 v1 中的 Go 文件，再执行
                 make generate 即可
│   ├── default        # 一些默认配置
│   ├── manager        # 部署 CDR 所需的 YAML
│   ├── prometheus     # 监控指标数据采集配置
```

```
|      ├──── rbac             # 部署所需的 rbac 授权 YAML
|      └──── samples          # 这里是 CDR 示例文件，可以用来部署到集群当中
├──── controllers
|   ├──── application_controller.go   # 在这里实现 controller 的逻辑
|   └──── suite_test.go  # 这里写测试
```

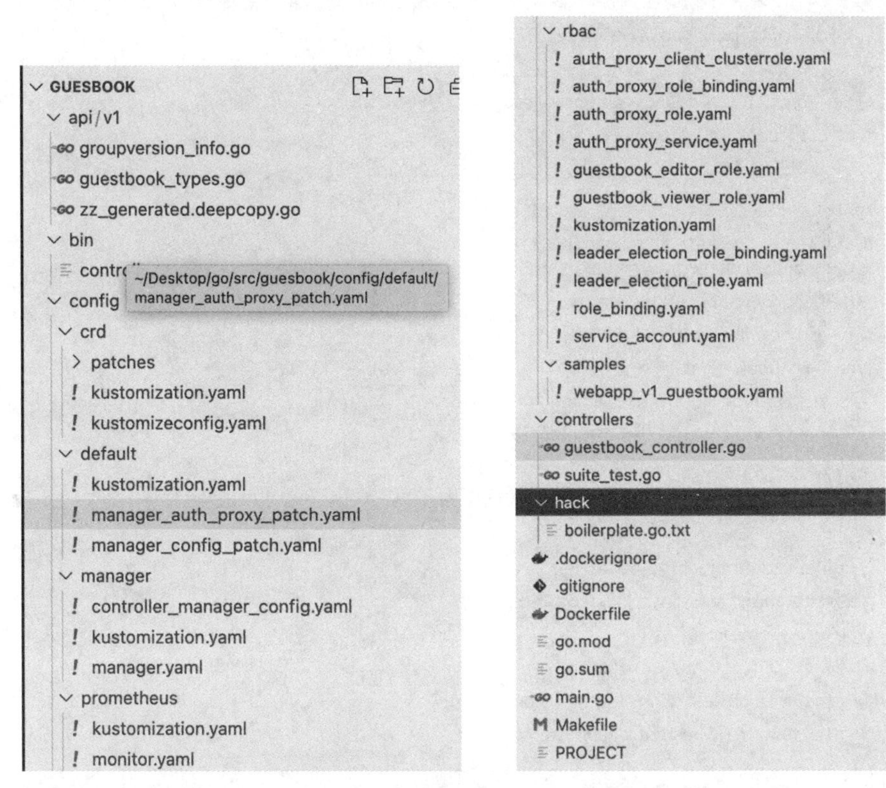

图 3-16　Kubebuilder 项目目录 1　　图 3-17　Kubebuilder 项目目录 2

可选：编辑 API 定义和对账业务逻辑。更多有关信息请参阅设计 API 网址：https://book.kubebuilder.io/cronjob-tutorial/api-design.html 和控制器网址：https://book.kubebuilder.io/cronjob-tutorial/controller-overview.html 中的内容。

示例如下（api/v1/guestbook_types.go）：

```
package v1

import (
    metav1 "K8s.io/apimachinery/pkg/apis/meta/v1"
)

// 编辑这个文件，这是您拥有的脚手架
```

```
// 注意：需要 JSON 标签，添加的任何新字段都必须具有要序列化字段的 JSON 标记
// GuestbookSpec 定义了 Guestbook 的期望状态
type GuestbookSpec struct {
    // INSERT ADDITIONAL SPEC FIELDS - 期望的集群状态
    // 重要：修改此文件后运行 make 以重新生成代码
    // Foo 是留言板的示例字段，编辑 guestbook_types.go 以便删除或更新
   Foo string `json:"foo,omitempty"`
}
// GuestbookStatus defines the observed state of Guestbook
type GuestbookStatus struct {
    // INSERT ADDITIONAL STATUS FIELD - 定义集群的观察状态
    // 重要：修改此文件后运行 make 以重新生成代码
}
//+kubebuilder:object:root=true
//+kubebuilder:subresource:status
// Guestbook 是 Guestbook API 的架构
type Guestbook struct {
    metav1.TypeMeta   `json:",inline"`
    metav1.ObjectMeta `json:"metadata,omitempty"`
    Spec   GuestbookSpec   `json:"spec,omitempty"`
    Status GuestbookStatus `json:"status,omitempty"`
}
//+kubebuilder:object:root=true
// GuestbookList contains a list of Guestbook
type GuestbookList struct {
    metav1.TypeMeta `json:",inline"`
    metav1.ListMeta `json:"metadata,omitempty"`
    Items       []Guestbook `json:"items"`
}

func init() {
    SchemeBuilder.Register(&Guestbook{}, &GuestbookList{})
}
```

3. 实现 Controller

修改 GuestbookSpec struct，GuestbookSpec 就是要定制的 CR 客户自定义资源：

```
type GuestbookSpec struct {
    // INSERT ADDITIONAL SPEC FIELDS - desired state of cluster
    // Important: Run "make" to regenerate code after modifying this file
    // Foo is an example field of Guestbook. Edit guestbook_types.go to remove/update
    Foo string `json:"foo,omitempty"`
    Product string `json:"product,omitempty"`
```

```
    User string `json:"user,omitempty"`

}
```

修改之后返回 guestbook 项目根目录，执行：

```
make manifests generate
```

可以发现，已经生成了相关的字段，并且代码中的字段注释也就是 YAML 文件中的注释输入如下：

```
[root@master guesbook]# make manifests generate
/guesbook/bin/controller-gen "crd:trivialVersions=true,preserveUnknownFields=false"
rbac:roleName=manager-role webhook paths="./..." output:crd:artifacts:config=config/crd/bases
/guesbook/bin/controller-gen object:headerFile="hack/boilerplate.go.txt" paths="./..."
```

在 config/crd/bases 目录生成一个 webapp.my.domain_guestbooks.yaml 文件，查看该文件生成的内容：

```
apiVersion: apiextensions.K8s.io/v1
kind: CustomResourceDefinition
metadata:
  annotations:
    controller-gen.kubebuilder.io/version: v0.4.1
  creationTimestamp: null
  name: guestbooks.webapp.my.domain
spec:
  group: webapp.my.domain
  names:
    kind: Guestbook
    listKind: GuestbookList
    plural: guestbooks
    singular: guestbook
  scope: Namespaced
  versions:
  - name: v1
    schema:
      openAPIV3Schema:
      description: Guestbook is the Schema for the guestbooks API
        properties:
          apiVersion:
            description: '…'
            type: string
          kind:
```

```
                description: '...'
                type: string
              metadata:
                type: object
              spec:
                description: GuestbookSpec defines the desired state of Guestbook
                properties:
                  foo:
                    type: string
                  product:
                    type: string
                  user:
                    type: string
                type: object
              status:
                description: GuestbookStatus defines the observed state of Guestbook
                type: object
            type: object
        served: true
        storage: true
        subresources:
          status: {}
status:
  acceptedNames:
    kind: ""
    plural: ""
  conditions: []
  storedVersions: []
```

Kubebuilder 已经实现了 Operator 所需的大部分逻辑，只需在 Reconcile 中实现业务逻辑即可，核心调度函数就是 Reconcile。guestbook_controller.go 代码如下：

```
/*
K8s GC 在删除一个对象时，任何引用了它的对象都会被清除。
与此同时，Kubebuidler 支持所有对象的变更都会触发 Owner 对象 controller 的 Reconcile 方法。
GVK 里面的资源有变更都会触发 Handler，将变更事件写到 Controller 的事件队列中，之后触发 Reconcile 方法。
Controller 的初始化是启动 goroutine 不断地查询队列，如果有变更消息则触发自定义的 Reconcile 逻辑。
Controller 的 Reconcile 方法是如何被触发的?
通过 Cache 里面的 Informer 获取资源的变更事件，然后通过两个内置的 Controller 以生产者和消费者模式传递事件，最终触发 Reconcile 方法。
```

```
*/

func (r *GuestbookReconciler) Reconcile(ctx context.Context, req ctrl.Request) (ctrl.Result, error) {
    _ = log.FromContext(ctx)

    // your logic here
    fmt.Println("app has changed ns "+req.Namespace)

    return ctrl.Result{}, nil
}
```

逻辑改好后，先执行 make install 安装 CRD，然后执行 make run 运行 controller。如果跑不起来，则确认 K8s 集群是否可用 master 和 node，然后部署一个测试，执行以下代码：

```
# crd kubectl apply -f config/samples/webapp_v1_guestbook.yaml

apiVersion: webapp.my.domain/v1
kind: Guestbook
metadata:
  name: guestbook-sample
spec:
  # Add fields here
  foo: bar
```

可以看到，之前写的日志逻辑已被触发。以上需要一个 Kubernetes 集群来运行，可以使用 KIND 获取本地集群进行测试，或针对远程集群运行。控制器将自动使用 kubeconfig 文件中的上下文（即集群 kubectl cluster–info 显示的任何内容）：

```
// 将 CRD 安装到集群中
make install
// 运行控制器（这将在前台运行，所以如果想让它继续运行，请切换到一个新的终端）
make run
// 安装自定义资源实例，如果按下 y，Create Resource [y/n]，那么在示例中为 (CRD)Custom
  Resource Definition 创建了一个 (CR)Custom Resource（如果更改了 API 定义，请确保首先编辑
  它们）
kubectl apply -f config/samples/
// 在集群上运行
// 构建并推送镜像到指定的位置 IMG
make docker-build docker-push IMG=<some-registry>/<project-name>:tag
// 使用指定的镜像将控制器部署到集群 IMG
```

```
make deploy IMG=<some-registry>/<project-name>:tag
// 如果遇到 RBAC 错误，可能需要授予自己集群管理员权限或以管理员身份登录

// 卸载 CRD
// 从集群中删除 CRD
make uninstall
// 取消部署控制器
// 将控制器取消部署到集群
make undeploy
```

4. Operator SDK 与 Kubebuilder 的区别

Operator SDK 和 Kubebuilder 都是为了方便用户创建和管理 Operator 而生的脚手架项目。对于用基于 Golang 开发的 Operator 项目而言，Operator SDK 在底层使用了 Kubebuilder，例如 Operator SDK 的命令行工具底层实际是调用 Kubebuilder 的命令行工具。因此，无论由 Operator SDK 还是由 Kubebuilder 创建的 Operator 项目，都是调用的 controller-runtime 接口，都有相同的项目布局，Kubebuilder 更原生。

3.9　K8s 数据持久化

K8s 的 Pod 本身是无状态的（stateless），生命周期通常比较短，只要出现了异常，Kubernetes 就会自动创建一个新的 Pod 来代替它，而容器产生的数据，会随着 Pod 的消亡而自动消失。为了实现 Pod 内数据的存储管理，Kubernetes 引入了两个 API 资源：Persistent Volume（持久卷，PV）和 Persistent Volume Claim（持久卷申请，PVC）。PV 是 Kubernetes 集群中的一种网络存储实现，跟 Node 一样，也是属于集群的资源；PV 与 Docker 里的 Volume（卷）类似，不过会有独立于 Pod 的生命周期。

在 Docker 中有数据卷的概念，当容器删除时，数据也会被一起删除，想要持久使用数据，需要把主机上的目录挂载到 Docker 中去。在 K8s 中，数据卷是通过 Pod 实现持久化的，如果 Pod 被删除，数据卷也会一起被删除。K8s 的数据卷是 Docker 数据卷的扩展，K8s 适配各种存储系统，包括本地存储（EmptyDir、HostPath）、网络存储（NFS、GlusterFS、PV/PVC）等。PV 相当于磁盘分区，PVC 相当于续写磁盘的请求。

以部署 MySQL8 为例，采用 NFS + PV/PVC 网络存储方案实现 Kubernetes 数据持久化。Pod PV/PVC 关系如图 3-18 所示。

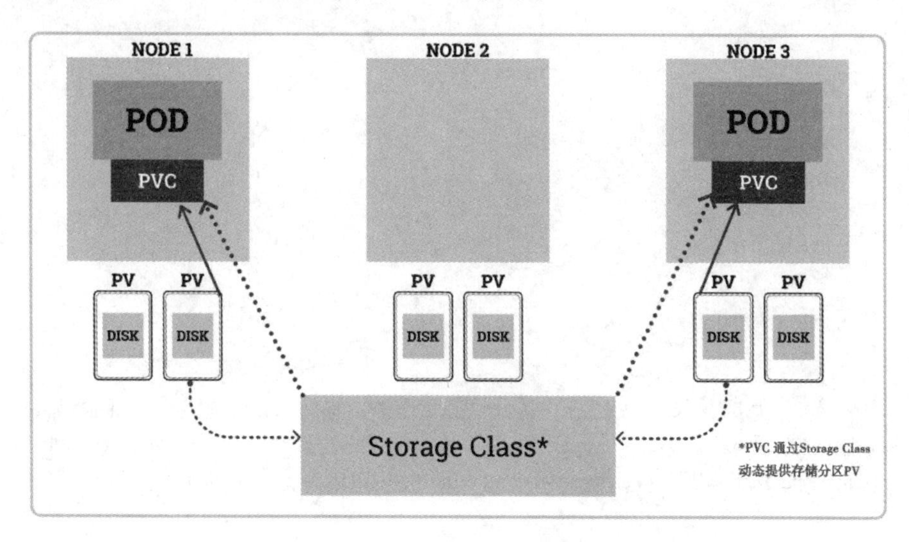

图 3-18　POD PV/PVC 关系

NFS（Network File System）即网络文件系统，是 FreeBSD 支持的文件系统中的一种。NFS 基于 RPC（Remote Procedure Call）远程过程调用实现，允许一个系统在网络上与他人共享目录和文件。通过使用 NFS，用户和程序就可以像访问本地文件一样访问远端系统上的文件。NFS 是一个非常稳定、可移植的网络文件系统，具备可扩展和高性能等特性，达到了企业级应用质量标准。由于网络速度的增加和延迟的降低，NFS 系统是网络文件系统的有力竞争者。

NFS 使用 RPC 的机制进行实现，RPC 令客户端可以调用服务端的函数。同时，由于有 NFS 的存在，客户端可以像使用其他普通文件系统一样使用 NFS 文件系统，经由操作系统的内核，将 NFS 文件系统的调用请求通过 TCP/IP 发送至服务端的 NFS 服务。NFS 服务器执行相关操作，并将操作结果返回给客户端。NFS 的源码链接为 https://github.com/kubernetes-csi/csi-driver-nfs，它是根据 CSI 开放接口编写的。

PVC 示例代码如下：

```
//第一步，创建 PV

apiVersion: v1
kind: PersistentVolume
```

```
metadata:
  name: task-pv-volume
  labels:
    type: local
spec:
  storageClassName: manual
  capacity:
    storage: 10Gi
  accessModes:
    - ReadWriteOnce
  hostPath:
path: "/mnt/data"

/*
```

配置文件指定卷位于集群节点上的 /mnt/data。该配置还指定了 10 GB 的大小和 ReadWriteOnce 的访问模式，这意味着该卷可以由单个 Node.js 以读写方式挂载。 它定义了 PersistentVolume 的 StorageClass 名称手册，用于将 PersistentVolumeClaim 请求绑定到 PersistentVolume。

```
*/
// 创建 PersistentVolume

# kubectl apply -f pv-volume.yaml
// 查看 PersistentVolume

# kubectl get pv task-pv-volume
```

输出显示 PersistentVolume 的状态为可用，这意味着它尚未绑定到 PersistentVolumeClaim。

```
NAME            CAPACITY    ACCESSMODES    RECLAIMPOLICY    STATUS
task-pv-volume  10Gi        RWO            Retain           Available
/*
```

第二步，创建 PVC：创建一个 PersistentVolumeClaim，Pod 使用 PersistentVolumeClaims 来请求物理存储。在本练习中，将创建一个 PersistentVolumeClaim，它请求至少 3 GB 的卷，该卷可以为至少一个节点提供读写访问。

```
*/
apiVersion: v1
kind: PersistentVolumeClaim
metadata:
  name: task-pv-claim
spec:
  storageClassName: manual
  accessModes:
    - ReadWriteOnce
  resources:
    requests:
      storage: 3Gi
```

```
// 创建 PersistentVolumeClaim

#kubectl apply -f pv-claim.yaml
// 创建 PersistentVolumeClaim 后
// Kubernetes 控制平面会查找满足声明要求的 PersistentVolume
// 如果控制平面找到有相同 StorageClass 的 PersistentVolume，它会将声明绑定到卷
// 也可以通过
selector:
    matchLabels:
      pv: task-pv-volume
// 将 PersistentVolumeClaim 绑定到特定的 PersistentVolume 上

// 查看 PersistentVolume

#kubectl get pv task-pv-volume
// 显示状态已经绑定

NAME              CAPACITY   ACCESSMODES   RECLAIMPOLICY    STATUS
task-pv-volume    10Gi       RWO           Retain           Bound

// 查看 PersistentVolumeClaim

#kubectl get pvc task-pv-claim
// 输出显示 PersistentVolumeClaim 绑定到 PersistentVolume、task-pv-volume

NAME            STATUS    VOLUME           CAPACITY   ACCESSMODES   STORAGECLASS
task-pv-claim   Bound     task-pv-volume   10Gi       RWO           manual

// 第三步，创建一个 pod 使用上面创建的 PVC
apiVersion: v1
kind: Pod
metadata:
  name: task-pv-pod
spec:
  volumes:
    - name: task-pv-storage
      persistentVolumeClaim:
        claimName: task-pv-claim
  containers:
    - name: task-pv-container
      image: nginx
      ports:
        - containerPort: 80
```

```
          name: "http-server"
      volumeMounts:
        - mountPath: "/usr/share/nginx/html"
          name: task-pv-storage

// 创建 Pod
#kubectl apply -f pv-pod.yaml

// 通过 claimName: task-pv-claim 就可以绑定使用创建的 PVC task-pv-claim
// 这样数据就存储在集群 node 节点的 /mnt/data 目录

// Mysql 利用 PVC 实现存储持久化的例子

// 创建 deployment
apiVersion: apps/v1
kind: Deployment
metadata:
  name: mysql-deployment
  labels:
    app: mysql
spec:
  replicas: 1
  selector:
    matchLabels:
      app: mysql
  template:
    metadata:
      labels:
        app: mysql
    spec:
      containers:
      - name: mysql
        image: mysql:5.7
        ports:
        - containerPort: 3306
        env:
        - name: MYSQL_ROOT_PASSWORD
          value: 123456
        volumeMounts:
        - mountPath: "/var/lib/mysql"
          name: mysql-volume
      volumes:
        - name: mysql-volume
          persistentVolumeClaim:
```

```
            claimName: task-pv-claim
/*
上面的 deployment 的一些设置：
使用的镜像版本为 mysql:5.7，容器暴露端口为 3306，设置 mysql 的 root 用户登录密码为
123456；挂载 mysql-volume 到容器内部的 /var/lib/mysql 目录。
应用 deployment:
/*
kubectl create -f mysql-deployment.yml

// 删除
#kubectl delete pod task-pv-pod
// 删除 Pod 后，task-pv-claim 的数据还在，下次创建 Pod 只要指定使用 PVC，数据就还在
#kubectl delete pvc task-pv-claim
#kubectl delete pv task-pv-volume
// 删除 PV 后数据就不存在了
```

一些相关命令如下：

（1）kubectl get deployment：查看 deployment。

（2）kubectl get pv：查看 PV。

（3）kubectl get pvc：查看 PVC。

（4）kubectl delete deployment DEPLOYMENT_NAME：删除某个 deployment，也会删除 pod，但不会处理 PV 和 PVC。

（5）kubectl delete pvc PVC_NAME：删除 PVC。

（6）kubectl delete pv PV_NAME：删除 PV，如果 PV 处于绑定状态则无法删除，进入待删除状态，K8s 检测到该 PV 没有被任何 PVC 绑定后才会删除。

（7）kubectl get pod：查看 Pod 信息。

（8）kubectl logs POD_NAME：查看某个 Pod 的日志。

PVC、PV、V 之间更直观的关系如图 3-19 所示。

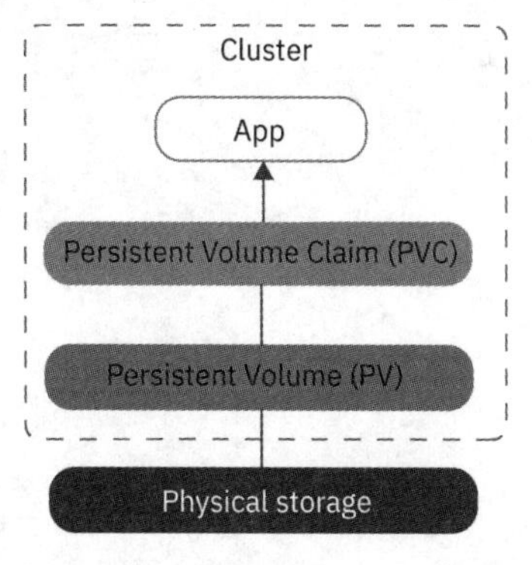

图 3-19　PVC、PV、V 的直观的关系

K8s 持久化存储分为两种：静态卷和动态卷。静态卷就是 volume 挂载，或者通过手动创建 PV、PVC 进行挂载；而动态卷则是将一个网络存储作为一个 StorageClass 类，通过自己的配置，动态地创建 PV、PVC 并进行绑定，这样就可以实现动态地存储生成与持久化保存。

第 4 章　K8s 架构与开放接口

4.1　源 码 目 录

Kubernetes 源码地址：https://github.com/kubernetes/kubernetes。其整体结构如下：

（1）文档类：api、docs、logo。

（2）工具类：build、cluster、Godeps、hack、staging、translations。

（3）代码类：cmd、pkg、plugin、test、third_party。

工具类主要用的是 build 目录下的文件，自己动手编译的时候也用的到。核心代码集中在 cmd 和 pkg 中。pkg 是 Kubernetes 的主体代码，里面实现了 Kubernetes 的主体逻辑。cmd 是 Kubernetes 所有后台进程的代码，主要是各个子模块的启动代码，具体的实现逻辑在 pkg 下。打开官网源码库可以看到源码目录，如图 4-1 所示。

图 4-1　源码目录

说明如下：

（1）api：主要包括最新版本的 Rest API 接口的类，并提供数据格式验证转换工具类，对应版本号文件夹下的文件描述了特定的版本如何序列化存储和网络。

（2）build：构建脚本，大量的 shell 脚本。

（3）cluster：集群是计算、存储和网络资源的集合，Kubernetes 利用这些资源运行各种基于容器的应用。最简单的 Cluster 可以只有一台主机（它既是 Mater 也是 Node）。

（4）cmd：Kubernetes 所有后台进程的代码包括 apiserver、controller manager、proxy、kubelet 等进程，所有的二进制可执行文件入口代码，也就是各种命令的接口代码。Kubernetes kubelet 模块是 Kubernetes 的核心模块，该模块负责 node 层的 pod 管理，完成 pod 及容器的创建，执行 pod 的删除、同步等操作。Kubernetes kubectl 模块是 Kubernetes 的命令行工具，提供 apiserver 的各个接口的命令行操作，包括各类资源的增、删、查、改、扩容等一系列命令工具。

（5）pkg：项目 diamante 的主目录。cmd 只是接口，类似业务代码，这里是具体实现，pkg 类似核心，大部分核心业务代码在这里实现。

（6）docs：文档。

（7）hack：工具箱，各种编译、构建、校验的脚本都在这里。

（8）logo：图标文件。

（9）plugin：插件，主要是 kube scheduler 和一些插件，包括调度模块的代码实现，用于执行具体的 Scheduler 的调度工作。

（10）staging：外部存储库暂存区。

（11）test：测试相关的工具。

（12）third_party：第三方工具。

（13）vendor：项目依赖的程序库、开源包。

4.2 kubectl 执行流程

下面通过图 4–2 和图 4–3 来了解 K8s 的组件架构。

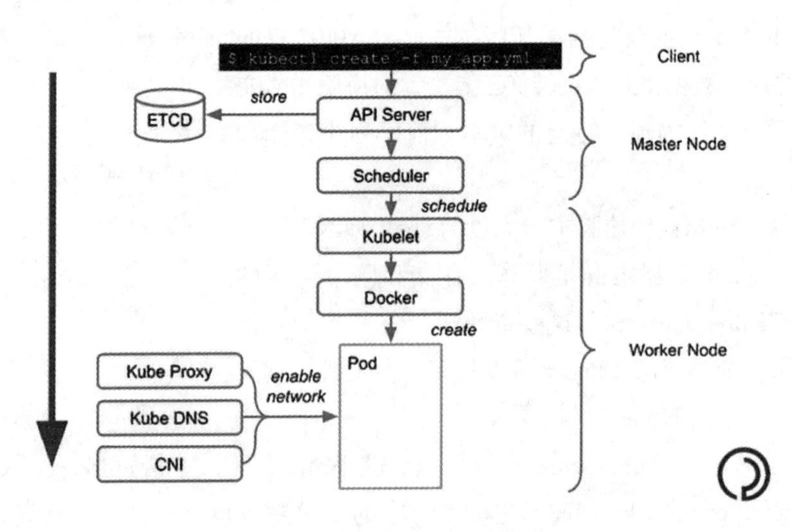

图 4–2 K8s 的组件架构 1

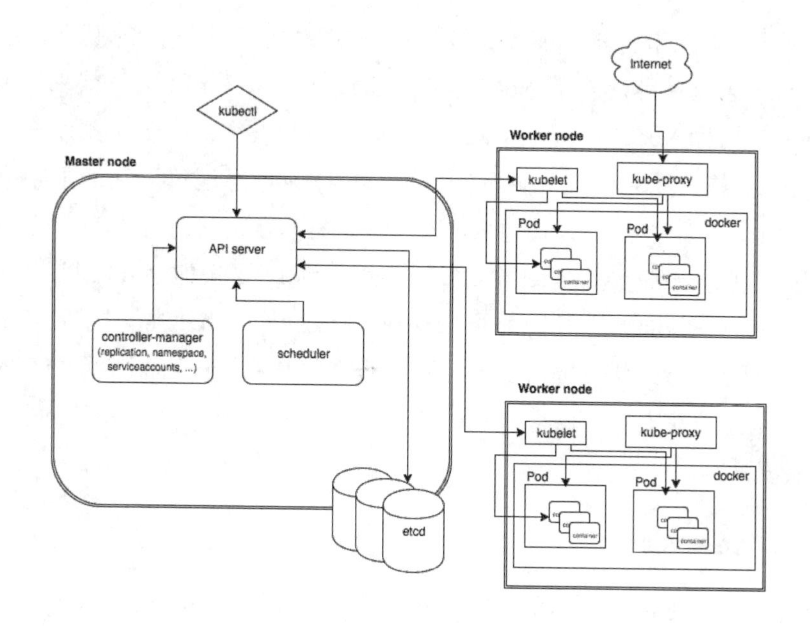

图 4-3　K8s 的组件架构 2

kubectl 执行流程如下：

（1）kubectl 请求写入 API 服务器。

（2）API Server 验证请求并将其持久化到 etcd。

（3）etcd 通知 API 服务器。

（4）API Server 调用调度程序。

（5）调度程序决定在哪里运行 Pod 并将其返回给 API 服务器。

（6）API Server 将其持久化到 etcd。

（7）etcd 通知 API 服务器。

（8）API Server 调用相应节点中的 Kubelet。

（9）Kubelet 通过 Docker 套接字使用 API 与 Docker 守护进程对话以创建容器。

（10）Kubelet 将 Pod 状态更新到 API Server。

（11）API Server 在 etcd 中保持新的状态。

通过 Kubectl（客户端）提交一个创建 RC 的请求，该请求通过 API Server 被写入 etcd 中，此时 Controller Manager 通过 API Server 的监听资源变化的接口监听到这个 RC 事件，分析之后，发现当前集群中还没有对应的 Pod 实例，于是根据 RC 里的 Pod 模板定义生成一个 Pod 对象，通过 API Server 写入

etcd。接下来，此事件被 Scheduler 发现，立即执行一个复杂的调度流程，为这个新 Pod 选定一个落户的 Node，然后通过 API Server 将这一结果写入 etcd 中。随后，目标 Node 上运行的 Kubelet 进程通过 API Server 监测到这个“新生的”Pod，并按照它的定义启动该 Pod，并任劳任怨地负责它的下半生，直到 Pod 的生命结束。然后，通过 Kubectl 提交一个新的映射到该 Pod 的 Service 创建请求，Controller Manager 会通过 label 查询到关联的 Pod 实例，然后生成 Service 的 Endpoints 信息，并通过 API Server 写入 etcd 中。接下来，所有 Node 上运行的 Proxy 进程通过 API Server 查询并监听 Service 对象及与其对应的 Endpoints 信息，建立一个软件方式的负载均衡器来实现 Service 访问到后端 Pod 的流量转发功能。

4.2.1 API Server

API Server（kube-api-server）是 K8s 的前端接口，各种客户端工具以及 K8s 其他组件可以通过它来管理集群的各种资源。kube-api-server 在这个系统中的位置如图 4-4 所示。

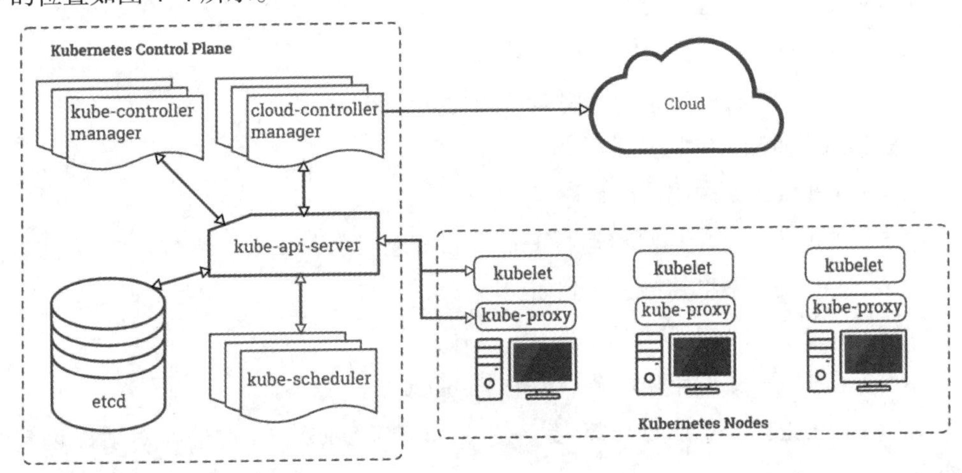

图 4-4　kube-api-server 位置

API Server 提供了 REST API，以便在 Kubernetes 的各个组件之间进行通信，其中大多数操作都是使用 kubectl 完成的，也可以使用 REST 调用直接访问 API，提供其他模块之间的数据交互和通信的枢纽（其他模块通过 API Server 查询或修改数据，只有 API Server 才直接操作 etcd）。Kubernetes API 服务器验证并配置 API 对象的数据，这些对象包括 pods、services、replicationcontrollers 等。

API 服务器为 REST 操作提供服务，并为集群的共享提供前端，所有其他组件都通过该前端进行交互。

Kubernetes REST API 可参考 https://kubernetes.io/docs/reference/generated/kubernetes-api/v1.22/。

1. curl

先启动 kubectl proxy 执行指令：

```
#kubectl proxy --port=8080 &
```

然后，使用 curl、wget 或浏览器探索 API。

例 1：获取 api 版本。

```
#curl http://localhost:8080/api/
```

执行后输出结果如下：

```
{
  "kind": "APIVersions",
  "versions": [
    "v1"
  ],
  "serverAddressByClientCIDRs": [
    {
      "clientCIDR": "0.0.0.0/0",
      "serverAddress": "10.0.2.15:8443"
    }
  ]
}
```

例 2：执行命令，获取名为 daemonset-example 的 daemonset 信息。

```
# curl -X GET http:// localhost:8080/apis/apps/v1/namespaces/default/daemonsets/daemonset-example
```

例 3：获取 deployments 名为 deployment-example 的信息。

```
#curl -X GET http:// localhost:8080/apis/apps/v1/namespaces/default/deployments/deployment-example
```

例 4：监听 deployments 名为 deployment-example 的变动。

```
# curl -X GET
'http://127.0.0.1:8001/apis/apps/v1/watch/namespaces/default/deployments/deployment-example'
```

例 5：删除名为 daemonset-example 的 daemonset。

```
#curl -X DELETE -H 'Content-Type: application/yaml' --data '
gracePeriodSeconds: 0
orphanDependents: false
' 'http://localhost:8080/apis/apps/v1/namespaces/default/daemonsets/daemonset-example'
```

返回：

```
{
  "kind": "Status",
  "apiVersion": "v1",
  "metadata": {},
  "status": "Success",
  "code": 200
}
```

相当于 kubectl delete daemonset daemonset–example。

例 6：获取所有的 Pod 列表。

```
curl http://localhost:8080/api/v1/namespaces/default/pods
```

输出如下：

```
{
  "kind": "PodList",
  "apiVersion": "v1",
  "metadata": {
    "resourceVersion": "33074"
  },
  "items": [
    {
      "metadata": {
        "name": "kubernetes-bootcamp-2321272333-ix8pt",
        "generateName": "kubernetes-bootcamp-2321272333-",
        "namespace": "default",
        "uid": "ba21457c-6b1d-11e6-85f7-1ef9f1dab92b",
        "resourceVersion": "33003",
        "creationTimestamp": "2016-08-25T23:43:30Z",
        "labels": {
          "pod-template-hash": "2321272333",
          "run": "kubernetes-bootcamp"
        },
        ...
}
```

如果只想对外暴露部分 REST 服务，则可以在 master 或其他任何节点上通过运行 kubectl proxy 进程启动一个内部代理来实现，即

```
#kubectl proxy --reject-paths="^/api/v1/replicationcontrollers" --port=8001 --v=2
```

然后，运行下面命令验证：

```
#curl localhost:8080/api/v1/replicationcontrollers
```

显示：

```
Unauthorized
```

也就是说，可以通过 proxy 提供简单有效的安全机制。

每个 node 节点上的 kubelet 每隔一个时间周期，会调用一次 API server 的 REST 接口报告自身状态，API server 接收这些信息后，更新至 etcd 中。此外，kubelet 也通过 server 的 watch 接口监听 Pod 信息，若监听到新的 Pod 副本被调度绑定到本节点，则执行 Pod 对应的容器创建和启动；如果监听到 Pod 对象被删除，则删除本节点上对应的 Pod 容器。

2. kubectl proxy

kubectl proxy 代理程序既能作为 API Server 的反向代理，也能作为普通客户端访问 API Server 的代理。通过 master 节点的 8080 端口来启动该代理程序：

```
kubectl proxy --port=8080 &
```

具体见 kubectl proxy -help。

3. kubectl 客户端

命令行工具 kubectl 客户端，通过命令行参数转换为对 API Server 的 REST API 调用，并将调用结果输出。命令格式如下：

```
kubectl [command] [options]
```

具体可参考 kubectl 常用命令。

（1）kubectl 常用命令。

1）创建资源对象：

```
kubectl create -f xxx.yaml( 文件 )、kubectl create -f <directory>( 目录下所有文件 )
```

2）查看资源对象：

```
kubectl get nodes
kubectl get pods -n <namespace> -o wide
```

3）描述资源对象：

```
kubectl describe nodes <node-name>
kubectl describe pods -n <namespace> kubectl describe <pod-name>
kubectl describe pods <rc-name>
```

4）删除资源对象：

```
kubectl delete -f <filename>
kubectl delete pods,services -l name=<label-name>
kubectl delete pods --all（生产环境谨慎使用）
```

5）执行容器的命令：

```
kubectl exec <pod-name> date(默认使用第一个容器执行 Pod 的 date 命令)
kubectl exec <pod-name> -c <container-name> date（指定 Pod 中的某个容器执行 date 命令）
kubectl exec -it <pod-name> -c <container-name> /bin/bash（相当于 docker exec -it <container-name> /bin/bash）
```

6）查看容器的日志：

```
kubectl logs <pod-name>
kubectl logs -f <pod-name> -c <container-name> (相当于 tail -f 命令)
```

7）显示 Pod 的更多信息：

```
kubectl get pods -n <namespace> -o wide
kubectl get pods -n <namespace> -o yaml
```

8）以自定义列名显示 Pod 信息：

```
kubectl get pod <pod-name> -o =custom-columns=NAME:.metadata.name,RSRC:.metadata.resourceVersion
```

9）基于文件的自定义列名输出：

```
kubectl get pods <pod-name> -o=custom-columns-file=template.txt
```

10）输出结果排序：

```
kubectl get pods --sort-by=.metadata.name
```

（2）node 的管理。

1）命令：

```
kubectl replace -f xxx.yaml                                    （使用配置文件或 stdin 来替换资源）
kubectl patch                                                  （使用 patch 补丁修改、更新资源的字段）
kubectl cordon <node_name> kubectl uncordon <node_name>     （对 node 节点的隔离和恢复）
```

2）删除节点：

```
kubectl drain swarm1 --delete-local-data --force --ignore-daemonsets
kubectl delete node swarm1

kubectl get nodes  获取 node 信息
kubectl cordon <node_name>  标记节点不可部署
kubectl uncordon <node_name> 标记节点可部署
```

3）label 的管理：

```
添加标签：kubectl label node lustre-manager-1 node-role.kubernetes.io/minion-1=
删除标签：kubectl label node lustre-manager-1 node-role.kubernetes.io/minion-1-
修改标签：kubectl label node lustre-manager-1 node-role.kubernetes.io/minion-1= --overwrite
```

4）其他命令：

node 节点加入 master：

```
kubeadm join 192.168.138.131:6443 --token zlk694.ev3odwj7rbyaggz6 --discovery-token-ca-cert-hash
sha256:eefe51ccf1c54149f5ce89423c100b1e0de8f8081c7c2c0e07a7613ef2025146
```

生成加入 master 的命令：

```
kubeadm token create --print-join-command
```

删除 node 节点：

```
kubectl drain swarm1 --delete-local-data --force --ignore-daemonsets
kubectl delete node swarm1
```

4. 编程方式的调用

使用场景：

（1）运行在 Pod 里的用户进程调用 Kubernetes API，通常用来实现分布式集群搭建的目标。

1）Node 相关接口。关于 Node 相关接口的 REST 路径为 /api/v1/proxy/nodes/{name}，其中，{name} 为节点的名称或 IP 地址，如：

```
/api/v1/proxy/nodes/{name}/pods/          # 列出指定节点内所有 Pod 的信息

/api/v1/proxy/nodes/{name}/stats/         # 列出指定节点内物理资源的统计信息
```

```
/api/v1/prxoy/nodes/{name}/spec/          # 列出指定节点的概要信息
```

这里获取的 Pod 信息来自 Node 而非 etcd 数据库，两者时间点可能存在偏差。如果在 kubelet 进程启动时加 --enable-debugging-handles=true 参数，那么 Kubernetes Proxy API 还会增加以下接口：

```
/api/v1/proxy/nodes/{name}/run              # 在节点上运行某个容器
/api/v1/proxy/nodes/{name}/exec             # 在节点上的某个容器中运行某条命令
/api/v1/proxy/nodes/{name}/attach           # 在节点上 attach 某个容器
/api/v1/proxy/nodes/{name}/portForward      # 实现节点上的 Pod 端口转发
/api/v1/proxy/nodes/{name}/logs             # 列出节点的各类日志信息
/api/v1/proxy/nodes/{name}/metrics          # 列出和该节点相关的 Metrics 信息
/api/v1/proxy/nodes/{name}/runningpods      # 列出节点内运行中的 Pod 信息
/api/v1/proxy/nodes/{name}/debug/pprof      # 列出节点内当前 Web 服务的状态，包括 CPU 和内存的使用情况
```

2）Pod 相关接口。

```
/api/v1/proxy/namespaces/{namespace}/pods/{name}/{path:*}  # 访问 pod 的某个服务接口
/api/v1/proxy/namespaces/{namespace}/pods/{name}           # 访问 Pod
# 以下写法不同，功能一样
/api/v1/namespaces/{namespace}/pods/{name}/proxy/{path:*}  # 访问 Pod 的某个服务接口
/api/v1/namespaces/{namespace}/pods/{name}/proxy           # 访问 Pod
```

3）Service 相关接口。

```
/api/v1/proxy/namespaces/{namespace}/services/{name}
```

Pod 的 proxy 接口作用：在 Kubernetes 集群外访问某个 Pod 容器的服务（HTTP 服务），可以用 Proxy API 实现，这种场景多用于管理目的，比如逐一排查 Service 的 Pod 副本，检查哪些 Pod 的服务存在异常问题。

（2）开发基于 Kubernetes 的管理平台，比如调用 Kubernetes API 来完成 Pod、Service、RC 等资源对象的图形化创建和管理界面，可以使用 Kubernetes 提供的 Client Library。具体可参考 https://github.com/kubernetes/client-go，第 5 章将详细介绍。

1）API Server 源码。Kubernetes 版本是 1.23.4，从函数 main 开始，位于文件 kubernetes/cmd/kube–apiserver/apiserver.go，即

```
package main

import (
	"os"

	"K8s.io/component-base/cli"
	_ "K8s.io/component-base/logs/json/register"// for JSON log format registration
	_ "K8s.io/component-base/metrics/prometheus/clientgo" // load all the prometheus client-go
plugins
	_ "K8s.io/component-base/metrics/prometheus/version"  // for version metric registration
	"K8s.io/kubernetes/cmd/kube-apiserver/app"
)

func main() {
	command := app.NewAPIServerCommand() // 新建一个 APIServer
	code := cli.Run(command)        // 启动 APIServer
	os.Exit(code)
}

// NewAPIServerCommand 与 kube-scheduler 一样，同样使用了 cobra.Command 的 CLI 应用，
cobra 是很强大的工具，Kubernetes、Docker、Istio 等很多开源项目都使用了 cobra，网址：https://
github.com/spf13/cobra

具体实现在 kubernetes/cmd/kube-apiserver/app/server.go：

// NewAPIServerCommand 使用默认参数创建 *cobra.Command 对象
func NewAPIServerCommand() *cobra.Command {
    // NewServerRunOptions() 初始化了 Server 所有的启动参数
    s := options.NewServerRunOptions()

    cmd := &cobra.Command{
        Use: "kube-apiserver",
        Long: `The Kubernetes API server validates and configures data
for the api objects which include pods, services, replicationcontrollers, and
others. The API Server services REST operations and provides the frontend to the
cluster's shared state through which all other components interact.`,
```

```
            // 命令错误时，停止输出使用
            SilenceUsage: true,
            PersistentPreRunE: func(*cobra.Command, []string) error {
                // 使客户端运行警告静音
                // kube-apiserver 环 回 客 户 端 不 应 记 录 自 我 发 出 的 警 告 rest.
SetDefaultWarningHandler(rest.NoWarnings{})
                return nil
            },
            RunE: func(cmd *cobra.Command, args []string) error {
                verflag.PrintAndExitIfRequested()
                fs := cmd.Flags()

                // 尽快激活日志记录，然后显示带有最终日志记录配置的标志
                if err := s.Logs.ValidateAndApply(); err != nil {
                    return err
                }
                cliflag.PrintFlags(fs)

                // 设置默认选项
                completedOptions, err := Complete(s)
                if err != nil {
                    return err
                }

                // 验证选项
                if errs := completedOptions.Validate(); len(errs) != 0 {
                    return utilerrors.NewAggregate(errs)
                }

                return Run(completedOptions, genericapiserver.SetupSignalHandler())
            },
            Args: func(cmd *cobra.Command, args []string) error {
                for _, arg := range args {
                    if len(arg) > 0 {
                        return fmt.Errorf("%q does not take any arguments, got %q", cmd.
CommandPath(), args)
                    }
                }
                return nil
            },
        }

        fs := cmd.Flags()
        namedFlagSets := s.Flags()
        verflag.AddFlags(namedFlagSets.FlagSet("global"))
        globalflag.AddGlobalFlags(namedFlagSets.FlagSet("global"), cmd.Name(), logs.SkipLoggingConfigur
```

```
ationFlags())
		options.AddCustomGlobalFlags(namedFlagSets.FlagSet("generic"))
		for _, f := range namedFlagSets.FlagSets {
			fs.AddFlagSet(f)
		}

		cols, _, _ := term.TerminalSize(cmd.OutOrStdout())
		cliflag.SetUsageAndHelpFunc(cmd, namedFlagSets, cols)

		return cmd
	}

	// Run 运行指定的 APIServer，且长期运行
	func Run(completeOptions completedServerRunOptions, stopCh <-chan struct{}) error {
		// To help debugging, immediately log version
		klog.Infof("Version: %+v", version.Get())
		klog.InfoS("Golang settings", "GOGC", os.Getenv("GOGC"), "GOMAXPROCS",
os.Getenv("GOMAXPROCS"), "GOTRACEBACK", os.Getenv("GOTRACEBACK"))
		// CreateServerChain 创建通过委托连接的 apiserver
		server, err := CreateServerChain(completeOptions, stopCh)
		if err != nil {
			return err
		}

		prepared, err := server.PrepareRun()
		if err != nil {
			return err
		}
		//run 里实例化了所有的 http server
		return prepared.Run(stopCh)
	}
```

API Server 是 K8s 中很重要的一个组件，对应源码也比较多，需要对 K8s 的各个组件有全面的认识后，再来看源码会有更好的理解，感兴趣的读者可以下载代码一步步跟着阅读下去。

4.2.2 Scheduler

Scheduler（kube-scheduler）负责决定将 Pod 放在哪个 node 上运行。另外，Scheduler 在调度时会充分考虑集群的架构、当前各个节点的负载，以及应用对高可用、性能、数据亲和性的需求。

Scheduler 是 Kubernetes 的资源管理器。它只是简单地查找，并未分配给任何节点所有 Pod，这些节点提供了运行它们的节点。它包含有关资源需求、数

据局部性、硬件 / 软件约束等的所有信息。

Kubernetes 调度器是一个控制面进程，负责将 Pods 指派到节点上。调度器基于约束和可用资源为调度队列中每个 Pod 确定其可合法放置的节点。调度器之后对所有合法的节点进行排序，将 Pod 绑定到一个合适的节点。在同一个集群中可以使用多个不同的调度器，kube-scheduler 是其参考实现。可参阅调度以便获得关于调度和 kube-scheduler 组件的更多信息。

整体流程可以概括为三步：获取未调度的 podList；通过执行一系列调度算法为 Pod 选择一个合适的 node；提交数据到 APIServer，其核心则是一系列调度算法的设计与执行。官方对 kube-scheduler 的调度流程描述如图 4–5 所示。

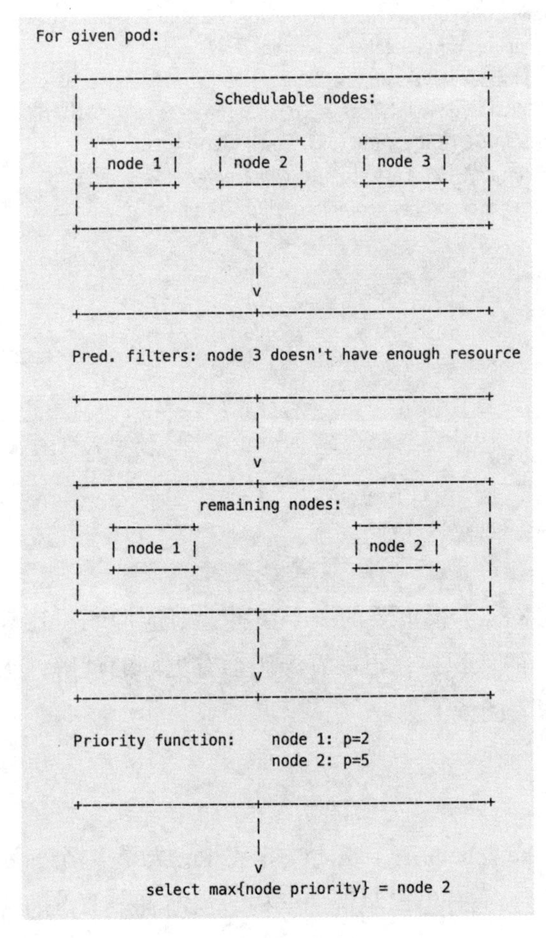

图 4–5 kube-scheduler 的调度流程

1. Kubernetes 中的调度程序算法

首先，它应用一组“预选算法”来过滤掉不合适的节点。比如，如果 Pod Spec 指定了资源请求，则调度程序将滤除那些没有可用资源的节点。

对于每个未计划的 Pod，Kubernetes 计划程序会尝试根据一组规则在整个集群中查找一个节点，可以在 scheduler.md 上找到 Kubernetes 调度程序的一般介绍。此处说明了如何为 Pod 选择节点的算法。选择 Pod 的目标节点有两个步骤，第一步是过滤所有节点，第二步是对其余节点进行排名，以便找到最适合 Pod 的节点。

过滤节点：它应用了一组“优先级函数”，对那些未被预选算法检查滤除的节点进行排名。例如，它尝试将 Pod 分布在节点和区域上，而同时偏向于负载最少的节点。此主调度循环的代码 Schedule() 在 https://github.com/kubernetes/kubernetes/blob/master/pkg/scheduler/scheduler.go 中的函数中。预选算法是一组策略，一个个应用以便筛选出不适当的节点。过滤节点的目的是过滤掉不满足 Pod 某些要求的节点。例如，如果节点上的可用资源（用容量减去该节点上已运行的所有 Pod 的资源请求总和来衡量）小于 Pod 所需的资源，则不应在排序中考虑该节点，因此将其滤除。当前，有几个“预选算法”实现了不同的过滤策略，包括：

（1）NoDiskConflict：评估 Pod 是否适合其所请求的卷以及已安装的卷。当前支持的卷有 AWS EBS、GCE PD、ISCSI 和 Ceph RBD，仅检查那些受支持类型的“持久性数量声明”。直接添加到容器中的持久卷不会受此策略的限制。

（2）NoVolumeZoneConflict：在给定“区域”限制的情况下，评估 Pod 请求的卷在节点上是否可用。

（3）PodFitsResources：检查可用资源（CPU 和内存）是否满足 Pod 的要求。可用容量减去该节点上所有 Pod 的请求总数之和来衡量可用资源。要了解有关 Kubernetes 中资源 QoS 的更多信息，请查看 QoS proposal。

（4）PodFitsHostPorts：检查 Pod 所需的任何 HostPort 是否已在节点上被占用。

（5）HostName：过滤掉除 PodSpec 的 NodeName 字段中指定的节点以外的所有节点。

（6）MatchNodeSelector：检查节点的标签是否与 PodnodeSelector 字段中指定的标签相匹配，并且从 Kubernetes v1.2 开始，还需与 nodeAffinityif 的存在相匹配。

（7）MaxEBSVolumeCount：确保附加的 ElasticBlockStore 卷的数量不超过

最大值（默认为 39，因为 Amazon 建议最大为 40，而其中 40 个保留为根卷之一，请参阅 Amazon 文档）。可以通过设置 KUBE_MAX_PD_VOLS 环境变量来控制最大值。

（8）MaxGCEPDVolumeCount：请确保连接的 GCE PersistentDisk 卷的数量不超过最大值（默认情况下为 16，这是 GCE 允许的最大数量，请参阅 GCE 的文档）。可以通过设置 KUBE_MAX_PD_VOLS 环境变量来控制最大值。

（9）CheckNodeMemoryPressure：检查是否可以在报告内存压力状况的节点上调度 Pod。当前，BestEffort 由于内存被 kubelet 自动驱逐，因此不应在内存压力下将 Pod 放置在节点上。

（10）CheckNodeDiskPressure：检查是否可以在报告磁盘压力状况的节点上调度 Pod。当前，不应将 Pod 放置在磁盘压力下的节点上，因为 kubelet 会自动将其移出。

上面提到的所有预选算法可以组合使用以执行复杂的过滤策略。默认情况下，Kubernetes 使用其中一些而非全部预选算法。

2. 对节点进行排名

过滤后的节点被认为适合托管 Pod，通常剩余的节点不止一个。Kubernetes 优先处理其余节点，以便找到 Pod 的“最佳”节点。优先级排序由一组优先级功能执行。对于每个剩余节点，优先级函数给出的分数从 0~10 缩放，其中，10 代表“最喜欢”，0 代表“最不喜欢”。每个优先级函数都由一个正数加权，并且每个节点的最终分数是通过将所有加权分数相加得出的。例如，假设有两个优先级函数，priorityFunc1 和 priorityFunc2 具有权重因子，weight1 和 weight2 某个 NodeA 的最终得分分别为

```
finalScoreNodeA = (weight1 * priorityFunc1) + (weight2 * priorityFunc2)
```

计算所有节点的分数后，选择分数最高的节点作为 Pod 的主机。如果有多个具有相同最高分数的节点，则从中选择一个随机的节点。

当前，Kubernetes 调度程序提供了一些实用的优先级功能，包括：

（1）LeastRequestedPriority：基于节点的优先级，如果新的 Pod 已调度到该节点上，则该节点的空闲比例为该节点的优先级。换句话说，CPU 和内存的权重相等，具有最高自由分数的节点是最优选。注意，关于资源消耗，此优先级功能具有在节点之间分布 Pod 的效果。

（2）BalancedResourceAllocation：此优先级功能尝试将 Pod 放置在节点上，以便在部署 Pod 之后平衡 CPU 和内存的利用率。

（3）SelectorSpreadPriority：通过最小化属于同一节点上的同一服务，复制

控制器或副本集的 Pod 数量来传播 Pod。如果节点上存在区域信息，则将调整优先级，以便将 Pod 分布在区域和节点上。

（4）CalculateAntiAffinityPriority：通过最小化属于特定标签的具有相同值的节点上属于同一服务的 Pod 数量来传播 Pod。

（5）ImageLocalityPriority：节点根据窗格请求的图像位置来确定优先级。与没有吊舱所需的尚未安装的软件包，或吊舱所需的已安装的总软件包较小的节点相比，将首选具有较大的吊舱所需的已安装的软件包的节点。

（6）NodeAffinityPriority：（Kubernetes v1.2）实现 Kubernetes 调度中的亲和性机制。Node Selectors 支持多种操作符（In，NotIn，Exists，DoesNotExist、Gt、Lt），而不限于对节点 labels 的匹配。

（7）preferredDuringSchedulingIgnoredDuringExecution：节点关联。

更多详细信息请参见 https://github.com/kubernetes/kubernetes/blob/master/pkg/scheduler/framework/plugins/legacy_registry.go。

在默认情况下，Kubernetes 使用其中一些但不是全部的优先级功能。与预选算法类似，可以组合以上优先级函数并根据需要为其分配权重因子（正数）。

整个 Node 的选择调度流程如图 4–6 所示。

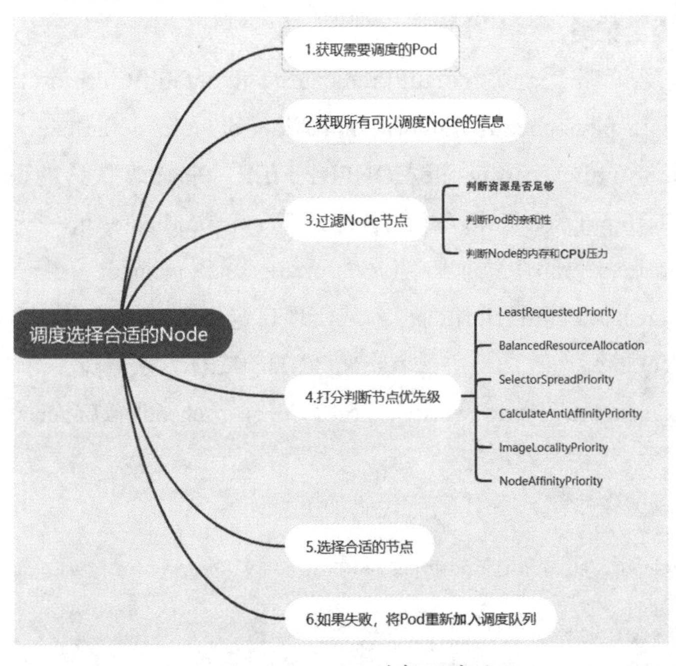

图 4–6　Node 选择调度流程

3. 代码层级

scheduler 的设计分为 3 个主要代码层级：

（1）cmd/kube-scheduler/scheduler.go：这里的 main() 函数是 scheduler 的入口，它会读取指定的命令行参数，初始化调度器框架，然后开始工作。

（2）pkg/scheduler/scheduler.go：调度器框架的整体代码，框架本身所有的运行、调度逻辑全部在这里。

（3）pkg/scheduler/core/generic_scheduler.go：上面是框架本身的所有调度逻辑以及算法，而这一层是调度器实际工作时使用的算法，默认情况下，并不是所有列举出的算法都在被实际使用，参考位于文件中的 Schedule() 函数。

调度算法由 Predicates 和 Priorities 两部分组成，Predicates（断言）用来过滤 node 的一系列策略集合，Priorities 用来优选 node 的一系列策略集合。默认情况下，Kubernetes 提供内建 predicates/priorities 策略，代码集中于 pkg/scheduler/algorithm/predicates/predicates.go 和 pkg/scheduler/algorithm/priorities 内。

4. 调度策略扩展

管理员可以选择要应用的预定义调度策略中的一个，开发者也可以添加自定义的调度策略。

5. 修改调度策略

默认调度策略是通过 defaultPredicates() 和 defaultPriorities() 两个函数定义的，源码在 pkg/scheduler/algorithmprovider/defaults/defaults.go，可以通过命令行“flag --policy-config-file CONFIG_FILE”来修改默认的调度策略。此外，也可以在 pkg/scheduler/algorithm/predicates/predicates.go 和 pkg/scheduler/algorithm/priorities 源码中添加自定义的 predicate 和 prioritie 策略，然后注册到 defaultPredicates()/defaultPriorities() 中来实现自定义调度策略。

Schedule() 的筛选算法核心是 findNodesThatFit() 方法，直接跳转过去：

pkg/scheduler/core/generic_scheduler.go:184 → pkg/scheduler/core/generic_scheduler.go:435

篇幅有限，省略了部分代码后代码如下：

```
    func (g *genericScheduler) findNodesThatFit(pod *v1.Pod, nodes []*v1.Node) ([]*v1.Node, FailedPredicateMap, error) {
        var filtered []*v1.Node
        failedPredicateMap := FailedPredicateMap{}
```

4.2.3 kube-controller-manager

kube-controller-manager 负责管理集群的各种资源，保证资源处于预期的状态。Controller Manager 是一个不终止的守护程序，可以持续维护系统状态。它负责与 API 服务器同步集群的共享状态，包括复制控制器、Pod 控制器、服务控制器和端点控制器。

Kubernetes 控制器管理器是一个守护进程，内嵌在随 Kubernetes 一起发布的核心控制回路。在机器人和自动化的应用中，控制回路是一个永不休止的循环，用于调节系统状态。在 Kubernetes 中，每个控制器是一个控制回路，通过 API 服务器监视集群的共享状态，并尝试进行更改以便将当前状态转为期望状态。目前，Kubernetes 自带的控制器例子包括副本控制器、节点控制器、命名空间控制器和服务账号控制器等。

kube-controller-manager 在系统中的位置如图 4–7 所示。

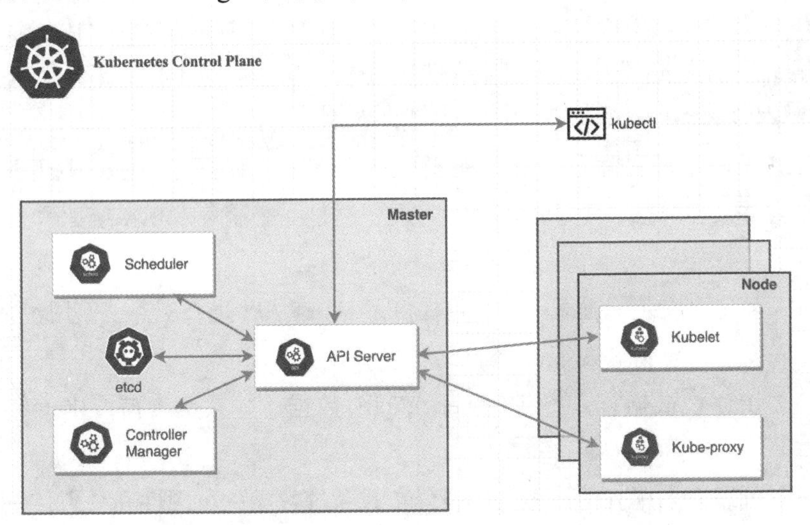

图 4–7　kube-controller-manager 位置

kube-controller-manager 通过 API 服务器监视功能监视集群状态并进行更改，以便将集群移至所需状态。

4.2.4 Etcd

Etcd 负责保存 K8s 集群的配置信息和各种资源的状态信息，当数据发生变化时，Etcd 会快速地通知 K8s 相关组件。Etcd 作用如图 4–8 所示。

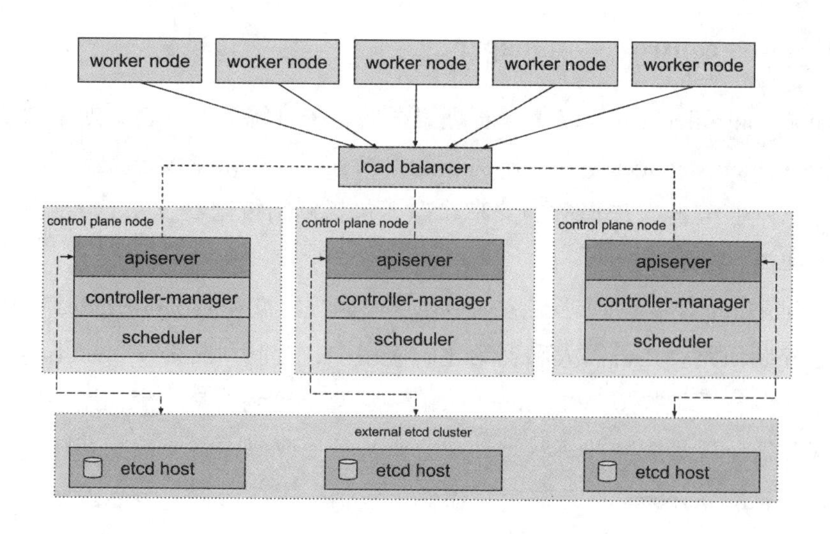

图 4-8 Etcd 作用

Etcd 是集群高度可靠的分布式存储目录，它存储集群的整个状态。对于多节点集群，需要配置 Etcd 来定期维护备份。要访问 Etcd，应要求具有 root 权限，建议仅将此权限授予那些需要访问的节点。

Etcd 是一个高可用的分布式键值（key-value）数据库。Etcd 内部采用 raft 协议作为一致性算法，基于 Go 语言实现。它是一个服务发现系统，具备以下特点：

（1）简单：安装配置简单，而且提供了 HTTP API 进行交互，使用也很简单。

（2）安全：支持 SSL 证书验证。

（3）快速：根据官方提供的 benchmark 数据，单实例支持 2 000 次 /s 以上读操作。

（4）可靠：采用 raft 算法，实现分布式系统数据的可用性和一致性。

1. Etcd 应用场景

Etcd 用于服务发现（Service Discovery），服务发现要解决的是分布式系统中最常见的问题之一，即在同一个分布式集群中的进程或服务如何才能找到对方并建立连接。要解决服务发现的问题，需要具备三种必备属性：①强一致性、高可用的服务存储目录。基于 Ralf 算法的 Etcd 就是强一致性、高可用的服务存储目录。②注册服务和健康服务健康状况的机制。用户可以在 Etcd 中注册服务，并且对注册的服务配置 key TTL，定时保持服务的心跳以达到监控健康状态的效果。③查找和连接服务的机制。通过在 Etcd 指定的主题下注册的服务，能在对应的主题下查找到。为了确保连接，可以在每个服务机器上都部署一个 proxy 模式的 Etcd，这样就可以确保访问 Etcd 集群的服务能够互相连接。

2. Etcd 的工作原理

Etcd 充当 Kubernetes 集群的大脑。使用 Etcd 的“监视”功能来监控更改的顺序。借助此功能，Kubernetes 可以订阅集群内的更改并执行来自 API 服务器的任何状态请求。Etcd 与分布式集群中的不同组件进行协调。Etcd 对组件状态的变化做出反应，其他组件可能会对变化做出反应。可能有一种情况，即在集群中的一组 Etcd 组件之间维护所有状态的相同副本时，相同的数据需要存储在两个 Etcd 实例中，但 Etcd 不应该在不同的情况下更新相同的记录。在这种情况下，Etcd 不会处理每个集群节点上的写入，相反，只有一个实例负责在内部处理写入，该节点称为领导者。集群中的其他节点使用 RAFT 算法选举领导者，一旦领导者被选出，另一个节点就成为了领导者的追随者。当写入请求到达领导节点时，领导者会处理写入。领导者 Etcd 节点向其他节点广播数据的副本。对 Etcd–Raft 感兴趣的读者可参考：http://github.com/etcd–io/etcd/tree/main/raft。

3. 集群如何在 Etcd 中工作

Kubernetes 是由 Core OS 发起的 Etcd 项目的主要消费者，Etcd 已成为 Kubernetes 集群 Pod 功能和整体跟踪的规范。Kubernetes 允许各种集群架构，这些架构可能涉及 Etcd 关键组件，也可能涉及多个主节点以及 Etcd 作为隔离组件。在任何特定架构中，Etcd 的角色都随系统配置而变化，可以通过动态放置 Etcd 来管理集群，以提高扩展性。它可以轻松支持和管理工作负载。

4.2.5　kubectl

kubectl 是在 Kubernetes 集群上运行命令的命令行工具。

```
# 查看所有 Pod 列表，-n 后跟 namespace，查看指定的命名空间
kubectl get pod
kubectl get pod -n kube
kubectl get pod -o wide

# 查看 RC 和 service 列表，-o wide 查看详细信息
kubectl get rc,svc
kubectl get pod,svc -o wide
kubectl get pod <pod-name> -o yaml

# 显示 node 的详细信息
```

```
kubectl describe node 192.168.0.212

# 显示 Pod 的详细信息，特别是查看 Pod 无法创建时的日志
kubectl describe pod <pod-name>
eg:
kubectl describe pod redis-master-tqds9

# 根据 yaml 创建资源，apply 可以重复执行，create 不支持
kubectl create -f pod.yaml
kubectl apply -f pod.yaml

# 基于 pod.yaml 定义的名称删除 Pod
kubectl delete -f pod.yaml

# 删除所有包含某个 label 的 Pod 和 Service
kubectl delete pod,svc -l name=<label-name>

# 删除所有 Pod
kubectl delete pod --all

# 查看 endpoint 列表
kubectl get endpoints

# 执行 Pod 的 date 命令
kubectl exec <pod-name> -- date
kubectl exec <pod-name> -- bash
kubectl exec <pod-name> -- ping 10.24.51.9

# 通过 bash 获得 Pod 中某个容器的 TTY，相当于登录容器
kubectl exec -it <pod-name> -c <container-name> -- bash
eg:
kubectl exec -it redis-master-cln81 -- bash

# 查看容器的日志
kubectl logs <pod-name>
kubectl logs -f <pod-name> # 实时查看日志
kubectl log  <pod-name>  -c <container_name> # 若 Pod 只有一个容器，可以不加 -c

kubectl logs -l app=frontend # 返回所有标记为 app=frontend 的 Pod 的合并日志

# 查看注释
kubectl explain pod
kubectl explain pod.apiVersion

# 查看节点 labels
kubectl get node --show-labels
```

```
# 重启 Pod
kubectl get pod <POD 名称 > -n <NAMESPACE 名称 > -o yaml | kubectl replace --force -f -

# 修改网络类型
kubectl patch service istio-ingressgateway -n istio-system -p '{"spec":{"type":"NodePort"}}'

# 伸缩 Pod 副本
# 可用于将 Deployment 及其 Pod 缩小为零个副本，实际上停止了所有副本。当将其缩放回 1/1 时，将创建一个新的 Pod，重新启动应用程序
kubectl scale deploy/nginx-1 --replicas=0
kubectl scale deploy/nginx-1 --replicas=1

# 查看前一个 pod 的日志，logs -p 选项
kubectl logs --tail 100 -p user-klvchen-v1.0-6f67dcc46b-5b4qb > pre.log
```

4.2.6　kubelet

kubelet 的主要功能就是定时从某个地方获取节点上的 pod/container 的期望状态（运行什么容器、运行的副本数量、网络或存储如何配置等），并调用对应的容器平台接口达到这个状态。

kubelet 的工作主要是围绕一个 SyncLoop 来展开，借助 go channel，各组件监听 loop 消费事件，或者往里面生产 Pod 相关的事件，整个控制循环由事件驱动运行。kubelet 组件运行在 node 节点上，维持运行中的 Pods 以及提供 Kubernetes 运行时的环境，主要完成以下服务：

（1）监视分配给该 Node 节点的 Pods。

（2）挂载 Pod 所需要的 volumes。

（3）下载 Pod 的 secret。

（4）通过 docker/rkt 运行 Pod 中的容器。

（5）调用 cni 接口为 Pod 创建 IP、路由。

（6）周期地执行 Pod 中为容器定义的 liveness 探针。

（7）上报 Pod 的状态给系统的其他组件。

（8）上报 node 的状态。

kubelet 是在每个 node 节点上运行的主要“节点代理”，它可以使用以下选项向 apiserver 注册：主机名（hostname）、覆盖主机名的参数、某云驱动的特定逻辑。

kubelet 是基于 PodSpec 来工作的，每个 PodSpec 是一个描述 Pod 的 YAML 或 JSON 对象。 kubelet 接受通过各种机制（主要是通过 apiserver）提供的一

组 PodSpec，并确保这些 PodSpec 中描述的容器处于运行状态且运行状况良好。kubelet 不管理不是由 Kubernetes 创建的容器。除了来自 apiserver 的 PodSpec 外，还可以通过以下三种方式将容器清单（manifest）提供给 kubelet：

（1）文件（File）：利用命令行参数传递路径，kubelet 周期性地监视此路径下的文件是否有更新，监视周期默认为 20 s，且可通过参数进行配置。

（2）HTTP 端点（HTTP endpoint）：利用命令行参数指定 HTTP 端点，此端点的监视周期默认为 20 s，也可以使用参数进行配置。

（3）HTTP 服务器（HTTP server）：kubelet 可以侦听 HTTP 并响应简单的 API（目前没有完整规范）来提交新的清单。

4.2.7 Pod和通信

Pod 是最小的部署单元，Pod 要能相互通信，K8s 集群必须掌握 Pod 网络，fannel 是其中一个可选的方案。Pod 代表的可能是 Docker 或 rkt 的一组容器。容器中的所有 Pod 具有相同的 IP 地址和端口列表，可以与 localhost 或任何其他 IPC 调用进行通信。甚至同一容器中的 Pod 也使用相同的存储区域。创建 Pod 的目的是运行一个相互依赖且紧密相关的容器列表。

1. 同一个 Pod 中的容器间的通信

首先，如果有两个容器在同一个 Pod 中运行，它们是通过 localhost 和端口号通信的，就像在自己的计算机上运行多个服务器一样，这是因为同一个 Pod 中的容器在同一个网络命名空间中共享网络资源。通信示意图如图 4-9 所示。

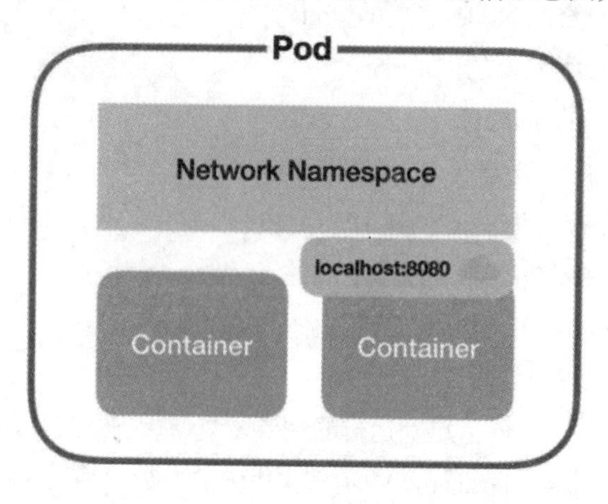

图 4-9　同一个 Pod 中容器通信

那么，什么是网络命名空间？它是网络接口和路由表的集合。命名空间很有用，因为可以在同一虚拟机上拥有多个网络命名空间而不会发生冲突或干扰。还有一个私密容器运行在 Kubernetes 的每个 Pod 上。这个容器的第一项工作是保持命名空间打开，以防 Pod 上的所有其他容器死亡，被称为 pause 容器。这个容器把所有的容器收纳到一起，一个基础容器的唯一目的就是保存所有的命名空间。

每个 Pod 都有自己的网络命名空间。同一个 Pod 中的容器在同一个网络命名空间中。这就是为什么可以通过 localhost 在容器之间进行通信，以及为什么在同一个 Pod 中有多个容器时需要注意端口冲突的原因。

2. 同一节点上的 Pods 之间的通信

同一节点上的 Pods 之间的通信示意图如图 4-10 所示。

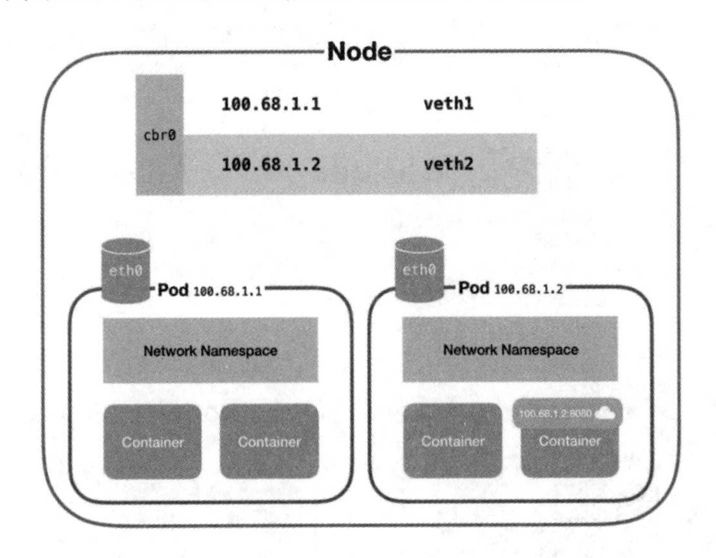

图 4-10　同一个节点上的 Pods 之间的通信

节点上的每个 Pod 都有自己的网络命名空间，每个 Pod 都有自己的 IP 地址，并且每个 Pod 都认为它有一个完全正常的以太网设备被调用 eth0 来发出网络请求。但 Kubernetes 正在伪造它——它只是一个虚拟以太网连接。每个 Pod 的 eth0 设备实际上都连接到节点中的虚拟以太网设备。

虚拟以太网设备是将 Pod 的网络与节点连接起来的隧道。这个连接有两个方面：在 Pod 一侧被命名为 eth0，在节点一侧被命名为 vethX。vethX 节点上的每个 Pod 都有一个连接（会按 veth1、veth2、veth3 递增）。当 Pod 向另一个节点的 IP 地址发出请求时，它会通过自己的 eth0 接口发出该请求，从隧道到节点各自的虚拟 vethX 接口。但是，请求是如何到达另一个 Pod 的呢？该节点使用网桥。

那么，什么是网桥？网桥将两个网络连接在一起。当请求到达网桥时，网桥会询问所有连接的设备（即 Pod）是否具有正确的 IP 地址来处理原始请求（请记住，每个 Pod 都有自己的 IP 地址，并且知道自己的 IP 地址）。如果其中一个设备这样做，网桥将存储此信息并将数据转发回原始设备，以便完成其网络请求。

在 Kubernetes 中，此桥称为 cbr0。节点上的每个 Pod 都是网桥的一部分，而网桥将同一节点上的所有 Pod 连接在一起。

3. 不同节点上的 Pod 之间的通信

如果 Pod 位于不同的节点上，它们之间如何进行通信？通信示意图如图 4-11 所示。

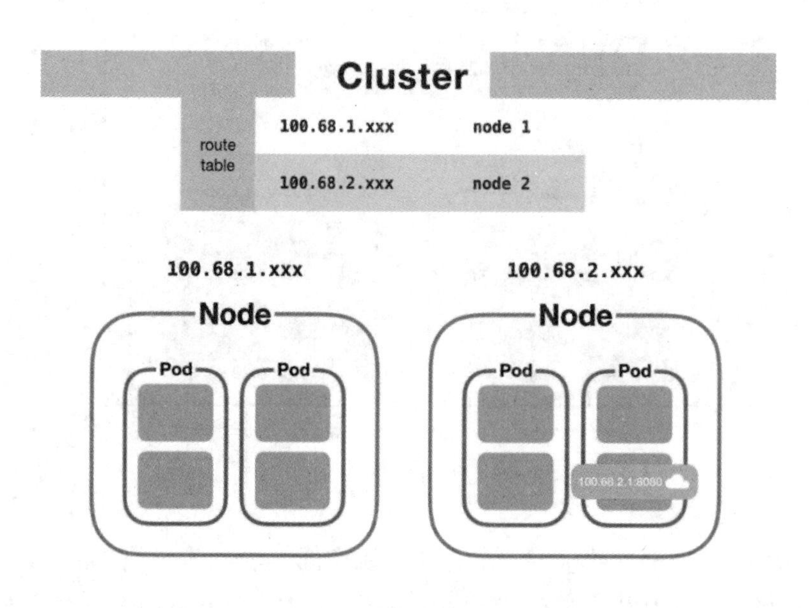

图 4-11　不同节点上的 Pod 之间的通信

当网桥询问所有连接的设备（即 Pod）是否具有正确的 IP 地址时，它们都不会说是。之后，网桥回退到默认网关，将到集群查找 IP 地址。在集群中有一个表将 IP 地址范围映射到各个节点。这些节点上的 Pod 将被分配这些范围内的 IP 地址。例如：Kubernetes 可能会在节点 1 上提供 Pod 的地址，例如 100.96.1.1

和 100.96.1.2 等；Kubernetes 会在节点 2 上提供 Pod 的地址，例如 100.96.2.1 和 100.96.2.2 等。然后，这个表将这样存储，即 IP 地址 100.96.1.xxx 应该去节点 1，而 100.96.2.xxx 需要去节点 2。在确定将请求发送到哪个节点后，该进程的大致过程与 Pod 一直在同一节点上一样。

4. Pod 和 Service 之间的通信

这种通信模式在 Kubernetes 中很重要。在 Kubernetes 中，服务允许将单个 IP 地址映射到一组 Pod。向一个端点（域名 /IP 地址）发出请求，该服务将请求代理到该服务中的一个 Pod。这是 Kubernetes 通过 kube-proxy 在每个节点内运行的一个小进程来实现的。此过程将虚拟 IP 地址映射到一组实际的 Pod IP 地址。

Endpoints 是一组实际服务的端点集合。一个 Endpoint 是一个可被访问的服务端点，即一个状态为 running 的 Pod 的可访问端点。一般，Pod 都不独立存在，所以一组 Pod 的端点合在一起称为 EndPoints。只有被 Service Selector 匹配选中并且状态为 Running 的才会被加入和 Service 同名的 Endpoints 中。Service、Endpoints 和 Pod 的关系如图 4-12 所示。

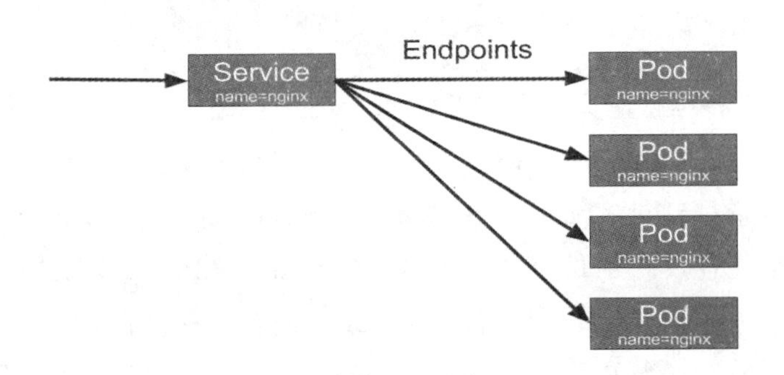

图 4-12 Service、Endpoints 和 Pod 关系图

Kubernetes 集群有一个负责 DNS 解析的服务。集群中的每个服务都分配了一个域名，如 my-service.my-namespace.svc.cluster.local.。Pod 会自动获得一个 DNS 名称，并且还可以使用其 YAML 配置中的 hostname 和 subdomain 属性指定自己的名称。因此，当通过服务的域名向服务发出请求时，DNS 服务会将其解析为服务的 IP 地址。然后，kube-proxy 将该服务的 IP 地址转换为 Pod IP 地址。之后，根据 Pod 是在同一节点上还是在不同节点上，请求会遵循上述路径之一。

4.2.8 node

node 是工作机接收工作负载以执行和更新集群状态的节点。节点可以是虚拟机或物理机，其工作是运行 Pod，并由主组件管理，这是 node 的主要组成部分。node 和 Pod 关系如图 4–13 所示。

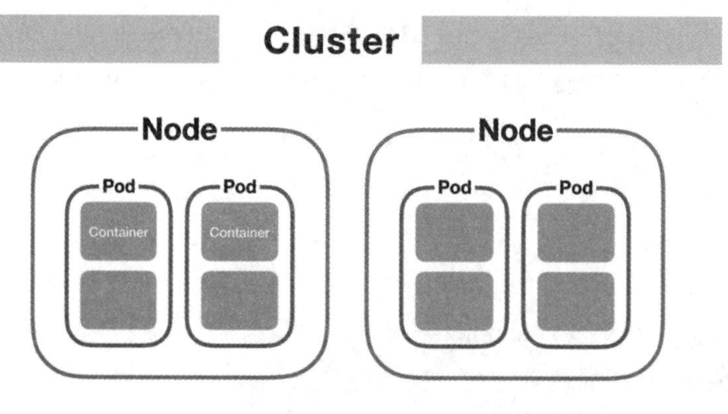

图 4–13 node 和 Pod 关系

4.2.9 Kube-proxy

Kube-proxy 将运行应用程序的流量重定向到正确的 Pod，Pod 可以使用其 IP 地址相互通信，Kube-proxy 确保外部环境不可访问 Pod 的 IP 地址，来自外部源的所有流量都通过 Kube-proxy 重定向。Kubernetes 网络代理在每个节点上运行。网络代理反映了每个节点上的 Kubernetes API 中定义的服务，并且可以执行简单的 TCP、UDP 和 SCTP 流转发，或者在一组后端进行循环 TCP、UDP 和 SCTP 转发。当前可通过 Docker-links-compatible 环境变量找到服务集群 IP 和端口，这些环境变量指定了服务代理打开的端口。有一个可选的插件，可以为这些集群 IP 提供集群 DNS。用户必须使用 apiserver API 创建服务才能配置代理。

Kube-proxy 的主要功能是监听 service 和 endpoint 的事件，然后下放代理策略到机器上。底层调用 docker/libnetwork，而 libnetwork 最终调用了 netlink 和 netns 来实现 ipvs 的创建等动作。

Kube-proxy 是一个网络代理和负载均衡的实现，作为每个节点与 api-server 的链接。它在集群的每个节点中运行，并允许从集群内部或外部连接到 Pod。Kube-proxy 的通信原理在前面有详细介绍，此处不再赘述。

4.3　K8s 开放接口 CRI、CNI、CSI

Kubernetes 作为云原生应用的最佳部署平台，已经开放了容器运行时的接口（Container Runtime Interface，CRI）、容器网络接口（Container Network Interface，CNI）和容器存储接口（Container Storage Interface，CSI），这些接口让 Kubernetes 的开放性变得最大化，而 Kubernetes 本身则专注于容器调度。

Kubernetes 作为云原生应用的基础调度平台，相当于云原生的操作系统，为了便于系统的扩展，Kubernetes 开放以下接口，可以分别对接不同的后端来实现自己的业务逻辑：

（1）CRI：容器运行时接口，提供计算资源。

（2）CNI：容器网络接口，提供网络资源。

（3）CSI：容器存储接口，提供存储资源。

以上三种资源相当于一个分布式操作系统的最基础的几种资源类型，而 Kubernetes 是将它们黏合在一起的纽带。

4.3.1　CRI容器运行时接口

CRI 规定了 kubelet 与容器运行时之间的接口，kubelet 通过 unix 套接字与容器运行时进行通信，为了保证高性能，通信必须使用 grpc 协议。因此，kubelet 是作为客户端，而 CRI 则作为服务器端接收请求。CRI 包括 CRI shim 和容器运行时，CRI shim 就是接收请求的服务器端，CRI shim 接收到请求后，再去调用容器运行时创建的容器，如图 4-14 所示。

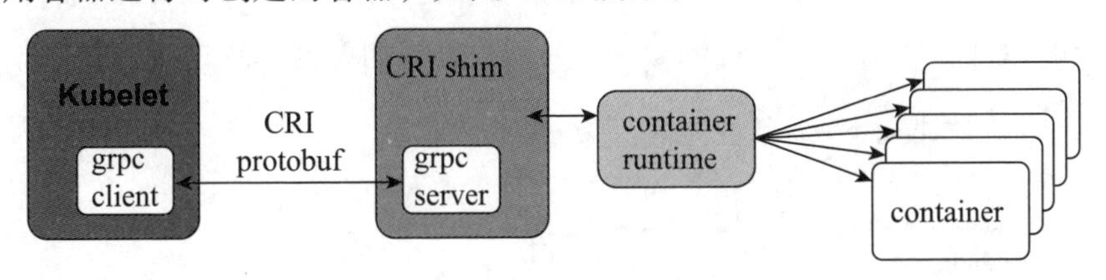

图 4-14　CRI 调用流程

初期，K8s 并没有实现 CRI 功能，Docker 运行时代码跟 kubelet 代码耦合在一起，再加上后期其他容器运行时的加入，给 kubelet 的维护人员带来了巨大负担。解决方式也很简单，把 kubelet 对容器的调用之间再抽象出一层接口即可，这就是CRI。CRI接口设计的一个重要原则是只关注接口本身，而不关心具体实现，kubelet只需要跟这个接口打交道。而作为具体的容器项目，比如Docker、rkt、Containerd和kata container就只需要自己提供一个该接口的实现，然后对kubelet暴露出gRPC服务即可。简单来说，CRI主要作用就是实现了kubelet和容器运行时之间的解耦。

gRPC使用protocol buffers进行序列化。CRI主要规定了两类接口，即ImageService和RuntimeService。ImageService提供Pull、查看、删除镜像的RPC接口，而RuntimeSerivce主要包括容器和Pod生命周期管理的RPC接口。

ImageService接口：

```
type ImageManagerService interface {
    // ListImages 列出现有镜像
    ListImages(filter *runtimeapi.ImageFilter) ([]*runtimeapi.Image, error)
    // ImageStatus 获取镜像状态
    ImageStatus(image *runtimeapi.ImageSpec) (*runtimeapi.Image, error)
    // PullImage 通过认证拉取一个镜像
    PullImage(image *runtimeapi.ImageSpec, auth *runtimeapi.AuthConfig) (string, error)
    // RemoveImage 删除镜像
    RemoveImage(image *runtimeapi.ImageSpec) error
    // ImageFsInfo 返回用于存储图像的文件系统的信息
    ImageFsInfo(req *runtimeapi.ImageFsInfoRequest) (*runtimeapi.ImageFsInfoResponse, error)
}
```

RuntimeService接口。RuntimeService接口主要分为两类，即PodSandboxManager和ContainerManager，其中PodSandboxManager主要给Pod提供隔离，假如容器运行时是Docker，则是一个名为Pod的容器，Pod为该Pod内的所有容器提供Network和IPC环境。假如容器运行时是基于Hypervisor，如hyper，则Pod代表一个虚拟机。ContainerManager则负责创建具体的容器。

```
type RuntimeService interface {
    RuntimeVersioner
    ContainerManager
    PodSandboxManager
    ContainerStatsManager
    // UpdateRuntimeConfig 更新指定运行时配置
    UpdateRuntimeConfig(runtimeConfig *runtimeapi.RuntimeConfig) error
    // Status returns the status of the runtime.
    Status() (*runtimeapi.RuntimeStatus, error)
}
```

```
type RuntimeVersioner interface {
    // Version 返回运行时名称、运行时版本和运行时 API 版本
    Version(apiVersion string) (*runtimeapi.VersionResponse, error)
}

type ContainerManager interface {
    // CreateContainer 在指定的 PodSandbox 中创建一个新容器
    CreateContainer(podSandboxID string, config *runtimeapi.ContainerConfig, sandboxConfig
*runtimeapi.PodSandboxConfig) (string, error)
    // StartContainer 启动容器
    StartContainer(containerID string) error
    // StopContainer 超时，停止正在运行的容器
    StopContainer(containerID string, timeout int64) error
    // RemoveContainer 移除容器
    RemoveContainer(containerID string) error
    // ListContainers 按过滤器列出所有容器
    ListContainers(filter *runtimeapi.ContainerFilter) ([]*runtimeapi.Container, error)
    // ContainerStatus 返回容器的状态
    ContainerStatus(containerID string) (*runtimeapi.ContainerStatus, error)
    // ExecSync 在容器中执行命令，并返回 stdout 输出
    // 如果命令以非零退出代码退出，则返回错误
    ExecSync(containerID string, cmd []string, timeout time.Duration) (stdout []byte, stderr []byte, err
error)
    // Exec 准备一个流端点来执行容器中的命令，并返回地址
    Exec(*runtimeapi.ExecRequest) (*runtimeapi.ExecResponse, error)
    // Attach 准备一个流端点附加到正在运行的容器，并返回地址
    Attach(req *runtimeapi.AttachRequest) (*runtimeapi.AttachResponse, error)
}

type PodSandboxManager interface {
   // RunPodSandbox 创建并启动一个 Pod 级别的沙箱，运行时应确保沙箱处于就绪状态
    RunPodSandbox(config *runtimeapi.PodSandboxConfig) (string, error)
   // StopPodSandbox 停止沙箱，如果沙箱中有任何正在运行的容器，则应强制终止它们
    StopPodSandbox(podSandboxID string) error
    // RemovePodSandbox 移除沙箱，如果沙箱中有正在运行的容器，则应强制删除它们
    RemovePodSandbox(podSandboxID string) error
    // PodSandboxStatus 返回 PodSandbox 的状态
    PodSandboxStatus(podSandboxID string) (*runtimeapi.PodSandboxStatus, error)
    // ListPodSandbox 返回一个 Sandbox 列表
    ListPodSandbox(filter *runtimeapi.PodSandboxFilter) ([]*runtimeapi.PodSandbox, error)
    // PortForward 准备一个流端点来转发来自 PodSandbox 的端口，并返回地址
    PortForward(*runtimeapi.PortForwardRequest) (*runtimeapi.PortForwardResponse, error)
}
```

```
type ContainerStatsManager interface {
    // ContainerStats 返回容器的统计信息，如果容器不存在，调用返回错误
    ContainerStats(req *runtimeapi.ContainerStatsRequest) (*runtimeapi.ContainerStatsResponse, error)
    // ListContainerStats 返回所有正在运行的容器的统计信息
    ListContainerStats(req *runtimeapi.ListContainerStatsRequest) (*runtimeapi.ListContainerStatsResponse, error)
}
```

1. CRI 的工作原理

CRI 大体包含三部分接口：Sandbox、Container 和 Image，其中提供了一些操作容器的通用接口，包括 Create、Delete、List 等。

Sandbox 为 Container 提供一定的运行环境，包括 Pod 的网络等。Container 包括容器生命周期的具体操作，Image 则提供对镜像的操作。kubelet 会通过 gRPC 调用 CRI 接口，首先去创建一个环境，也就是所谓的 PodSandbox。在 PodSandbox 可用后，继续调用 Image 或 Container 接口去拉取镜像和创建容器。其中，shim 会将这些请求翻译为具体的 runtime API，并执行不同 low-level runtime 的具体操作。

当前支持的 CRI 后端：最初在使用 Kubernetes 时通常会默认使用 Docker 作为容器运行时，其实从 Kubernetes 1.5 开始已经支持 CRI，目前处于 Alpha 版本，通过 CRI 接口可以指定使用其他容器在运行时作为 Pod 的后端，目前支持 CRI 的后端有：

（1）cri-o：同时兼容 OCI 和 CRI 的容器运行时。

cri-o 是一个由 redhat 发起并开源且由社区驱动的 container-runtime，其主要目的就是能够取代 Docker 作为 Kubernetes 集群的容器运行时。因此，Docker 被 Kubernetes 抛弃后，使用 cri-o 作为 K8s 集群的 container-runtime 也是一个不错的选择。

可以说，cri-o 就是专为 kubernetes 而生的轻量化 container-runtime，其开发、测试、发布也都是紧跟 Kubernetes 版本的，并且它不能独立提供容器服务。当然，它也完全符合 CRI 标准，并且支持对接 oci-runtime（runc、kata 等）。

（2）Containerd：基于 Containerd 的 Kubernetes CNI 实现。

（3）rkt：由 CoreOS 主推的用来跟 Docker 抗衡的容器运行时。

（4）frakti：基于 hypervisor 的 CRI。

（5）Docker：Kuberentes 最初就开始支持的容器运行时，目前还没完全从 kubelet 中解耦，Docker 公司同时推广了 OCI 标准。

（6）clear-containers：由 Intel 推出的同时兼容 OCI 和 CRI 的容器运行时。

（7）kata-containers：符合 OCI 规范，同时兼容 CRI。

2. Containerd

Containerd 是从 Docker 中分离出来的一个项目，可以作为一个底层容器运行时，它成了目前 Kubernetes 容器运行时更好的选择。Kubernetes 实际上需要保持在方框之内，Docker 网络与存储卷都被排除在外。而这些用不到的功能本身就可能带来安全隐患。事实上，拥有的功能越少，攻击面也就越小。不仅是 Docker，还有很多云平台也支持 Containerd 作为底层容器运行时。K8s 发布 CRI，统一了容器运行时接口，凡是支持 CRI 的容器运行时，皆可作为 K8s 的底层容器运行时。

K8s 放弃使用 Docker 作为容器运行时，而使用 Containerd 的原因是：如果使用 Docker 作为 K8s 容器运行时，kubelet 需要先通过 dockershim 去调用 Docker，再通过 Docker 去调用 Containerd。如果使用 Containerd 作为 K8s 容器运行时，由于 Containerd 内置了 CRI 插件，kubelet 可以直接调用 Containerd。使用 Containerd 不仅提高了性能（调用链变短了），而且资源占用也会变小（Docker 不是一个纯粹的容器运行时，具有大量其他功能），调用链如图 4–15 所示。

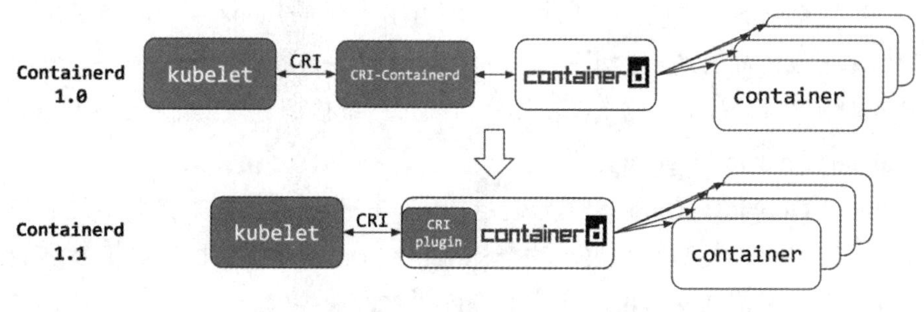

图 4–15　Containerd 调用链

Containerd 的使用非常简单，只要把之前使用的 Docker 命令改为 crictl 命令即可操作 Containerd，比如查看所有运行中的容器：

```
crictl ps
```

查看所有镜像：

```
crictl images
```

进入容器内部执行 bash 命令，这里需要注意的是只能使用容器 ID，不支持使用容器名称：

```
crictl exec -it a5e34c24be371 /bin/bash
```

查看容器中应用资源占用情况，可以发现占用率非常低。执行 crictl stats 显示结果如下：

CONTAINER	CPU %	MEM	DISK	INODES
3bb5767a81954	0.54	14.27MB	254B	14
a5e34c24be371	0.00	2.441MB	339B	16

4.3.2 CNI容器网络接口

不管是 Docker 还是 Kubernetes，在网络方面目前都没有一个完美的、终极的、普适性的解决方案，不同的用户和企业因为各种原因会使用不同的网络方案。目前存在的网络方案有 flannel、calico、open vswitch、weave 和 ipvlan 等，而且以后一定会有其他的网络方案，这些方案接口和使用方法都不相同，而不同的容器平台都需要网络功能，它们之间的适配如果没有统一的标准，会造成很大的工作量和重复劳动。

1. CNI 简介

CNI 是 CNCF 旗下的一个项目，由一组用于配置 Linux 容器的网络接口的规范和库组成，同时还包含了一些插件。CNI 仅关心容器创建时的网络分配和当容器被删除时释放的网络资源。用户可通过此链接浏览该项目：https://github.com/containernetworking/cni。

CNI 是 Google 和 CoreOS 主导制定的容器网络标准，它本身并不是实现或者代码，可以理解成一个协议。这个标准是在 rkt 网络提议的基础上发展起来的，综合考虑了灵活性、扩展性、IP 分配、多网卡等因素。这个协议连接了两个组件：容器管理系统和网络插件。它们之间通过 JSON 格式的文件进行通信来实现容器的网络功能。具体的任务都是插件来实现的，包括：创建容器网络空间（network namespace）、把网络接口（interface）放到对应的网络空间、给网络接口分配 IP 等。

Kubernetes 源码的 vendor/github.com/containernetworking/cni/libcni 目录中已经包含了 CNI 的代码，也就是说，Kubernetes 中已经内置了 CNI。

CNI 的接口定义包括以下几种方法：

```
type CNI interface {
        AddNetworkList(ctx context.Context, net *NetworkConfigList, rt *RuntimeConf) (types.Result,
error)
        CheckNetworkList(ctx context.Context, net *NetworkConfigList, rt *RuntimeConf) error
        DelNetworkList(ctx context.Context, net *NetworkConfigList, rt *RuntimeConf) error

        AddNetwork(ctx context.Context, net *NetworkConfig, rt *RuntimeConf) (types.Result, error)
        CheckNetwork(ctx context.Context, net *NetworkConfig, rt *RuntimeConf) error
        DelNetwork(ctx context.Context, net *NetworkConfig, rt *RuntimeConf) error
        GetNetworkCachedResult(net *NetworkConfig, rt *RuntimeConf) (types.Result, error)

        ValidateNetworkList(ctx context.Context, net *NetworkConfigList) ([]string, error)
        ValidateNetwork(ctx context.Context, net *NetworkConfig) ([]string, error)
}
```

可以查看 CNI 容器网络的接口规范：https://github.com/containernetworking/cni/blob/master/SPEC.md。实现了 CNI 规范的一些插件如下：

（1）bridge：创建一个网桥，将主机和容器添加到其中。

（2）ipvlan：在容器中添加 ipvlan 接口。

（3）loopback：将 loopback 接口的状态设置为 up。

（4）macvlan：创建一个新的 MAC 地址，将所有到该地址的通信转发给容器。

（5）vlan：分配一个 vlan 设备。

（6）host-device：将已经存在的设备移动到容器中。

（7）flannel：生成与 flannel 配置文件相对应的接口。

如何实现对 K8s 网络的管理?

CNI Plugin 负责给容器配置网络，它包括两个基本的接口：

（1）配置网络：AddNetwork（net NetworkConfig, rt RuntimeConf）(types.Result, error)。

（2）清理网络：DelNetwork（net NetworkConfig, rt RuntimeConf）error。

IPAM Plugin 负责给容器分配 IP 地址，主要实现包括 host-local 和 dhcp。以上两种插件的支持，使得 K8s 的网络可以支持各式各样的管理模式，当前在业界也出现了大量的支持方案。

CNI 插件的实现通常包含两个部分：一个是二进制的 CNI 插件去配置 Pod 网卡和 IP 地址，相当于它已经有自己的 IP 和网卡；另一个是 Daemon 进程去管理 Pod 之间的网络打通，这一步相当于将 Pod 真正连上网络，让 Pod 之间能够互相通信。

除了提供配置和清理 Pod 网络的 NetworkPlugin 接口外，该插件还需要对 kube-proxy 的特定支持。iptables 代理显然依赖于 iptables，插件需要确保容器流量对 iptables 可用。例如，如果插件将容器连接到 Linux 网桥，则插件必须将 net/bridge/bridge-nf-call-iptablessysctl 设置为 1 以确保 iptables 代理正常运行。如果插件不使用 Linux 网桥（而是使用 Open vSwitch 或其他一些机制），它应该确保为代理正确路由。

默认情况下，如果未指定 kubelet 网络插件，noop 则使用该插件，net/bridge/bridge-nf-call-iptables=1 以确保简单的配置（如带有网桥的 Docker）与 iptables 代理一起正常工作。NetworkPlugin 接口如下（https://github.com/kubernetes/kubernetes/blob/v1.22.0/pkg/kubelet/dockershim/network/plugins.go）：

```
    // NetworkPlugin 是 kubelet 网络插件的接口
    type NetworkPlugin interface {
        // Init 初始化插件，这将被调用一次
        // 在调用任何其他方法之前
        Init(host Host, hairpinMode kubeletconfig.HairpinMode, nonMasqueradeCIDR string, mtu int)
error

        // 调用各种事件
        // NET_PLUGIN_EVENT_POD_CIDR_CHANGE
        Event(name string, details map[string]interface{})

        // Name 返回插件的名称，这将在搜索时使用
        // 对于按名称的插件
        Name() string

        // 返回一个集合 NET_PLUGIN_CAPABILITY_*
        Capabilities() utilsets.Int

          // SetUpPod 是在 infra 容器之后调用的方法
          // Pod 已经创建，但在其他容器之前 Pod 启动
          SetUpPod(namespace string, name string, podSandboxID kubecontainer.ContainerID,
annotations, options map[string]string) error

    // TearDownPod 是在删除 Pod 的基础设施容器之前调用的方法

    TearDownPod(namespace string, name string, podSandboxID kubecontainer.ContainerID) error

          // GetPodNetworkStatus 是调用获取容器 IPv4 或 IPv6 地址的方法
```

```
	GetPodNetworkStatus(namespace string, name string, podSandboxID kubecontainer.ContainerID) (*PodNetworkStatus, error)

	// 如果网络插件处于错误状态，则状态返回错误
	Status() error
}

// +K8s:deepcopy-gen:interfaces=K8s.io/apimachinery/pkg/runtime.Object

// PodNetworkStatus 存储了一个 Pod 的网络状态（目前只是主 IP 地址）
// 这个结构体代表版本“v1beta1”
type PodNetworkStatus struct {
	metav1.TypeMeta `json:",inline"`

	// IP 是 Pod 的主要 IPv4/IPv6 地址
	IP net.IP `json:"ip" description:"Primary IP address of the pod"`
	// IPs 是分配给 Pod 的 IP 列表，IPs[0] == IP；列表的其余部分是附加 IP

	IPs []net.IP `json:"ips" description:"list of additional ips (inclusive of IP) assigned to pod"`
}

// Host 是插件可以用来访问 kubelet 的接口

type Host interface {
	// NamespaceGetter 是沙盒命名空间信息的获取器
	NamespaceGetter

	// PortMappingGetter 是沙盒端口映射信息的 getter
	PortMappingGetter
}
// NamespaceGetter 是一个接口，用于检索给定的命名空间信息
// podSandboxID. 通常由紧密耦合的运行时垫片实现
// CNI 插件包装器，如 kubenet
type NamespaceGetter interface {
	// GetNetNS 返回给定 containerID 的网络命名空间信息
	// 运行时应该 * 永远 * 返回空命名空间和 nil 错误
	// 一个容器，如果错误为零，则命名空间字符串必须有效
	GetNetNS(containerID string) (string, error)
}

// PortMappingGetter 是检索给定端口映射信息的接口
// podSandboxID. 通常由紧密耦合的运行时垫片实现
// CNI 插件包装器，如 kubenet
```

```
type PortMappingGetter interface {
        // GetPodPortMappings 返回沙盒端口映射信息
        GetPodPortMappings(containerID string) ([]*hostport.PortMapping, error)
}
```

目前最流行的CNI插件有Flannel、Calico、Canal和Weave Net。在对CNI插件进行比较前，可以先对网络中会见到的相关术语做一个整体的了解。常见的术语：

（1）第2层网络：OSI（Open Systems Interconnections，开放系统互连）网络模型的“数据链路”层。第2层网络会处理网络上两个相邻节点之间的帧传递。一个值得注意的示例是以太网，其中MAC表示子层。

（2）第3层网络：OSI网络模型的“网络”层。第3层网络的主要关注点是在第2层连接之上的主机间的路由数据包。IPv4、IPv6和ICMP是第3层网络协议的示例。

（3）VXLAN：代表“虚拟可扩展LAN”。首先，VXLAN用于通过在UDP数据报中封装第2层以太网帧来帮助实现大型云部署。VXLAN虚拟化与VLAN类似，但提供更大的灵活性和功能（VLAN仅限于4096个网络ID）。VXLAN是一种封装和覆盖协议，可在现有网络上运行。

（4）Overlay网络：建立在现有网络上的虚拟逻辑网络。Overlay网络通常用于在现有网络之上提供有用的抽象，并分离和保护不同的逻辑网络。

（5）封装：在附加层中封装网络数据包以提供其他上下文和信息的过程。在overlay网络中，封装被用于从虚拟网络转换到底层地址空间，从而能路由到不同的位置（数据包可以被解封装，并继续到其目的地）。

（6）网状网络：每个节点连接到许多其他节点以协作路由，并实现更大连接的网络。网状网络允许通过多个路径进行路由，从而提供更可靠的网络。网状网络的缺点是每个附加节点都会增加大量开销。

（7）BGP：边界网关协议，用于管理边缘路由器之间数据包的路由方式。BGP通过考虑可用路径、路由规则和特定网络策略，清楚如何将数据包从一个网络发送到另一个网络。BGP有时被用作CNI插件中的路由机制，而不是封装的覆盖网络。

2. flannel

flannel是CoreOS团队针对Kubernetes设计的一个网络规划服务，简单来说，它的功能是让集群中的不同节点主机创建的Docker容器都具有全集群唯一的虚拟 IP 地址。在默认的 Docker 配置中，每个节点上的 Docker 服务会分别负责所在节点容器的 IP 分配。这样导致的一个问题是，不同节点上的容器可能获得相同的内外 IP 地址，并使这些容器之间能够通过 IP 地址相互找到，也就是相互 ping 通。

flannel 的设计目的就是为集群中的所有节点重新规划 IP 地址的使用规则，从而使得不同节点上的容器能够获得“同属一个内网”且“不重复的”IP 地址，并让属于不同节点上的容器能够直接通过内网 IP 通信。

flannel 实质上是一种“覆盖网络（overlay network）”，也就是将 TCP 数据包装在另一种网络包里面进行路由转发和通信，目前已经支持 udp、vxlan、host-gw、aws-vpc、gce 和 alloc 路由等数据转发方式，默认的节点间数据通信方式是 UDP 转发。不同主机间的 Pod 通信是通过 flannel 通信的，如图 4–16 所示。

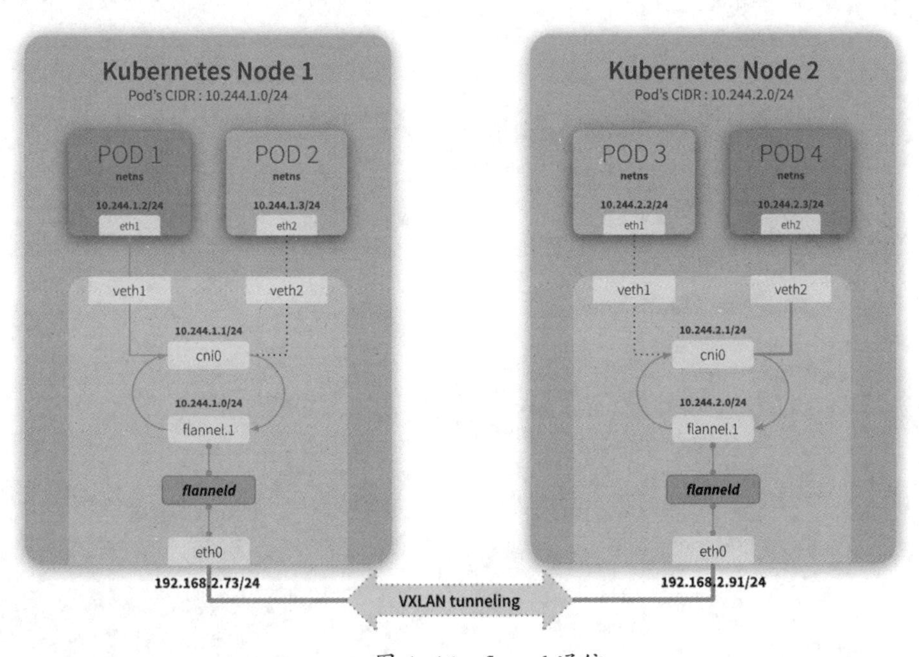

图 4–16　flannel 通信

flanneld 将本主机获取的 subnet 以及用于主机间通信的 Public IP 通过 Etcd 存储起来，需要时发送给相应的模块。flannel 利用各种 backend mechanism，例如 udp，vxlan 等，跨主机转发容器间的网络流量，完成容器间的跨主机通信。

参考 flannel plugin 的实现，在 /cni/plugins/metaflannel/flannel.go 中：

```
func main() {
    skel.PluginMain(cmdAdd, cmdDel)
}
```

在 flannel.go 中实现了 cmdAdd() 和 cmdDel() 两个函数，然后通过 skel.PluginMain() 管理这两个方法。PluginMain() 定义在 /pkg/skel/skel.go 中：

```
func main() {
    skel.PluginMain(cmdAdd, cmdDel)
}

// PluginMain is the "main" for a plugin. It accepts
// two callback functions for add and del commands
func PluginMain(cmdAdd, cmdDel func(_ *CmdArgs) error) {
    var cmd, contID, netns, ifName, args, path string
    vars := []struct {
        name string
        val  *string
        req  bool
    }{
        {"CNI_COMMAND", &cmd, true},
        {"CNI_CONTAINERID", &contID, false},
        {"CNI_NETNS", &netns, true},
        {"CNI_IFNAME", &ifName, true},
        {"CNI_ARGS", &args, false},
        {"CNI_PATH", &path, true},
    }
    argsMissing := false
    for _, v := range vars {
        *v.val = os.Getenv(v.name)
        if v.req && *v.val == "" {
            log.Printf("%v env variable missing", v.name)
            argsMissing = true
        }
    }
    if argsMissing {
        dieMsg("required env variables missing")
    }
    stdinData, err := ioutil.ReadAll(os.Stdin)
    if err != nil {
        dieMsg("error reading from stdin: %v", err)
    }
    cmdArgs := &CmdArgs{
        ContainerID: contID,
```

```
            Netns:      netns,
            IfName:     ifName,
            Args:       args,
            Path:       path,
            StdinData:  stdinData,
        }
        switch cmd {
        case "ADD":
            err = cmdAdd(cmdArgs)
        case "DEL":
            err = cmdDel(cmdArgs)
        default:
            dieMsg("unknown CNI_COMMAND: %v", cmd)
        }
        if err != nil {
            if e, ok := err.(*types.Error); ok {
                // don't wrap Error in Error
                dieErr(e)
            }
            dieMsg(err.Error())
        }
    }
```

PluginMain() 会从 env 中读取信息，组装成 cmdArgs 后调用 cmdAdd() 或 cmdDel() 完成网络的创建或销毁。

3. Calico

Calico 是一种容器间互通的网络方案。在虚拟化平台中，比如 OpenStack、Docker 等都需要实现 workloads 之间的互连，但同时也需要对容器做隔离控制，而在多数的虚拟化平台实现中，通常都使用二层隔离技术来实现容器的网络，这样就有一些弊端，比如需要依赖 VLAN、bridge 和隧道等技术，其中 bridge 带来了复杂性，VLAN 隔离和 tunnel 隧道则消耗了更多的资源并对物理环境有要求，随着网络规模的增大，整体会变得更加复杂。尝试把 host 当作 Internet 中的路由器，同样使用 BGP 同步路由，并使用 iptables 来做安全访问策略，最终设计出了 Calico 方案。

与 flannel 不同，Calico 不使用 overlay 网络。相反，Calico 配置第 3 层网络，该网络使用 BGP 路由协议在主机之间路由数据包。这意味着在主机之间移动时，不需要将数据包包装在额外的封装层中。BGP 路由机制可以本地引导数据包，而无须额外在流量层中打包流量。

适用场景：K8s 环境中的 Pod 之间需要隔离。

Calico 设计思想：不使用隧道或 NAT 来实现转发，而是巧妙地把所有 2 层流量转换成 3 层流量，并通过 host 上的路由配置完成跨 host 转发。

设计优势：

（1）更优的资源利用。2 层网络通信需要依赖广播消息机制，广播消息的开销与 host 的数量呈指数级增长，Calico 使用的 3 层路由方法，则完全抑制了 2 层广播，减少了资源开销。另外，两层网络使用 VLAN 隔离技术，天生有 4 096 个规格限制，即便可以使用 vxlan 解决，但 vxlan 又带来了隧道开销的新问题，而 Calico 不使用 vlan 或 vxlan 技术，使资源利用率更高。

（2）可扩展性。Calico 使用与 Internet 类似的方案，Internet 的网络比任何数据中心都大，Calico 同样天然具有可扩展性。

（3）简单而更容易 debug。因为没有隧道，意味着 workloads 之间路径更短、更简单，配置更少，在 host 上更容易进行 debug 调试。

（4）更少的依赖。Calico 仅依赖 3 层路由可达。

（5）可适配性。Calico 较少的依赖性使它能适配所有虚拟机、Container、白盒或混合环境场景。

4. Canal

Canal 是一个有趣的选择，原因有很多。首先，Canal 是一个项目的名称，它试图将 flannel 提供的网络层与 Calico 的网络策略功能集成在一起。然而，当贡献者完成细节工作时却发现，很明显，如果 flannel 和 Calico 这两个项目的标准化和灵活性都已各自确保，那集成也就没有必要了。结果，这个官方项目变得有些“烂尾”，不过却实现了将两种技术部署在一起的预期能力。出于这个原因，即使这个项目不复存在，业界还是会习惯性地将 flannel 和 Calico 的组成称为 Canal。

由于 Canal 是 flannel 和 Calico 的组合，因此它的优点也是这两种技术的交叉。网络层用的是 flannel 提供的简单 overlay，可以在许多不同的部署环境中运行且无须额外的配置。在网络策略方面，Calico 强大的网络规则评估为基础网络提供了更多补充，从而提供了更多的安全性和控制。

5. Weave Net

Weave Net 是一个强大的云原生网络工具包。 它创建了一个虚拟网络，将 Docker 容器连接到多个主机并启用它们的自动发现。设置子系统和子项目，提供 DNS、IPAM 和分布式虚拟防火墙等。

4.3.3　CSI容器存储接口

CSI 旨在为容器编排引擎和存储系统间建立一套标准的存储调用接口，通过该接口能为容器编排引擎提供存储服务。

K8s 将存储体系抽象出了外部存储组件接口，也就是 CSI，通过 gRPC 接口对外提供服务。第三方存储厂商可以发布和部署公开的存储插件，而无须接触 K8s 的核心代码。同时，为 K8s 用户提供了更多的存储选项。在 CSI 之前，K8s 的存储服务是通过一种称为 in-tree 的方式来提供，如图 4–17 所示。

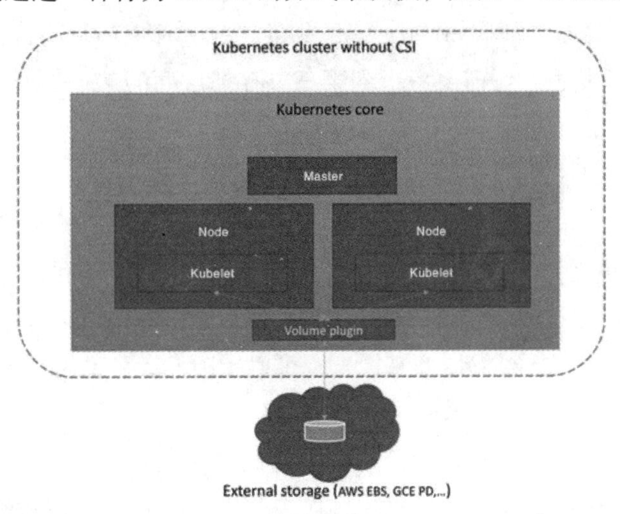

图 4−17　in-tree

CSI 是一种标准，用于将任意块和文件存储中的存储系统暴露给 Kubernetes、Mesos 和 Cloud Foundry 等容器编排上的容器化工作负载。第三方存储提供商使用 CSI 公开他们的新存储系统非常可扩展，而无须实际接触 Kubernetes 代码。存储提供商对 CSI 驱动程序的单一独立实现将适用于任何编排器。这种新的插件机制一直是 Kubernetes 最强大的功能之一。它使存储供应商能够在需要时自动创建存储，为容器安排的任何地方提供存储空间，不再需要时自动删除存储。这种解耦有助于供应商保持独立的发布和功能周期，专注于 API 实现，而无须担心向后不兼容，并且像部署几个 Pod 一样简单地支持他们的插件。

Kubernetes 里的存储插件可以分为 in-tree 和 out-of-tree 两大类。

（1）in-tree: 在 K8s 源码内部实现，和 K8s 一起发布、管理，更新迭代慢、灵活性差。

（2）out-of-tree: 代码独立于 K8s，由存储厂商实现，有 CSI 和 FlexVolume 两种实现。

1. 为什么要有 CSI？

在没有 CSI 前，Kubernetes 就已经提供了强大的存储卷插件系统，但是这些插件系统实现是 Kubernetes 代码的一部分，需要随 Kubernetes 组件二进制文件一起发布，这样就会存在以下问题。

（1）如果第三方存储厂商发现插件有问题需要修复或优化，即使修复后也不能单独发布，需要与 Kubernetes 一起发布，对于 K8s 本身而言，不仅要考虑自身的正常更新发版，还需要考虑到第三方存储厂商的迭代发版，就存在双方互相依赖、制约的问题，不利于双方快速迭代。

（2）第三方厂商的代码跟 Kubernetes 代码耦合在一起，还会引起安全性、可靠性问题，而且增加了 Kubernetes 代码的复杂度以及后期的维护成本等。

基于以上问题，Kubernetes 将存储体系抽象出了外部存储组件接口，即 CSI。Kubernetes 通过 gRPC 接口与第三方存储厂商的存储卷插件系统进行通信。这样一来，对于第三方存储厂商来说，既可以单独发布和部署自己的存储插件，进行正常迭代，又无须接触 Kubernetes 核心代码，降低了开发的复杂度。同时，对于 Kubernetes 来说，这样不仅降低了自身的维护成本，还能为用户提供更多的存储选项。Kubernetes 将通过 CSI 接口来跟第三方存储厂商进行通信来操作存储，从而提供容器存储服务。

CSI 规范可参见 https://github.com/container-storage-interface/spec。CSI 的目的是定义行业标准“容器存储接口”，使存储供应商（SP）能够开发一个符合 CSI 标准的插件，并使其可以在多个容器编排（CO）系统中工作。CO 包括 Cloud Foundry、Kubernetes 和 Mesos 等。

CSI 文档中的规范详细描述了一些基本定义，以及 CSI 的相关组件和工作流程，网址为 https://github.com/container-storage-interface/spec/blob/master/spec.md。官方开发文档网址为 https://kubernetes-csi.github.io/docs/。官方文档中讲解了 K8s CSI 插件的开发、测试和部署等内容。

2. 开发 CSI 驱动程序

要实现 CSI Driver，应用程序必须实现 CSI 规范中描述的 gRPC 服务。CSI

应实现的最低服务如下：

（1）CSI Identity 服务：启用 Kubernetes 组件和 CSI 容器来识别驱动程序。

（2）CSI 节点服务：必需的方法使调用者能够在指定路径上提供卷。

所有需要的服务都可以独立实现，也可以在同一个驱动程序中实现。CSI 驱动程序应用程序应该被容器化，以便在 Kubernetes 上轻松部署。一旦驱动程序的主要特定逻辑被容器化，它们就可以附加到 sidecars 并以节点或控制器模式进行部署。

CSI 还提供了使自定义 CSI 驱动程序能够通过使用“功能”来支持许多附加功能或服务的规定，它包含驱动程序支持的所有功能的列表。注意：有关开发 CSI 驱动程序的详细说明，请参阅链接：https://kubernetes-csi.github.io/docs/developing.html 实现卷驱动程序。

最后，为了抽象化实现的复杂性，应该将单独的存储提供程序管理逻辑硬编码为以下功能，这些功能在 CSI 规范中已明确定义，接口规范：

（1）Indentity 接口如下：

1）GetPluginInfo：返回插件的名字和版本。

2）GetPluginCapabilities：返回插件的功能点，是否支持存储卷创建、删除等功能，是否支持存储卷挂载的功能。

3）Probe：返回插件的健康状态（是否在运行中）。

（2）Controller 接口如下：

1）CreateVolume：创建一个存储卷（如 EBS 盘）。

2）DeleteVolume：删除一个已创建的存储卷（如 EBS 盘）。

3）ControllerPublishVolume：将一个已创建的存储卷挂载（attach）到指定的节点上。

4）ControllerUnpublishVolume：从指定节点上卸载（detach）指定的存储卷。

5）ValidateVolumeCapabilities：返回存储卷的功能点，如是否支持挂载到多个节点上，是否支持多个节点同时读写。

6）ListVolumes：返回所有存储卷的列表。

7）GetCapacity：返回存储资源池的可用空间大小。

8）ControllerGetCapabilities：返回 controller 插件的功能点，如是否支持 GetCapacity 接口，是否支持 snapshot 功能等。

（3）node 接口如下：

1）NodeStageVolume：如果存储卷没有格式化，首先要格式化，然后把存储卷 mount 到一个临时的目录（这个目录通常是节点上的一个全局目录），再通过 NodePublishVolume 将存储卷 mount 到 Pod 的目录中。mount 过程分为两步是为了支持多个 Pod 共享同一个 volume（如 NFS）。

2）NodeUnstageVolume：NodeStageVolume 的逆操作，将一个存储卷从临时目录 umount 掉。

3）NodePublishVolume：将存储卷从临时目录 mount 到目标目录 (Pod 目录)。

4）NodeUnpublishVolume：将存储卷从 Pod 目录 umount 掉。

5）NodeGetId：返回插件运行的节点的 ID。

6）NodeGetCapabilities：返回 node 插件的功能点，如是否支持 stage/unstage 功能。

创建 CSI 驱动程序的第一步是编写实现 CSI 规范中描述的 gRPC 服务的应用程序。CSI 驱动程序必须实现以下 CSI 服务：

CSI Identity 服务使调用者（Kubernetes 组件和 CSI sidecar 容器）能够识别驱动程序及其支持的可选功能。CSI Node 服务只对 NodePublishVolume、NodeUnpublishVolume 和 NodeGetCapabilities 是必需的。

K8s-csi 官方实现的一些 dirvers，包括范例和公共部分代码：https://github.com/kubernetes-csi/drivers。最佳实践就是参考官方给出的样例项目 csi-driver-host-path：https://github.com/kubernetes-csi/csi-driver-host-path。

第 5 章　使用 Client-Go 开发 K8s

5.1　Client-Go 简介

Client-Go 是 Kubernetes 官方推出的一个库，使开发者方便调用 Kubernetes 的 RESTful API。Client-Go 是一个调用 Kubernetes 集群资源对象 API 的客户端，即通过 Client-Go 实现对 Kubernetes 集群中资源对象（包括 Deployment、Service、Ingress、Replicaset、Pod、Namespace、Node 等）的增、删、查、改等操作。大部分对 Kubernetes 进行前置 API 封装的二次开发都通过 Client-Go 这个第三方包来实现。

首先，控制器与 Kubernetes apiserver 通信需要一个 Client，这个 Client 需要有以下信息：

（1）apiserver 的地址以及连接 apiserver 的认证信息，如用户名、密码或者 token。

（2）Kubernetes 的 API resource 的 group 和 version，以及结构体的定义。

（3）一个 serializer 来控制序列化与反序列化 apiserver 的结果。

可以用这个 Client 去 apiserver 获取和关注特定的类型的资源。

Client-Go 中的 Client 有如下三种：

（1）Clientset。Clientset 是最常用的 Client，可以在它里面找到 Kubernetes 目前所有原生资源对应的 Client。获取方式一般是指定 group 和特定的 version，然后根据 resource 名字来获取对应的 Client。

（2）Dynamic Client。Dynamic Client 是一种动态的 Client，它能同时处理 Kubernetes 所有的资源。同时，它不同于 Clientset，Dynamic Client 返回的对象是“map[string]interface{}”，如果一个 controller 中需要控制所有的 API，则使用 Dynamic Client，目前它被用在 garbage collector 和 namespace controller。

（3）REST Client。REST Client 是 Clientset 和 Dynamic Client 的基础，前面两个 Client 本质上都是 REST Client，它提供了一些 RESTful 的函数，如 Get()、Put()、Post() 和 Delete()。由 Codec 来提供序列化和反序列化的功能。

如何选择 Client 的类型呢？

如果 Controller 只需要控制 Kubernetes 原生的资源，如 Pods、Nodes、Deployments 等，那么 Clientset 就够用了。如果需要使用 ThirdPartyResource 来拓展 Kubernetes 的 API，那么需要使用 Dynamic Client 或 REST Client。需要注意的是，Dynamic Client 目前只支持 JSON 的序列化和反序列化。1.7 以上的版本需要将 ThirdPartyResource 迁移到 CustomResourceDefinition。

Client-Go 架构如图 5-1 所示。

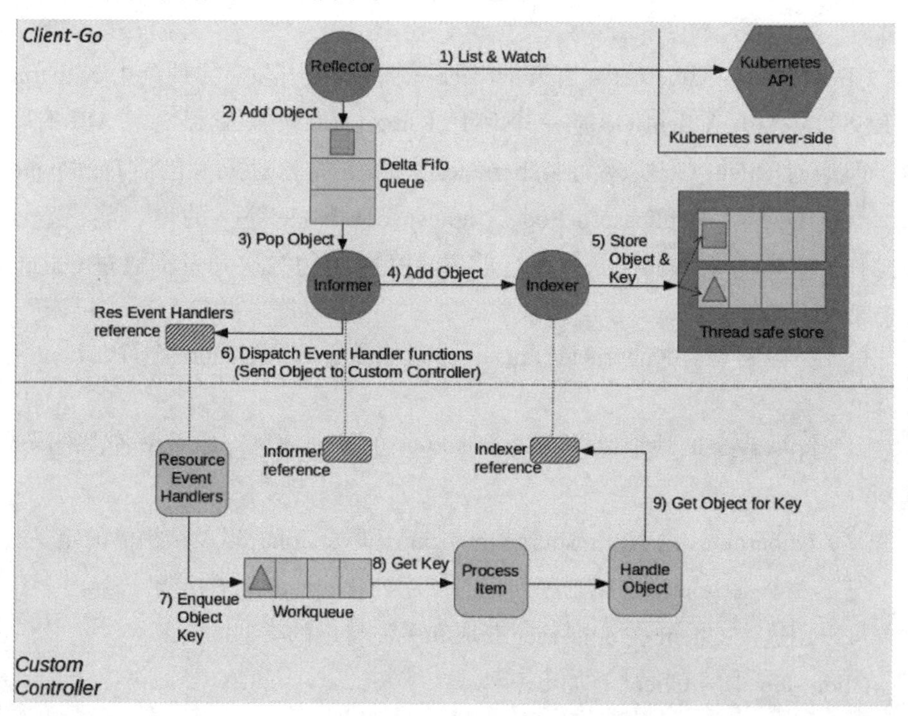

图 5-1　Client-Go 架构

图 5-1 比较直观地展示了 Client-Go 与 Custom Controller 各组件间的交互关系，是在开发自定义控制器时经常需要使用的机制，了解图 5-1 有助于我们更好地理解 Client-Go 及 Custom Controller 背后的实现逻辑。图 5-1 中出现的相关名词介绍如下：

（1）Reflector。Reflector 是定义在包缓存里面的 Reflector 结构体，可用于监视指定资源类型（kind）的 Kubernetes API，实现这个功能的函数是 List And Watch。监视的对象可以是一个内置的资源，也可以是一个自定义的资源(CRD)。当 Reflector 通过 watch API 接收到关于新资源实例存在的通知时，它会使用相应的 listing API 获取新创建的对象，并将其放在 watchHandler 函数里面的

DeltaFIFO 队列中。

（2）Informer。Informer 是定义在包缓存中的一个基础控制器，它可以使用函数 processLoop 从 DeltaFIFO 队列中取出对象，这个基础控制器的工作是保存对象以便以后检索，并调用控制器将对象传递给它。

（3）Indexer。Indexer 保存了来自 apiServer 的资源。使用 listWatch 方式来维护资源的增量变化。通过这种方式可以减小对 apiServer 的访问，减轻 apiServer 端的压力，Indexer 提供对对象的索引功能。它被定义在 tools/cache 包中的 Indexer 类型中。

一个典型的索引用例是基于对象标签创建一个索引。Indexer 可以基于几个索引函数来维护索引。Indexer 使用一个线程安全的数据存储来存储对象和它们的键值。在 tools/cache 内的 Store 类型中定义了一个名为 MetaNamespaceKeyFunc 的默认函数，该函数为该对象生成一个对象的键，作为 <namespace>/<name> 组合。

（4）WorkQueue。这是在控制器代码中创建的队列，用于对象的分发与处理解耦。编写 Resource Event Handler 函数来提取所分发对象的键值并将其添加到工作队列中。工程地址：https://github.com/kubernetes/client-go。Client-Go 目录如图 5-2 所示。

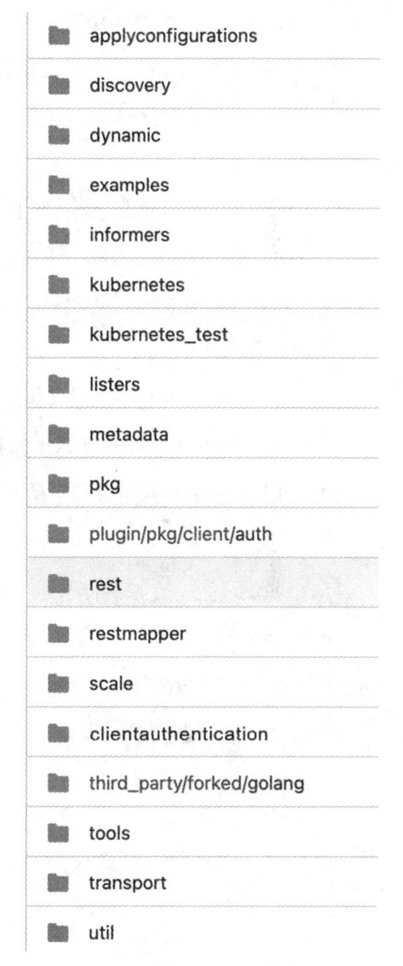

图 5-2　Client-Go 目录

1）applyconfigurations 包：用于构建服务端 Apply requests（类似于 kubectl apply，但 kubectl 是客户端）。

2）discovery 包：用于发现服务器支持的 API 组、版本和资源的方法及服务端支持的 swagger API。

3）dynamic 包：用于动态生成 informer/lister/client 等。

4）informers 包：用于生成各种 gvk 对应的 Informer（注意，这里针对的是原生 K8s 的对象）。

5）kubernetes 包：生成原生 K8s 对象的 Client，用于访问 Kubernetes API（create、update、patch 等）。

6）listers 包：从 cache.Indexer 中获取原生 K8s 的对象 / 列表。

7）metadata 包：根据 metadata 信息 (包括 gvr) 获取 Informer/Lister/Client。

8）pkg 包：用于插件（plugin 包）的执行凭证（和 apiserver 进行 tls 认证）。

9）clientauthentication 包：用于插件（plugin 包）的执行凭证（和 apiserver 进行 tls 认证），version 用于获取系统版本信息（包含 git）。

10）plugin 包：主要是对接外部插件（azure/gcp/oidc/openstack）获取认证信息（token 等）。

11）rest 包：主要是提供对接 Kubernetes rest http（s）相关的基础类 / 接口，以及 Client、Config、Exec、Request 等具体实现和构造的基础。

12）restmapper 包：获取实现了 RESTMapper（对应一个 gv 下的 resources）接口的结构体。

13）scale 包：定义获取 scale client 的结构体，用来 get/update/patch scale 子资源。scheme 包用来定义包括 K8s API/Extension 在内的所有关于 scale 的 type。

14）third_party 包：目前是从 Go Library 赋值来的，只是把私有方法改为公共方法。

15）tools 包：提供用户使用的包，用来自定义程序。

16）transport 包：定义了传输层实体，用于执行 request 的 http（s）请求，读取 http conn 的 stream 到 response。

17）util 包：提供工具类。

5.2 Client 初始化

Client 初始化代码如下：

```
package kubers

import (
    "context"
    "encoding/json"
    "flag"
    "fmt"
```

```
    "log"
    "path/filepath"
    metav1 "K8s.io/apimachinery/pkg/apis/meta/v1"
    "K8s.io/apimachinery/pkg/apis/meta/v1/unstructured"
    "K8s.io/apimachinery/pkg/labels"
    "K8s.io/apimachinery/pkg/runtime/schema"
    serializeryaml "K8s.io/apimachinery/pkg/runtime/serializer/yaml"
    "K8s.io/client-go/discovery"
    "K8s.io/client-go/dynamic"
    "K8s.io/client-go/kubernetes"
    typev1 "K8s.io/client-go/kubernetes/typed/core/v1"
    "K8s.io/client-go/rest"
    "K8s.io/client-go/tools/clientcmd"
    "K8s.io/client-go/util/homedir"
)

// 测试用的一个 deployment
const deploymentYAML22 = `
apiVersion: apps/v1
kind: Deployment
metadata:
  name: demo-deployment
  namespace: default
spec:
  selector:
    matchLabels:
      app: nginx
  template:
    metadata:
      labels:
        app: nginx
    spec:
      containers:
      - name: nginx
        image: nginx:latest
`

var decUnstructured = serializeryaml.NewDecodingSerializer(unstructured.UnstructuredJSONScheme)
var kubeconfig *string

var err error
var client dynamic.Interface
var config *rest.Config
```

```
    var deploymentRes schema.GroupVersionResource
    var clientset *kubernetes.Clientset
    var contex context.Context
    var InitSuccess bool

    //Client-Go 是调用 Kubernetes 集群资源对象 API 的客户端，通过 Client-Go 实现对 Kubernetes 集
群中资源对象
    //（包括 Deployment、Service、Ingress、Pod、Namespace、Node 等）的增、删、查、改等操作
    // 配置本地连接的 Kubernetes 集群
    func InitClientgo() {

        InitSuccess = false
        fmt.Println("init clientgo")
        // 使用 kubeconfig 配置文件进行集群权限认证，在 K8s 的 master 机器上运行此代码即可
        // 使用 Client-Go 在 K8s 集群外操作资源，首先需要通过获取 kubeconfig 配置文件来建立连接
        if home := homedir.HomeDir(); home != "" {
            kubeconfig = flag.String("kubeconfig", filepath.Join(home, ".kube", "config"), "(optional)
absolute path to the kubeconfig file")
        } else {
            kubeconfig = flag.String("kubeconfig", "", "absolute path to the kubeconfig file")
        }
        flag.Parse()
        fmt.Println(kubeconfig)
        // 在 kubeconfig 中使用当前上下文环境，config 获取支持 URL 和 path 方式
        // 通过 BuildConfigFromFlags() 函数获取 restclient.Config 对象，根据该 config 对象创建 Client
集合
        config, err = clientcmd.BuildConfigFromFlags("", *kubeconfig)
        //config, err := clientcmd.BuildConfigFromFlags("192.168.1.72:6443", *kubeconfig)
        if err != nil {
            fmt.Println(err)
            //panic(err)
            return
        }

        client, err = dynamic.NewForConfig(config)
        if err != nil {
            fmt.Println(err)
            //panic(err)
            return
        }
        deploymentRes = schema.GroupVersionResource{Group: "apps", Version: "v1", Resource:
"deployments"}
        // 从指定的 config 创建一个新的 clientset
        // 根据获取的 config 来创建一个 Clientset 对象。通过调用 NewForConfig 函数创建 clientset 对象
```

```
    //NewForConfig 函数具体实现就是初始化 Clientset 中的每个 Client，基本涵盖了 K8s 内各种类型
    //Clientset 是多个 Client 的集合，每个 Client 可能包含不同版本的方法调用。
    clientset, err = kubernetes.NewForConfig(config)
    if err != nil {
        fmt.Println(err)
        //  panic(err)
        fmt.Println("init clientgo fail")
        return
    }
    fmt.Println("init clientgo success")
    InitSuccess = true
}
/*
clientset 的结构体
K8s.io/client-go/kubernetes/clientset.go

// Clientset contains the clients for groups. Each group has exactly one
// version included in a Clientset.
type Clientset struct {
    *discovery.DiscoveryClient
    admissionregistrationV1alpha1 *admissionregistrationv1alpha1.AdmissionregistrationV1alpha1Client
    appsV1beta1                *appsv1beta1.AppsV1beta1Client
    appsV1beta2                *appsv1beta2.AppsV1beta2Client
    authenticationV1           *authenticationv1.AuthenticationV1Client
    authenticationV1beta1      *authenticationv1beta1.AuthenticationV1beta1Client
    authorizationV1            *authorizationv1.AuthorizationV1Client
    authorizationV1beta1       *authorizationv1beta1.AuthorizationV1beta1Client
    autoscalingV1              *autoscalingv1.AutoscalingV1Client
    autoscalingV2beta1         *autoscalingv2beta1.AutoscalingV2beta1Client
    batchV1                    *batchv1.BatchV1Client
    batchV1beta1               *batchv1beta1.BatchV1beta1Client
    batchV2alpha1              *batchv2alpha1.BatchV2alpha1Client
    certificatesV1beta1        *certificatesv1beta1.CertificatesV1beta1Client
    coreV1                     *corev1.CoreV1Client
    extensionsV1beta1          *extensionsv1beta1.ExtensionsV1beta1Client
    networkingV1               *networkingv1.NetworkingV1Client
    policyV1beta1              *policyv1beta1.PolicyV1beta1Client
    rbacV1                     *rbacv1.RbacV1Client
    rbacV1beta1                *rbacv1beta1.RbacV1beta1Client
    rbacV1alpha1               *rbacv1alpha1.RbacV1alpha1Client
    schedulingV1alpha1         *schedulingv1alpha1.SchedulingV1alpha1Client
    settingsV1alpha1           *settingsv1alpha1.SettingsV1alpha1Client
    storageV1beta1             *storagev1beta1.StorageV1beta1Client
    storageV1                  *storagev1.StorageV1Client
```

```
    }
    */
    /*
    获取 Kubernetes 配置文件 kubeconfig 的绝对路径。一般路径为 $HOME/.kube/config。该文件主要用来配置本地连接的 Kubernetes 集群。

    config 内容如下：

    apiVersion: v1
    clusters:
    - cluster:
        server: http://<kube-master-ip>:8080
      name: K8s
    contexts:
    - context:
        cluster: K8s
        namespace: default
        user: ""
      name: default
    current-context: default
    kind: Config
    preferences: {}
    users: []

    */
    // 做成公共的 config
    func getConfig() (*rest.Config, error) {
        var kubeconfig *string
        if home := homedir.HomeDir(); home != "" {
            kubeconfig = flag.String("kubeconfig", filepath.Join(home, ".kube", "config"), "(optional) absolute path to the kubeconfig file")
        } else {
            kubeconfig = flag.String("kubeconfig", "", "absolute path to the kubeconfig file")
        }
        flag.Parse()

        // use the current context in kubeconfig
        return clientcmd.BuildConfigFromFlags("", *kubeconfig)
    }
    func GetConfigMap() {
        configMaps, err := clientset.CoreV1().ConfigMaps("").List(context.TODO(), metav1.ListOptions{})
        if err != nil {
            log.Fatalln("failed to get config map:", err)
        }
```

```
    for i, cm := range configMaps.Items {
        fmt.Printf("[%d] %s\n", i, cm.GetName())
        fmt.Printf("[%d] %s\n", i, cm.Data)
    }
}

func getClient(configLocation string) (typev1.CoreV1Interface, error) {
    kubeconfig := filepath.Clean(configLocation)
    config, err := clientcmd.BuildConfigFromFlags("", kubeconfig)
    if err != nil {
        fmt.Printf(err.Error())
        return nil, err
    }
    clientset, err = kubernetes.NewForConfig(config)
    if err != nil {
        fmt.Printf(err.Error())
        return nil, err
    }
    return clientset.CoreV1(), nil
}

func GetSecret(version string) (retVal interface{}, err error) {
    //clientset := GetClientOutOfCluster()
    labelSelector := metav1.LabelSelector{MatchLabels: map[string]string{"version": version}}

    listOptions := metav1.ListOptions{
        LabelSelector: labels.Set(labelSelector.MatchLabels).String(),
        Limit:      100,
    }
    secretList, err := clientset.CoreV1().Secrets("namespace").List(context.TODO(), listOptions)
    retVal = secretList.Items[0]
    return retVal, err
}

/*

Kubernetes 中的 GVR 是什么？
它代表组、版本、资源（和种类）
这是 Kubernetes API 服务器的驱动

*/
func GetGVR(namespace string) (string, error) {

    discoveryClient, err := discovery.NewDiscoveryClientForConfig(config)
```

```
        if err != nil {
            fmt.Println(err)
            return "", err
        }

        _, APIResourceList, err := discoveryClient.ServerGroupsAndResources()
        if err != nil {
            fmt.Println(err)
            return "", err
        }
        final_result := make([]map[string]string, 0)
        for _, list := range APIResourceList {
            gv, err := schema.ParseGroupVersion(list.GroupVersion)
            if err != nil {
                fmt.Println(err)
                return "", err
            }
            m := make(map[string]string)
            for _, resource := range list.APIResources {
                fmt.Printf("name: %v, group: %v, version %v\n", resource.Name, gv.Group, gv.Version)

                m["Name"] = resource.Name

                m["Version"] = resource.Version
                m["Kind"] = resource.Kind

            }

            final_result = append(final_result, m)
        }
        jsonData, _ := json.Marshal(final_result)
        return string(jsonData), nil
    }
```

5.3 Deployment 的增、删、查、改

```
/*
Deployment 为 Pod 和 ReplicaSet 提供声明式更新。
    开发者只需要在 Deployment 中描述想要的目标状态即可，Deployment controller 就会帮开发者
将 Pod 和 ReplicaSet 的实际状态改成开发者的目标状态。
```

```
    Deployment 资源创建流程如下：
    ①用户通过 kubectl 创建 Deployment。
    ② Deployment 创建 ReplicaSet。
    ③ ReplicaSet 创建 Pod。

    Deployment 是一个定义及管理多副本应用（即多个副本 Pod）的新一代对象，与 Replication
Controller 相比，它提供了更加完善的功能，使用起来更加简单方便。

    如果 Pod 出现故障，对应的服务也会挂掉，所以 Kubernetes 提供了一个 Deployment 的概念，
目的是让 Kubernetes 去管理一组 Pod 的副本，也就是副本集。
    这样就能够保证一定数量的副本一直可用，不会因为某一个 Pod 挂掉导致整个服务挂掉。
    Deployment 还负责在 Pod 定义发生变化时，对每个副本进行滚动更新（Rolling Update）。

    这样使用一种 API 对象（Deployment）管理另一种 API 对象（Pod）的方法，在 K8s 中，叫作控
制器模式（controller pattern）。
    Deployment 扮演的正是 Pod 的控制器角色。

    */

    package kubers

    import (
        "context"
        "encoding/json"
        "errors"
        "fmt"
        "log"
        "reflect"
        "strconv"

        "gopkg.in/yaml.v2"
        appsv1 "K8s.io/api/apps/v1"
        appsbetav1 "K8s.io/api/apps/v1beta1"
        apiv1 "K8s.io/api/core/v1"
        metav1 "K8s.io/apimachinery/pkg/apis/meta/v1"
        "K8s.io/apimachinery/pkg/apis/meta/v1/unstructured"
        "K8s.io/client-go/kubernetes"
        v1beta "K8s.io/client-go/kubernetes/typed/apps/v1beta1"
        "K8s.io/client-go/restmapper"
        "K8s.io/client-go/util/retry"
    )
    // 创建 Deployment 例子
    func CreateDeployment(namespace string) error {
```

```
clientset, err := kubernetes.NewForConfig(config)
if err != nil {
    return err
}

deployment := &appsv1.Deployment{
    ObjectMeta: metav1.ObjectMeta{
        Name: "demo-deployment",
    },
    Spec: appsv1.DeploymentSpec{
        Replicas: int32Ptr(2),
        Selector: &metav1.LabelSelector{
            MatchLabels: map[string]string{
                "app": "demo",
            },
        },
        Template: apiv1.PodTemplateSpec{
            ObjectMeta: metav1.ObjectMeta{
                Labels: map[string]string{
                    "app": "demo",
                },
            },
            Spec: apiv1.PodSpec{
                Containers: []apiv1.Container{
                    {
                        Name:  "web",
                        Image: "nginx:1.12",
                        Ports: []apiv1.ContainerPort{
                            {
                            Name:       "http",
                            Protocol:   apiv1.ProtocolTCP,
                            ContainerPort: 80,
                    },
                        },
                    },
                },
            },
        },
    },
}

deployment.Name = "example"
// edit deployment spec
```

```
    clientt := clientset.AppsV1().Deployments(namespace)
    _, err = clientt.Create(context.TODO(), deployment, metav1.CreateOptions{})
    return err
}
func GetDeployment(nameSpace string) (string, error) {
    if clientset == nil {
        return "", errors.New("K8s not install")
    }
    // deployment 列表获取
    fmt.Println("GetDeployment nameSpace=" + nameSpace)
    deploymentsClient := clientset.AppsV1().Deployments(nameSpace)
    deployments, err := deploymentsClient.List(context.TODO(), metav1.ListOptions{})
    if err != nil {
        fmt.Println(err)
        return "", err
    }
    final_result := make([]map[string]string, 0)

    for _, d := range deployments.Items {

        m := make(map[string]string)

        m["CreationTime"] = d.GetCreationTimestamp().String()
        m["Namespace"] = d.GetNamespace()
        m["app"] = d.Spec.Selector.MatchLabels["app"]
        m["Replicas"] = strconv.FormatInt(int64(*d.Spec.Replicas), 10)

        m["DeploymentName"] = d.GetName()
        if len(nameSpace) > 0 {
            if nameSpace == d.GetNamespace() {
                final_result = append(final_result, m)
            }
        } else {
            final_result = append(final_result, m)
        }
        m = nil

    }
    jsonData, _ := json.Marshal(final_result)
    return string(jsonData), nil
}
func GetDeploymentDetail(nameSpace, deploymentName string) (string, error) {
    // deployment 详情获取
    if clientset == nil {
```

```
            return "", errors.New("K8s not install")
        }
        fmt.Println("GetDeploymentDetail22=" + deploymentName + "nameSpace=" + nameSpace)
        deploymentsClient := clientset.AppsV1().Deployments(nameSpace)
        deployment, err := deploymentsClient.Get(context.TODO(), deploymentName, metav1.
GetOptions{})
        if err != nil {
            fmt.Println(err)
            return "", err
        }
        //fmt.Println(deployment.Spec)
        specjson, err := json.Marshal(deployment.Spec)
        if err == nil {
            return string(specjson), nil
        }
        return "", err

    }
    // 更新副本数量
    func UpdateDeploymentNum(nameSpace, deploymentName, num string) {

        deploymentsClient := clientset.AppsV1().Deployments(nameSpace)
      // 先把 Deployment 读出来，再修改其中的值
        retryErr := retry.RetryOnConflict(retry.DefaultRetry, func() error {
            result, getErr := deploymentsClient.Get(context.TODO(), deploymentName, metav1.
GetOptions{})
            if getErr != nil {
                panic(fmt.Errorf(" 失败，确认之后再试一下 ~ : %v", getErr))
            }
            //inum, _ := strconv.Atoi(num)

            imum, _ := strconv.ParseInt(num, 10, 64)
            var guess *int32
            guess = new(int32)
            *guess = int32(imum)

            result.Spec.Replicas = guess
            _, updateErr := deploymentsClient.Update(context.TODO(), result, metav1.UpdateOptions{})
            return updateErr
        })
        if retryErr != nil {
            panic(fmt.Errorf(" 扩容出现问题，请检查调用 ~ : %v", retryErr))
        }
    }
```

```
func InterfaceToMap(s interface{}, tagName string) map[string]interface{} {
    t := reflect.TypeOf(s)
    v := reflect.ValueOf(s)

    maps := make(map[string]interface{})
    for i := 0; i < t.NumField(); i++ {
        f := t.Field(i)
        // 指定 tagName 值为 map 中的 key
        k := f.Tag.Get(tagName)
        v := v.FieldByName(f.Name).Interface()
        maps[k] = v
    }
    return maps
}

func Update2(namespace string) error {
    fmt.Println("Updated deployment...")
    //prompt()
    fmt.Println("Updating deployment...")


    retryErr := retry.RetryOnConflict(retry.DefaultRetry, func() error {
        // Retrieve the latest version of Deployment before attempting update
        // RetryOnConflict uses exponential backoff to avoid exhausting the apiserver
        result, getErr := client.Resource(deploymentRes).Namespace(namespace).Get(context.TODO(),
"demo-deployment", metav1.GetOptions{})
        if getErr != nil {
            fmt.Println("failed to get latest version of Deployment: %v", getErr)
            return getErr
        }

        // update replicas to 1
        if err := unstructured.SetNestedField(result.Object, int64(1), "spec", "replicas"); err != nil {
            fmt.Println("failed to set replica value: %v", err)
            return err
        }

        // extract spec containers
        containers, found, err := unstructured.NestedSlice(result.Object, "spec", "template", "spec",
"containers")
        if err != nil || !found || containers == nil {
            fmt.Println("deployment containers not found or error in spec: %v", err)
            return err
```

```
        }

        // update container[0] image
        if err := unstructured.SetNestedField(containers[0].(map[string]interface{}), "nginx:1.13",
"image"); err != nil {
            //panic(err)
            fmt.Println(err)
            return err

        }
        if err := unstructured.SetNestedField(result.Object, containers, "spec", "template", "spec",
"containers"); err != nil {
            fmt.Println(err)
            return err
        }

        _, updateErr := client.Resource(deploymentRes).Namespace(namespace).Update(context.
TODO(), result, metav1.UpdateOptions{})
        return updateErr
    })
    if retryErr != nil {
        fmt.Println("update failed: %v", retryErr)
        return retryErr
    }
    return nil
}

func DeleteDeployment(namespace, deploymentname string) error {

    log.Printf("delete deployment:[%v %v].\n", namespace, deploymentname)
    deploymentsClient := clientset.AppsV1().Deployments(namespace)
    deletePolicy := metav1.DeletePropagationForeground
    if err := deploymentsClient.Delete(context.TODO(), deploymentname, metav1.DeleteOptions{
        PropagationPolicy: &deletePolicy,
    }); err != nil {
        fmt.Println(err)
        return err
    }
    return nil
}

/*
deploymentclient := clientset.AppsV1beta1().Deployments(apiv1.NamespaceDefault)
    go create_deploy(deploymentclient)
```

```
	//go delete_deploy(deploymentclient)
	//go list_deploy(deploymentclient)
	//go update_deploy(deploymentclient)
	watch_deploy(deploymentclient)
*/
func create_deploy(deploymentclient v1beta.DeploymentInterface) {
	var r apiv1.ResourceRequirements
	j := `{"limits": {"cpu":"200m", "memory": "1Gi"}, "requests": {"cpu":"100m", "memory": "100m"}}`
	json.Unmarshal([]byte(j), &r)

	deploy := &appsbetav1.Deployment{
		ObjectMeta: metav1.ObjectMeta{
			Name: "nginx",
		},
		Spec: appsbetav1.DeploymentSpec{
			Replicas: int32Ptr2(1),
			Template: apiv1.PodTemplateSpec{
				ObjectMeta: metav1.ObjectMeta{
					Labels: map[string]string{
						"app": "nginx",
					},
				},
				Spec: apiv1.PodSpec{
					Containers: []apiv1.Container{
						{
Name: "nginx",
							Image:    "nginx",
							Resources: r,
							Ports: []apiv1.ContainerPort{
						{
									Name: "http",
								Protocol:     apiv1.ProtocolTCP,
							ContainerPort: 80,
						},
							},
						},
					},
				},
			},
		},
	}

	fmt.Println("that is creating deployment....")
	result, err := deploymentclient.Create(context.TODO(), deploy, metav1.CreateOptions{})
```

```
    if err != nil {
        panic(err)
    }
    fmt.Println("Success create deployment", result.GetObjectMeta().GetName())
}

func int32Ptr2(i int32) *int32 { return &i }

func list_deploy(deploymentclient v1beta.DeploymentInterface) {
    deploy, _ := deploymentclient.List(context.TODO(), metav1.ListOptions{})
    for _, i := range deploy.Items {
        fmt.Printf("%s have %d replices", i.Name, *i.Spec.Replicas)
    }
}
// 删除
func delete_deploy(deploymentclient v1beta.DeploymentInterface) {
    //deletepolicy := metav1.DeletePropagationForeground
    err := deploymentclient.Delete(context.TODO(), "nginx", metav1.DeleteOptions{})
    if err != nil {
        panic(err)
    } else {
        fmt.Println("delete successful")
    }
}
// 监视变化
func watch_deploy(deploymentclient v1beta.DeploymentInterface) {
    w, _ := deploymentclient.Watch(context.TODO(), metav1.ListOptions{})
    for {
        select {
        case e := <-w.ResultChan():
            fmt.Println(e.Type, e.Object)
        }
    }
}
// 更新
func update_deploy(deploymentclient v1beta.DeploymentInterface) {
    result, err := deploymentclient.Get(context.TODO(), "nginx", metav1.GetOptions{})
    if err != nil {
        panic(err)
    }

    result.Spec.Replicas = int32Ptr2(2)
    deploymentclient.Update(context.TODO(), result, metav1.UpdateOptions{})
}
```

```
func prompt() {
    fmt.Printf("-> Press Return key to continue.")
    //bufio.Scanner 结构体用于读取数据
    scanner := bufio.NewScanner(os.Stdin)
    for scanner.Scan() {
        break
    }
    if err := scanner.Err(); err != nil {
        panic(err)
    }
    fmt.Println()
}

func int32Ptr(i int32) *int32 { return &i }
```

5.4　yaml 远程执行

在服务器上用 vim 创建和执行 yaml 的效率很低。通过 API 的形式远程执行，这样就可以在网页上操作，执行后把 yaml 存储起来，需要修改时再调出来修改执行即可。

```
    // 使用 yaml 创建 Ingress、Service、Pod 等资源，Namespace 是命名空间，deploymentYAML 是
yaml 文件的字符串内容

    func CreateYaml(namespace, deploymentYAML string) error {
        // 3. Decode YAML manifest into unstructured.Unstructured
        deployment := &unstructured.Unstructured{}
        // 将 yaml 解码为 unstructured.Unstructured
        _, gvk, err := decUnstructured.Decode([]byte(deploymentYAML), nil, deployment)
        if err != nil {
            fmt.Println(err)
            return err
        }
        //fmt.Println(gvk)

        //restMapper 包，获取实现了 restMapper（对应一个 gv 下的 resources）接口的结构体
        // APIGroupResources 是一个 API 组，具有版本到资源的映射
        // 获取 GroupResources
        restMapperRes, err := restmapper.GetAPIGroupResources(clientset.Discovery())
        // NewDiscoveryRESTMapper 根据 gvrs 返回 PriorityRESTMapper（gvk -- resource)
```

```
        restMapper := restmapper.NewDiscoveryRESTMapper(restMapperRes)
        // RESTMapping 为提供的组类型识别出首选资源映射，查找 Group/Version/Kind 的 REST 映射
        mapping, _ := restMapper.RESTMapping(gvk.GroupKind(), gvk.Version)
        // Create Deployment
        fmt.Println("Creating ...")
        fmt.Println(mapping.Resource)
        fmt.Println("namespace=" + namespace)
        // 到这里就可以在 Kubernetes 中使用得到的 Client 对象来执行创建、删除等操作了
        result, err := client.Resource(mapping.Resource).Namespace(namespace).Create(context.TODO(),
deployment, metav1.CreateOptions{})

        if err != nil {
            //panic(err)
            fmt.Println(err)
            return err
        }
        // 到这里就使用 Golang 完成一个轻量级的 yaml 模板处理工具
        fmt.Printf("Created  %q.\n", result.GetName())
        return nil

    }

    // 使用 yaml 更新 Ingress、Service、Pod 等资源
    func UpdateYaml(namespace, deploymentYAML string) error {

        // 3. Decode YAML manifest into unstructured.Unstructured
        deployment := &unstructured.Unstructured{}
        // 将 YAML 解码为 unstructured.Unstructured
        _, gvk, err := decUnstructured.Decode([]byte(deploymentYAML), nil, deployment)
        if err != nil {
            fmt.Println(err)
            return err
        }
        //fmt.Println(gvk)
        restMapperRes, err := restmapper.GetAPIGroupResources(clientset.Discovery())
        restMapper := restmapper.NewDiscoveryRESTMapper(restMapperRes)
        mapping, _ := restMapper.RESTMapping(gvk.GroupKind(), gvk.Version)

        // Create Deployment
        fmt.Println("Update deployment...")
        fmt.Println(mapping.Resource)
        fmt.Println("namespace=" + namespace)
        fmt.Println("mapping.Scope.Name()=" + mapping.Scope.Name())
        //yamlnamespace := GetVlaueFromYaml(deploymentYAML, "namespace")
```

```
        //if len(yamlnamespace) > 0 {
        //    namespace = yamlnamespace
        //}
        result, err := client.Resource(mapping.Resource).Namespace(namespace).Update(context.TODO(),
deployment, metav1.UpdateOptions{})

        if err != nil {
            //panic(err)
            fmt.Println(err)
            return err
        }
        fmt.Printf("update  %q.\n", result.GetName())
        return nil

    }

    // 使用 yaml 删除 Ingress、Service、Pod 等资源
    func DeleteYaml(namespace, deploymentname, deploymentYAML string) error {

        // 3. Decode YAML manifest into unstructured.Unstructured
        deployment := &unstructured.Unstructured{}
        _, gvk, err := decUnstructured.Decode([]byte(deploymentYAML), nil, deployment)
        if err != nil {
            fmt.Println(err)
            return err
        }
        //fmt.Println(gvk)
        restMapperRes, err := restmapper.GetAPIGroupResources(clientset.Discovery())
        restMapper := restmapper.NewDiscoveryRESTMapper(restMapperRes)
        mapping, _ := restMapper.RESTMapping(gvk.GroupKind(), gvk.Version)
        // Create Deployment
        fmt.Println("Delete ...")
        fmt.Println(mapping.Resource)
        fmt.Println("namespace=" + namespace)
        client.Resource(mapping.Resource).Namespace(namespace).Delete(context.TODO(),
deploymentname, metav1.DeleteOptions{})

        return nil

    }

    // 将 yaml 转为 map，根据 key 从 yaml 中获取值
    func GetVlaueFromYaml(deploymentYAML, key string) string {
        fmt.Println("GetVlaueFromYaml \n")
```

```
	m := make(map[string]interface{})
	if uerr := yaml.Unmarshal([]byte(deploymentYAML), &m); uerr != nil {
		fmt.Println("error parsing yaml file: %v", uerr)
		return ""
	}
	fmt.Println("GetVlaueFromYaml2 \n")
	if m["metadata"] != nil {
		fmt.Println("GetVlaueFromYaml3 \n")
		fmt.Println("metadata=")
		fmt.Println(m["metadata"])
		meta := InterfaceToMap(m["metadata"], "namespace")
		if meta != nil {
			fmt.Println("GetVlaueFromYaml4 \n")
			v, ok := meta["namespace"].(string)
			if ok {
				fmt.Println("GetVlaueFromYaml5 \n")
				fmt.Println("yamlnamespace=" + v)
				return v
			}

		}

	}
	return ""
}
```

5.5 Namespace 的增、删、查、改

代码如下：

```
package kubers

import (
	"context"
	"encoding/json"
	"flag"
	"fmt"
	"log"
	"path/filepath"

	metav1 "K8s.io/apimachinery/pkg/apis/meta/v1"
```

```
        "K8s.io/apimachinery/pkg/apis/meta/v1/unstructured"
        "K8s.io/apimachinery/pkg/labels"
        "K8s.io/apimachinery/pkg/runtime/schema"
        serializeryaml "K8s.io/apimachinery/pkg/runtime/serializer/yaml"
        "K8s.io/client-go/discovery"
        "K8s.io/client-go/dynamic"
        "K8s.io/client-go/kubernetes"
        typev1 "K8s.io/client-go/kubernetes/typed/core/v1"
        "K8s.io/client-go/rest"
        "K8s.io/client-go/tools/clientcmd"
        "K8s.io/client-go/util/homedir"
)

// 测试用的一个 Deployment
const deploymentYAML22 = `
apiVersion: apps/v1
kind: Deployment
metadata:
  name: demo-deployment
  namespace: default
spec:
  selector:
    matchLabels:
      app: nginx
  template:
    metadata:
      labels:
        app: nginx
    spec:
      containers:
      - name: nginx
        image: nginx:latest
`

var decUnstructured = serializeryaml.NewDecodingSerializer(unstructured.UnstructuredJSONScheme)
var kubeconfig *string

var err error
var client dynamic.Interface
var config *rest.Config
var deploymentRes schema.GroupVersionResource
var clientset *kubernetes.Clientset
var contex context.Context
var InitSuccess bool
```

```
//Client-Go 是调用 Kubernetes 集群资源对象的客户端
//（包括 deployment、service、ingress、pod、namespace、node 等）的增、删、查、改等操作
// 配置本地连接的 kubernetes 集群
func InitClientgo() {

    InitSuccess = false
    fmt.Println("init clientgo")
    // 使用 kubeconfig 配置文件进行集群权限认证，在 K8s 的 master 机器上运行此代码即可
    // 使用 Client-Go 在 K8s 集群外操作资源，首先需要通过获取 kubeconfig 配置文件来建立
连接
    if home := homedir.HomeDir(); home != "" {
        kubeconfig = flag.String("kubeconfig", filepath.Join(home, ".kube", "config"), "(optional)
absolute path to the kubeconfig file")
    } else {
        kubeconfig = flag.String("kubeconfig", "", "absolute path to the kubeconfig file")
    }
    flag.Parse()
    fmt.Println(kubeconfig)
    // 在 kubeconfig 中使用当前上下文环境，config 获取支持 URL 和 path 方式
    // 通过 BuildConfigFromFlags() 函数获取 restclient.Config 对象，根据该 config 对象创建 client
集合
    config, err = clientcmd.BuildConfigFromFlags("", *kubeconfig)
    //config, err := clientcmd.BuildConfigFromFlags("192.168.1.72:6443", *kubeconfig)
    if err != nil {
        fmt.Println(err)
        //panic(err)
        return
    }

    client, err = dynamic.NewForConfig(config)
    if err != nil {
        fmt.Println(err)
        //panic(err)
        return
    }
    deploymentRes = schema.GroupVersionResource{Group: "apps", Version: "v1", Resource:
"deployments"}
    // 从指定的 config 创建一个新的 Clientset
    // 根据获取的 config 来创建一个 Clientset 对象。通过调用 NewForConfig 函数创建 Clientset 对象
    // NewForConfig 函数具体实现就是初始化 Clientset 中的每个 Client，基本涵盖了 K8s 内各种类型
    //Clientset 是多个 Client 的集合，每个 Client 可能包含不同版本的方法调用
    clientset, err = kubernetes.NewForConfig(config)
    if err != nil {
```

```
			fmt.Println(err)
				//panic(err)
			fmt.Println("init clientgo fail")
			return
		}
		fmt.Println("init clientgo success")
		InitSuccess = true
	}
	/*
	Clientset 的结构体
	K8s.io/client-go/kubernetes/clientset.go

	// Clientset contains the clients for groups. Each group has exactly one
	// version included in a Clientset
	type Clientset struct {
		*discovery.DiscoveryClient
		admissionregistrationV1alpha1 *admissionregistrationv1alpha1.AdmissionregistrationV1alpha1Client
		appsV1beta1              *appsv1beta1.AppsV1beta1Client
		appsV1beta2              *appsv1beta2.AppsV1beta2Client
		authenticationV1         *authenticationv1.AuthenticationV1Client
		authenticationV1beta1    *authenticationv1beta1.AuthenticationV1beta1Client
		authorizationV1          *authorizationv1.AuthorizationV1Client
		authorizationV1beta1     *authorizationv1beta1.AuthorizationV1beta1Client
		autoscalingV1            *autoscalingv1.AutoscalingV1Client
		autoscalingV2beta1       *autoscalingv2beta1.AutoscalingV2beta1Client
		batchV1                  *batchv1.BatchV1Client
		batchV1beta1             *batchv1beta1.BatchV1beta1Client
		batchV2alpha1            *batchv2alpha1.BatchV2alpha1Client
		certificatesV1beta1      *certificatesv1beta1.CertificatesV1beta1Client
		coreV1                   *corev1.CoreV1Client
		extensionsV1beta1        *extensionsv1beta1.ExtensionsV1beta1Client
		networkingV1             *networkingv1.NetworkingV1Client
		policyV1beta1            *policyv1beta1.PolicyV1beta1Client
		rbacV1                   *rbacv1.RbacV1Client
		rbacV1beta1              *rbacv1beta1.RbacV1beta1Client
		rbacV1alpha1             *rbacv1alpha1.RbacV1alpha1Client
		schedulingV1alpha1       *schedulingv1alpha1.SchedulingV1alpha1Client
		settingsV1alpha1         *settingsv1alpha1.SettingsV1alpha1Client
		storageV1beta1           *storagev1beta1.StorageV1beta1Client
		storageV1                *storagev1.StorageV1Client
	}
	*/
	/*
	获取 Kubernetes 配置文件 kubeconfig 的绝对路径。一般路径为 $HOME/.kube/config。该文件主
```

```
要用来配置本地连接的 Kubernetes 集群。

    config 内容如下：

    apiVersion: v1
    clusters:
    - cluster:
        server: http://<kube-master-ip>:8080
      name: K8s
    contexts:
    - context:
        cluster: K8s
        namespace: default
        user: ""
      name: default
    current-context: default
    kind: Config
    preferences: {}
    users: []

    */
    // 做成公共的 config
    func getConfig() (*rest.Config, error) {
        var kubeconfig *string
        if home := homedir.HomeDir(); home != "" {
            kubeconfig = flag.String("kubeconfig", filepath.Join(home, ".kube", "config"), "(optional)
absolute path to the kubeconfig file")
        } else {
            kubeconfig = flag.String("kubeconfig", "", "absolute path to the kubeconfig file")
        }
        flag.Parse()

        // use the current context in kubeconfig
        return clientcmd.BuildConfigFromFlags("", *kubeconfig)
    }
    func GetConfigMap() {
        configMaps, err := clientset.CoreV1().ConfigMaps("").List(context.TODO(), metav1.ListOptions{})
        if err != nil {
            log.Fatalln("failed to get config map:", err)
        }
        for i, cm := range configMaps.Items {
            fmt.Printf("[%d] %s\n", i, cm.GetName())
            fmt.Printf("[%d] %s\n", i, cm.Data)
        }
```

```
}

func getClient(configLocation string) (typev1.CoreV1Interface, error) {
	kubeconfig := filepath.Clean(configLocation)
	config, err := clientcmd.BuildConfigFromFlags("", kubeconfig)
	if err != nil {
		fmt.Printf(err.Error())
		return nil, err
	}
	clientset, err = kubernetes.NewForConfig(config)
	if err != nil {
		fmt.Printf(err.Error())
		return nil, err
	}
	return clientset.CoreV1(), nil
}

func GetSecret(version string) (retVal interface{}, err error) {
	//clientset := GetClientOutOfCluster()
	labelSelector := metav1.LabelSelector{MatchLabels: map[string]string{"version": version}}

	listOptions := metav1.ListOptions{
		LabelSelector: labels.Set(labelSelector.MatchLabels).String(),
		Limit:        100,
	}
	secretList, err := clientset.CoreV1().Secrets("namespace").List(context.TODO(), listOptions)
	retVal = secretList.Items[0]
	return retVal, err
}
```

5.6　Ingress 入口的增、删、查、改

```
/*
什么是 Ingress？
通常情况下，Service 和 Pod 的 IP 仅可在集群内部访问。集群外部的请求需要通过负载均衡转发到 Service 在 Node 上暴露的 NodePort 上，然后由 Kube-proxy 通过边缘路由器 (edge router) 将其转发给相关的 Pod 或丢弃，而 Ingress 就是为进入集群的请求提供路由规则的集合。

Ingress 可以给 Service 提供集群外部访问的 URL、负载均衡、SSL 终止、HTTP 路由等。为了配置这些 Ingress 规则，集群管理员需要部署一个 Ingress Controller 监听 Ingress 和 Service 的变化，并根据
```

```
规则配置负载均衡提供访问入口，简单来说，Ingress 就是个 API 网关。

    Ingress 相当于一个 7 层的负载均衡器，是 K8s 对反向代理的一个抽象名称。工作原理类似于 Nginx，可以理解成在 Ingress 里建立一个个映射规则，Ingress Controller 通过监听 Ingress 这个 API 对象里的配置规则并转化成 Nginx 的配置（Kubernetes 声明式 API 和控制循环），然后对外部提供服务。Ingress 包括 Ingress Controller 和 Ingress Resources。

    Ingress controller 的核心是一个 Deployment，实现方式有很多，比如 Nginx、Contour、Haproxy、Traefik、Istio，需要编写的 yaml 有 Deployment、Service、ConfigMap、ServiceAccount（Auth），其中 Service 的类型可以是 NodePort 或者 LoadBalancer。

    Ingress Resources 是一个类型为 Ingress 的 K8s API 对象，这部分是面向开发人员的。

    Ingress 后面对接的是 Service。
    */

    package kubers

    import (
        "context"
        "encoding/json"
        "errors"
        "fmt"

        exv1beta "K8s.io/api/extensions/v1beta1"
        "K8s.io/client-go/deprecated/typed/extensions/v1beta1"

        metav1 "K8s.io/apimachinery/pkg/apis/meta/v1"
        "K8s.io/apimachinery/pkg/util/intstr"
    )

    // 获取入口列表
    func GetIngressList(namespace string) (string, error) {
        if client == nil {
            return "", errors.New("K8s not install")
        }
        fmt.Println("GetIngressList namespace=" + namespace)
        ingresses, errr := clientset.ExtensionsV1beta1().Ingresses(namespace).List(context.TODO(), metav1.ListOptions{})
        if err != nil {
            fmt.Println(errr)
            return "", errr
        }
        final_result := make([]map[string]string, 0)
```

```
        for _, ingress := range ingresses.Items {
            fmt.Printf("%s\n", ingress.GetName())

            for _, rule := range ingress.Spec.Rules {

                fmt.Printf("Ingress found for %s", rule.Host)
            }

            m := make(map[string]string)
            m["IngressName"] = ingress.GetName()
            m["Namespace"] = ingress.GetNamespace()
            specData, _ := json.Marshal(ingress.Spec.Rules)
            m["Spec"] = string(specData)
            final_result = append(final_result, m)

        }
        jsonData, _ := json.Marshal(final_result)

        return string(jsonData), nil

    }

    // 删除入口
    func DeleteIngress(namespace, ingressname string) error {
        err := clientset.ExtensionsV1beta1().Ingresses(namespace).Delete(context.TODO(), ingressname,
metav1.DeleteOptions{})
        if err != nil {
            fmt.Println(err)
            return err
        }
        return nil
    }

    // 获取入口详细信息
    func GetIngressDetail(namespace, ingressname string) (string, error) {
        if client == nil {
            return "", errors.New("K8s not install")
        }
        fmt.Println("GetIngressList namespace=" + namespace)
        ingresses, errr := clientset.ExtensionsV1beta1().Ingresses(namespace).List(context.TODO(), metav1.
ListOptions{})
        if err != nil {
            fmt.Println(errr)
```

```
        return "", errr
    }
    for _, ingress := range ingresses.Items {
        if ingressname == ingress.GetName() {
            jsonData, _ := json.Marshal(ingress)
            return string(jsonData), nil
        }
    }
    return "", nil
}

type ing struct {
    ingress v1beta1.IngressInterface
}

// 更新入口
func (i *ing) update_ingress() {

    ingress_yaml, err := i.ingress.Get("nginx", metav1.GetOptions{})
    if err != nil {
        panic(err)
    }
    ingress_yaml.Spec.Rules = []exv1beta.IngressRule{
        exv1beta.IngressRule{
            Host: "nginx-example.local.com",
        },
    }

    ingress, err := i.ingress.Update(ingress_yaml)
    if err != nil {
        panic(err)
    }
    fmt.Printf("the %s update successful", ingress.Name)
}

// 创建入口
func (i *ing) create_ingress() {
    ingress_yaml := &exv1beta.Ingress{
        ObjectMeta: metav1.ObjectMeta{
            Name: "nginx",
        },
        Spec: exv1beta.IngressSpec{
            Rules: []exv1beta.IngressRule{
                exv1beta.IngressRule{
```

```
                        Host: "nginx.K8s.local",
                        IngressRuleValue: exv1beta.IngressRuleValue{
                            HTTP: &exv1beta.HTTPIngressRuleValue{
                                Paths: []exv1beta.HTTPIngressPath{
                                    exv1beta.HTTPIngressPath{
                                        Backend: exv1beta.IngressBackend{
                                            ServiceName: "nginx",
                                            ServicePort: intstr.IntOrString{
                                                Type:   intstr.Int,
                                                IntVal: 98,
                                            },
                                        },
                                    },
                                },
                            },
                        },
                    },
                },
            },
        }

        ingress, err := i.ingress.Create(ingress_yaml)
        if err != nil {
            panic(err)
        }
        fmt.Printf("ingress %s is created successful", ingress.Name)
    }

    // 监听入口
    func (i *ing) watch_ingress() {
        watch_ingress, err := i.ingress.Watch(metav1.ListOptions{})
        if err != nil {
            panic(err)
        }
        select {
        case e := <-watch_ingress.ResultChan():
            fmt.Println(e.Type)
        }
    }
```

5.7 Service 服务的增、删、查、改

```
/*
    Service 是对一组提供相同功能的 Pods 的抽象，并为它们提供统一的入口。借助 Service，应用可以方便地实现“服务发现”与“负载均衡”，并实现应用的零宕机升级。Service 通过标签来选取服务后端，一般配合 Replication Controller 或 Deployment 来保证后端容器的正常运行。这些匹配标签的 Pod IP 和端口列表组成 endpoints，由 Kube-proxy 负责将服务 IP 负载均衡到这些 endpoints 上。

*/

package kubers

import (
    "context"
    "encoding/json"
    "fmt"
    "os"
    "strconv"

    "errors"

    "log"
    "strings"

    apiv1 "K8s.io/api/core/v1"
    corev1 "K8s.io/api/core/v1"
    metav1 "K8s.io/apimachinery/pkg/apis/meta/v1"
    "K8s.io/apimachinery/pkg/util/intstr"
    typecorev1 "K8s.io/client-go/kubernetes/typed/core/v1"

    typev1 "K8s.io/client-go/kubernetes/typed/core/v1"
)

type srv struct {
    service typecorev1.ServiceInterface
}

/*
var s srv
```

```
    s.service = clientset.CoreV1().Services(apiv1.NamespaceDefault)
    //s.create_service()
    //s.delete_service()
    //s.list_service()
    s.update_service()
    s.watch_service()
*/
// 获取相同命名空间下的所有服务
func GetService(spacename string) (string, error) {
    fmt.Println("GetService namespace=" + spacename + "\n")
    K8sClient, err := getClient(*kubeconfig)
    if err != nil {
        fmt.Fprintf(os.Stderr, "error: %v\n", err)
        return "", err
    }
    return getServiceJsonForDeployment(spacename, "", K8sClient)
}

// 根据服务名称获取服务的明细
func GetServiceDetail(spacename, servicename string) (string, error) {

    fmt.Println("GetServiceDetail spacename=" + spacename + "servicename=" + servicename + "\n")
    K8sClient, err := getClient(*kubeconfig)
    if err != nil {
        fmt.Fprintf(os.Stderr, "error: %v\n", err)
        return "", err
    }

    srv, errsrv := getServiceForDeployment(spacename, servicename, K8sClient)
    if errsrv == nil {

        jsonData, _ := json.Marshal(srv.Spec)
        return string(jsonData), nil
    }
    return "", errsrv
}

// 测试获取服务并输出
func testGetService(namespace string) {

    K8sClient, err := getClient(*kubeconfig)
```

```
        if err != nil {
            fmt.Fprintf(os.Stderr, "error: %v\n", err)
            os.Exit(1)
        }

        svc, err := getServiceForDeployment(namespace, "", K8sClient)
        if err != nil {
            fmt.Fprintf(os.Stderr, "error: %v\n", err)
            os.Exit(2)
        }

        pods, err := getPodsForSvc(namespace, svc, K8sClient)
        if err != nil {
            fmt.Fprintf(os.Stderr, "error: %v\n", err)
            os.Exit(2)
        }
        //循环输出 Pod 的信息
        for _, podd := range pods.Items {
            fmt.Println(podd.ObjectMeta.Name, podd.Status.Phase)
        }
    }

    // 删除服务
    func DeleteService(namespace, servicename string) error {
        err := clientset.CoreV1().Services(namespace).Delete(context.TODO(), servicename, metav1.
DeleteOptions{})
        if err != nil {
            fmt.Println(err)
            return err
        }
        return nil
    }

    // 获取所有服务并输出 JSON 格式
    func getServiceJsonForDeployment(spacename string, deployment string, K8sClient typev1.
CoreV1Interface) (string, error) {
        listOptions := metav1.ListOptions{}

        svcs, err := K8sClient.Services(spacename).List(context.TODO(), listOptions)
        if err != nil {
            return "", err
```

```
	}
	final_result := make([]map[string]string, 0)

	for _, svc := range svcs.Items {
		m := make(map[string]string)
		fmt.Fprintf(os.Stdout, "service name: %v\n", svc.Name)
		m["ServiceName"] = svc.Name
		m["CreateTime"] = svc.GetCreationTimestamp().String()
		m["Namespace"] = svc.GetNamespace()
		m["Type"] = string(svc.Spec.Type)
		m["APP"] = svc.Spec.Selector["app"]
		if len(svc.Spec.Ports) > 0 {
			m["port"] = svc.Spec.Ports[0].Name + " " + strconv.Itoa(int(svc.Spec.Ports[0].Port))
			m["targetPort"] = svc.Spec.Ports[0].Name + " " + svc.Spec.Ports[0].TargetPort.String()
			m["NodePort"] = svc.Spec.Ports[0].Name + " " + strconv.Itoa(int(svc.Spec.Ports[0].
NodePort))
		}

		if len(deployment) > 0 {
			if strings.Contains(svc.Name, deployment) {
				final_result = append(final_result, m)
			}
		} else if len(spacename) > 0 {
			if spacename == svc.GetNamespace() {
				final_result = append(final_result, m)
			}
		} else {
			final_result = append(final_result, m)
		}

	}
	jsonData, _ := json.Marshal(final_result)
	return string(jsonData), nil

	//return nil, errors.New("cannot find service for deployment")
}

// 返回服务所有的信息
func getServiceForDeployment(spacename string, deployment string, K8sClient typev1.
CoreV1Interface) (*corev1.Service, error) {
	listOptions := metav1.ListOptions{}
```

```
        svcs, err := K8sClient.Services(spacename).List(context.TODO(), listOptions)
        if err != nil {
            log.Fatal(err)
        }
        for _, svc := range svcs.Items {
            if strings.Contains(svc.Name, deployment) {
                fmt.Fprintf(os.Stdout, "service name: %v\n", svc.Name)
                return &svc, nil
            }
        }
        return nil, errors.New("cannot find service for deployment")
}

// 创建服务
func (s *srv) create_service() {
        service_yaml := &apiv1.Service{
            ObjectMeta: metav1.ObjectMeta{
                Name: "nginx",
            },
            Spec: apiv1.ServiceSpec{
                Selector: map[string]string{
                    "app": "nginx",
                },
                Ports: []apiv1.ServicePort{
                    {
                        Name: "nginx",
                        Port: 88,
                        TargetPort: intstr.IntOrString{
                            Type:   intstr.Int,
                            IntVal: 80,
                        },
                        Protocol: apiv1.ProtocolTCP,
                    },
                },
            },
        }
        service, err := s.service.Create(context.TODO(), service_yaml, metav1.CreateOptions{})
        if err != nil {
            panic(err)
        } else {
            fmt.Printf("%s is created successful", service.Name)
```

```
	}
}

// 删除服务
func (s *srv) delete_service() {
	err := s.service.Delete(context.TODO(), "nginx", metav1.DeleteOptions{})
	if err != nil {
		panic(err)
	} else {
		fmt.Printf("delete successful")
	}
}

// 列出服务
func (s *srv) list_service() {
	servicelist, err := s.service.List(context.TODO(), metav1.ListOptions{})
	if err != nil {
		panic(err)
	}
	for _, i := range servicelist.Items {
		fmt.Printf("%s \n", i.Name)
	}
}

// 更新服务的一个例子
func (s *srv) update_service() {
	service_yaml, err := s.service.Get(context.TODO(), "nginx", metav1.GetOptions{})
	if err != nil {
		panic(err)
	}
	service_yaml.Spec.Ports = []apiv1.ServicePort{
		{
			Port: 98,
			TargetPort: intstr.IntOrString{
				Type:   intstr.Int,
				IntVal: 80,
			},
			Protocol: apiv1.ProtocolTCP,
		},
	}
```

```
        service, err := s.service.Update(context.TODO(), service_yaml, metav1.UpdateOptions{})
        if err != nil {
            panic(err)
        } else {
            fmt.Printf("the service %s  update successful", service.Name)
        }
}

// 监听服务
func (s *srv) watch_service() {
        watch_service, err := s.service.Watch(context.TODO(), metav1.ListOptions{})
        if err != nil {
            panic(err)
        }
        select {
        case e := <-watch_service.ResultChan():
            fmt.Println(e.Type)
        }
}
```

5.8 Node 的创建、查询、删除

```
//Node 是运行容器的主机，负责提供具体的服务，并且本身具有自我修复能力
//Master 负责管理 Node，控制 Node 具体运行什么容器，同时还承担外部数据访问的角色：Control Plane 控制层面

package kubers

import (
    "context"
    "encoding/json"

    "fmt"

    metav1 "K8s.io/apimachinery/pkg/apis/meta/v1"

    "log"
)
```

```
// 获取 Node 机器列表
func GetNodeList() string {
    if clientset == nil {
        return ""
    }
    // 获取 Node
    fmt.Println("####### 获取 node ######")
    nodes, err := clientset.CoreV1().Nodes().List(context.TODO(), metav1.ListOptions{})
    if err != nil {
        fmt.Println(err)
        return ""
    }

    final_result := make([]map[string]string, 0)

    for _, d := range nodes.Items {
        fmt.Printf("NodeName: %s\n", d.Name)

        m := make(map[string]string)

        m["Namespace"] = d.GetNamespace()
        m["NodeName"] = d.GetName()
        m["CreationTime"] = d.GetCreationTimestamp().String()
        m["ResourceVersion"] = d.GetResourceVersion()
        m["Namespace"] = d.GetNamespace()

        final_result = append(final_result, m)

    }

    jsonData, errpar := json.Marshal(final_result)
    if errpar != nil {
        return ""
    }
    return string(jsonData)
}

// 获取 Node 的详细信息
func GetNodeDetail(spacename, nodeName string) string {
    if clientset == nil {
```

```
            return ""
        }
        // 获取 Node
        // 获取指定 Node 的详细信息
        fmt.Println("\n ####### node 详细信息 ######")
        fmt.Printf("GetNodeDetail: %s \n", nodeName)
        nodeRel, err := clientset.CoreV1().Nodes().Get(context.TODO(), nodeName, metav1.GetOptions{})
        if err != nil {
            fmt.Println(err)
            return ""
        }
        fmt.Printf("Name: %s \n", nodeRel.Name)
        fmt.Printf("CreateTime: %s \n", nodeRel.CreationTimestamp)
        fmt.Printf("NowTime: %s \n", nodeRel.Status.Conditions[0].LastHeartbeatTime)
        fmt.Printf("kernelVersion: %s \n", nodeRel.Status.NodeInfo.KernelVersion)
        fmt.Printf("SystemOs: %s \n", nodeRel.Status.NodeInfo.OSImage)
        fmt.Printf("Cpu: %s \n", nodeRel.Status.Capacity.Cpu())
        fmt.Printf("docker: %s \n", nodeRel.Status.NodeInfo.ContainerRuntimeVersion)
        // fmt.Printf("Status: %s \n", nodeRel.Status.Conditions[len(nodes.Items[0].Status.Conditions)-1].
Type)
        fmt.Printf("Status: %s \n", nodeRel.Status.Conditions[len(nodeRel.Status.Conditions)-1].Type)
        fmt.Printf("Mem: %s \n", nodeRel.Status.Allocatable.Memory().String())

        jsonData, errpar := json.Marshal(nodeRel)

        if errpar != nil {
            return ""
        }
        fmt.Println(string(jsonData))

        return string(jsonData)

    }

    // 删除 Node
    func DeleteNode(nodename string) error {
        if err := clientset.CoreV1().Nodes().Delete(context.TODO(), nodename, metav1.DeleteOptions{});
err != nil {
            log.Printf("CleanUp fail, error: %s\n", err)
            return err
        } else {
```

```
			log.Printf("Outage Node Cleaned Up")
			return nil
		}
	}
```

5.9　Pod 的增、删、查、改

```
//Pod 是 K8s 里面操作容器的基本单元，被 K8s 统一调度，Pod 一般是一组联系紧密的容器
//Pod 都有一个特殊的 Pause 容器用于代表整个 Pod 的状态，Pause 容器的镜像来自 K8s 的平台
package kubers

import (
	"context"
	"encoding/base64"
	"encoding/json"
	"fmt"
	"io"
	"log"
	"os"
	"strconv"
	"strings"

	apiv1 "K8s.io/api/core/v1"
	corev1 "K8s.io/api/core/v1"
	metav1 "K8s.io/apimachinery/pkg/apis/meta/v1"
	"K8s.io/apimachinery/pkg/apis/meta/v1/unstructured"
	"K8s.io/apimachinery/pkg/labels"
	typev1 "K8s.io/client-go/kubernetes/typed/core/v1"
)

// 获取 Pod 列表
func GetPodList2(namespace string) string {
	// 注意：Pods() 方法中的 Namespace 不指定，则获取 Cluster 的所有 Pod 列表
	// List Deployments
	//prompt()
	fmt.Printf("Listing deployments in namespace %q:\n", apiv1.NamespaceDefault)
	list, err := client.Resource(deploymentRes).Namespace(namespace).List(context.TODO(), metav1.
ListOptions{})
```

```
        if err != nil {
            fmt.Println(err)
            return ""
        }
        final_result := make([]map[string]string, 0)

        for _, d := range list.Items {
            m := make(map[string]string)
            replicas, found, err := unstructured.NestedInt64(d.Object, "spec", "replicas")
            if err != nil || !found {
                fmt.Printf("Replicas not found for deployment %s: error=%s", d.GetName(), err)
                continue
            }

            m["podname"] = d.GetName()
            m["ClusterName"] = d.GetClusterName()
            final_result = append(final_result, m)

            fmt.Printf(" * %s (%d replicas)\n", d.GetName(), replicas)

        }
        jsonData, _ := json.Marshal(final_result)
        return string(jsonData)
}

// 获取 Pod 的日志
func GetPodLogs(namespace, podname string) string {
        fmt.Printf("get pod log")
        if clientset == nil {
            return ""
        }
        podLogOpts := corev1.PodLogOptions{}
        if err != nil {
            return "error in getting access to K8s"
        }
        req := clientset.CoreV1().Pods(namespace).GetLogs(podname, &podLogOpts)
        podLogs, err := req.Stream(context.TODO())
        if err != nil {
            return "error in opening stream"
        }
        defer podLogs.Close()
```

```
	buf := new(strings.Builder)
	_, err = io.Copy(buf, podLogs)
	if err != nil {
		return "error in copy information from podLogs to buf"
	}
	str := buf.String()
	//	fmt.Printf("get pod log=" + str)
	fmt.Printf("get pod log=" + str)

	str = "\"" + base64.StdEncoding.EncodeToString([]byte(str)) + "\""

	return str
}

func ReadLimitBytes(r io.Reader, maxReadNum int) []byte {
	var yetReadNum int = 0
	b := make([]byte, 8) // 8 这里控制每次读取的字节数
	total := make([]byte, 0)
	for {
		n, err := r.Read(b)
		total = append(total, b[:n]...)
		if err == io.EOF {
			break
		}
		if maxReadNum > 0 {

			yetReadNum += n
			if yetReadNum >= maxReadNum {
				break
			}
		}
	}

	return total
}

// 从 svc 获取 Pods
func getPodsForSvc(spacename string, svc *corev1.Service, K8sClient typev1.CoreV1Interface) (*corev1.PodList, error) {
	set := labels.Set(svc.Spec.Selector)
```

```
        listOptions := metav1.ListOptions{LabelSelector: set.AsSelector().String()}
        pods, err := K8sClient.Pods(spacename).List(context.TODO(), listOptions)
        for _, pod := range pods.Items {
            fmt.Fprintf(os.Stdout, "pod name: %v\n", pod.Name)
        }
        return pods, err
    }

    // 获取 Pod 列表
    func GetPodList(nodeName string) string {
        if clientset == nil {
            return ""
        }
        pods, err := clientset.CoreV1().Pods("").List(context.TODO(), metav1.ListOptions{})
        if err != nil {
            log.Println(err.Error())
        }
        // 循环输出 Pod 的信息
        //for _, pod := range pods.Items {
        //fmt.Println(pod.ObjectMeta.Name, pod.Status.Phase)
        //}

        final_result := make([]map[string]string, 0)

        for _, pod := range pods.Items {
            m := make(map[string]string)

            /*
                fmt.Println(pods.Items[i].Name)
                fmt.Println(pods.Items[i].CreationTimestamp)
                fmt.Println(pods.Items[i].Labels)
                fmt.Println(pods.Items[i].Namespace)
                fmt.Println(pods.Items[i].Status.HostIP)
                fmt.Println(pods.Items[i].Status.PodIP)
                fmt.Println(pods.Items[i].Status.StartTime)
                fmt.Println(pods.Items[i].Status.Phase)
                fmt.Println(pods.Items[i].Status.ContainerStatuses[0].RestartCount)
        // 重启次数
                fmt.Println(pods.Items[i].Status.ContainerStatuses[0].Image)      // 获取重启时间
            */
            fmt.Println(pod.ObjectMeta.Name, pod.Status.Phase)
```

```
        //if pod.ObjectMeta.GetCreationTimestamp() != nil {
                m["CreationTimestamp"] = pod.ObjectMeta.GetCreationTimestamp().String()
        fmt.Println(pod.ObjectMeta.GetCreationTimestamp().String())
        }

        labelData, _ := json.Marshal(pod.ObjectMeta.Labels)

        m["Namespace"] = pod.ObjectMeta.GetNamespace()
        m["PodName"] = pod.ObjectMeta.GetName()
        m["Labels"] = string(labelData)
        m["Namespace"] = pod.ObjectMeta.Namespace
        m["HostIP"] = pod.Status.HostIP
        m["PodIP"] = pod.Status.PodIP

        fmt.Println(pod.Status.StartTime)
        if pod.Status.StartTime != nil {
            m["StartTime"] = pod.Status.StartTime.String()
        }
        //m["Phase"] = string(pod.Status.Phase)

        if len(pod.Status.ContainerStatuses) > 0 {
            m["RestartCount"] = strconv.FormatInt(int64(pod.Status.ContainerStatuses[0].
RestartCount), 10)
            m["Image"] = pod.Status.ContainerStatuses[0].Image
        }
        final_result = append(final_result, m)
    }
    jsonData, errpar := json.Marshal(final_result)
    if errpar != nil {
        return ""
    }
    fmt.Println(string(jsonData))
    return string(jsonData)
}

// 根据 Podname 获取 Pod 的详细信息
func GetPodDetail(spacename, podname string) string {
    if clientset == nil {
        return ""
    }
```

```
	fmt.Printf("GetPodDetail: %s \n", podname)
	pods, err := clientset.CoreV1().Pods("").List(context.TODO(), metav1.ListOptions{})
	if err != nil {
		log.Println(err.Error())
		return ""
	}
	for _, pod := range pods.Items {
		if pod.ObjectMeta.GetName() == podname {
			jsonData, errjson := json.Marshal(pod)
			if errjson != nil {
				log.Println(err.Error())
				return ""
			}
			return string(jsonData)
		}
	}
	return ""
}
```

5.10 使用 Client-Go 创建 Job

Job 会创建一个或多个 Pod，并将继续重启 Pods 的执行，直到指定数量的 Pods 成功结束。随着 Pods 成功结束，Job 跟踪记录成功完成的 Pods 个数。当数量达到指定的成功个数阈值时，任务（即 Job）结束。删除 Job 的操作会清除所创建的全部 Pods。挂起 Job 的操作会删除 Job 所有活跃的 Pod，直到 Job 被再次恢复执行。

在一种简单的使用场景下，创建一个 Job 对象以便以一种可靠的方式运行某 Pod 直到完成。当第一个 Pod 失败或被删除（比如因为节点硬件失效或重启）时，Job 对象会启动一个新的 Pod，也可以使用 Job 以并行的方式运行多个 Pod。

比如使用 Client-Go 执行以下 Job：

```
apiVersion: batch/v1
kind: Job
metadata:
  name: ls-job
spec:
  template:
```

```
    spec:
      containers:
      - name: ls-job
        image: ubuntu:latest
        command: ["ls", "-aRil"]
      restartPolicy: Never
  backoffLimit: 4
```

整个 main 的源文件如下：

```
package main

import (
    "context"
    "flag"
    "log"
    "os"
    "path/filepath"
    "strings"
    batchv1 "K8s.io/api/batch/v1"
    v1 "K8s.io/api/core/v1"
    metav1 "K8s.io/apimachinery/pkg/apis/meta/v1"
    kubernetes "K8s.io/client-go/kubernetes"
    clientcmd "K8s.io/client-go/tools/clientcmd"
)
// 连接到 K8s 集群
func connectToK8s() *kubernetes.Clientset {
    home, exists := os.LookupEnv("HOME")
    if !exists {
      home = "/root"
    }

    configPath := filepath.Join(home, ".kube", "config")

    config, err := clientcmd.BuildConfigFromFlags("", configPath)
    if err != nil {
      log.Fatalln("failed to create K8s config")
    }

    clientset, err := kubernetes.NewForConfig(config)
    if err != nil {
      log.Fatalln("Failed to create K8s clientset")
    }
```

```
        return clientset
}
// 创建 Job
func launchK8sJob(clientset *kubernetes.Clientset, jobName *string, image *string, cmd *string) {
        jobs := clientset.BatchV1().Jobs("default")
        var backOffLimit int32 = 0

        jobSpec := &batchv1.Job{
            ObjectMeta: metav1.ObjectMeta{
                Name:      *jobName,
                Namespace: "default",
            },
            Spec: batchv1.JobSpec{
                Template: v1.PodTemplateSpec{
                    Spec: v1.PodSpec{
                        Containers: []v1.Container{
                            {
                                Name:    *jobName,
                                Image:   *image,
                                Command: strings.Split(*cmd, " "),
                            },
                        },
                        RestartPolicy: v1.RestartPolicyNever,
                    },
                },
                BackoffLimit: &backOffLimit,
            },
        }

        _, err := jobs.Create(context.TODO(), jobSpec, metav1.CreateOptions{})
        if err != nil {
            log.Fatalln("Failed to create K8s job.")
        }

        //print job details
        log.Println("Created K8s job successfully")
}

func main() {
        jobName := flag.String("jobname", "test-job", "The name of the job")
        containerImage := flag.String("image", "ubuntu:latest", "Name of the container image")
        entryCommand := flag.String("command", "ls", "The command to run inside the container")

        flag.Parse()
```

```
	clientset := connectToK8s()
	launchK8sJob(clientset, jobName, containerImage, entryCommand)
}
```

5.11　使用 CRD 的示例

```
/*
	通过 CRD 可以向 Kubernetes API 中增加新资源类型，而不需要修改 Kubernetes 源码来创建自定义的 API Server，该功能大大提高了 Kubernetes 的扩展能力。
	CRD 机制如下：
	把 mySource 这个资源注册到 Kubernetes 中，这样 Kubernetes 就会知道这个资源在注册之后，还需要开发一个 Controller 组件来监听用户是否创建了 mySource，也就是部署、更新或删除如上的 yaml 文件。
	Controller 监听到用户创建了 mySource，就会创建一个 Pod 来做相应的工作。
	归纳一下就是：
	用户向 Kubernetes API 服务注册一个带特定 schema 的资源，并定义相关 API，比如将扩展资源的数据存储到 Kubernetes 的 etcd 集群。借助 Kubernetes 提供的 Controller 模式开发框架，实现新的 Controller，并借助 APIServer 监听 etcd 集群关于该资源的状态并定义状态变化的处理逻辑。

*/

package main

import (
	"fmt"
	"log"
	"os/user"
	"path/filepath"
	"strings"

	apixv1beta1 "K8s.io/apiextensions-apiserver/pkg/apis/apiextensions/v1beta1"
	apixv1beta1client "K8s.io/apiextensions-apiserver/pkg/client/clientset/clientset/typed/apiextensions/v1beta1"
	"K8s.io/apimachinery/pkg/api/errors"
	metav1 "K8s.io/apimachinery/pkg/apis/meta/v1"
	"K8s.io/apimachinery/pkg/apis/meta/v1/unstructured"
	"K8s.io/apimachinery/pkg/runtime/schema"
	"K8s.io/client-go/dynamic"
	"K8s.io/client-go/rest"
```

```
        "K8s.io/client-go/tools/clientcmd"

        _ "K8s.io/client-go/plugin/pkg/client/auth/gcp"
)

var (
        runtimeClassGVR = schema.GroupVersionResource{
                Group:    "node.K8s.io",
                Version:  "v1alpha1",
                Resource: "runtimeclasses",
        }
)

func main() {
        log.Print("Loading client config")
        config, err := clientcmd.BuildConfigFromFlags("", userConfig())
        errExit("Failed to load client conifg", err)

        log.Print("Loading dynamic client")
        client, err := dynamic.NewForConfig(config)
        errExit("Failed to create client", err)

        RegisterRuntimeClassCRD(config)
        CreateSampleRuntimeClasses(client)
        PrintRuntimeHandlers(client)
}

// 运行时注册客户自定义资源
func RegisterRuntimeClassCRD(config *rest.Config) {
        apixClient, err := apixv1beta1client.NewForConfig(config)
        errExit("Failed to load apiextensions client", err)

        crds := apixClient.CustomResourceDefinitions()

        const (
                dns1123LabelFmt       string = "[a-z0-9]([-a-z0-9]*[a-z0-9])?"
                dns1123SubdomainFmt   string = dns1123LabelFmt + "(\\." + dns1123LabelFmt + ")*"
                dns1123SubdomainRegexp string = "^" + dns1123SubdomainFmt + "$"
        )
        // 客户自定义资源
        runtimeClassCRD := &apixv1beta1.CustomResourceDefinition{
                ObjectMeta: metav1.ObjectMeta{
                        Name: "runtimeclasses.node.K8s.io",
                },
```

```
        Spec: apixv1beta1.CustomResourceDefinitionSpec{
            Group:   "node.K8s.io",
            Version: "v1alpha1",
            Versions: []apixv1beta1.CustomResourceDefinitionVersion{{
                Name:    "v1alpha1",
                Served:  true,
                Storage: true,
            }},
            Names: apixv1beta1.CustomResourceDefinitionNames{
                Plural:   "runtimeclasses",
                Singular: "runtimeclass",
                Kind:     "RuntimeClass",
            },
            Scope: apixv1beta1.ClusterScoped,
            Validation: &apixv1beta1.CustomResourceValidation{
                OpenAPIV3Schema: &apixv1beta1.JSONSchemaProps{
                    Properties: map[string]apixv1beta1.JSONSchemaProps{
                        "spec": {
                            Properties: map[string]apixv1beta1.JSONSchemaProps{
                                "runtimeHandler": {
                                    Type:    "string",
                                    Pattern: dns1123SubdomainRegexp,
                                },
                            },
                        },
                    },
                },
            },
        },
    }
    log.Print("Registering RuntimeClass CRD")
    _, err = crds.Create(runtimeClassCRD)
    if err != nil {
        if errors.IsAlreadyExists(err) {
            log.Print("RuntimeClass CRD already registered")
        } else {
            errExit("Failed to create RuntimeClass CRD", err)
        }
    }
}

// 创建
func CreateSampleRuntimeClasses(client dynamic.Interface) {
    res := client.Resource(runtimeClassGVR)
```

```
    rcs := map[string]string{
        "native":  "runc",
        "sandbox": "gvisor",
        "vm":      "kata-containers",
        "foo":     "bar",
    }
    for name, handler := range rcs {
        log.Printf("Creating RuntimeClass %s", name)
        rc := NewRuntimeClass(name, handler)
        _, err := res.Create(rc, metav1.CreateOptions{})
        errExit(fmt.Sprintf("Failed to create RuntimeClass %#v", rc), err)
    }
}

// 将结构转换成 unstructured.Unstructured 格式
func NewRuntimeClass(name, handler string) *unstructured.Unstructured {
    return &unstructured.Unstructured{
        Object: map[string]interface{}{
            "kind":       "RuntimeClass",
            "apiVersion": runtimeClassGVR.Group + "/v1alpha1",
            "metadata": map[string]interface{}{
                "name": name,
            },
            "spec": map[string]interface{}{
                "runtimeHandler": handler,
            },
        },
    }
}

func PrintRuntimeHandlers(client dynamic.Interface) {
    PrintResourceField(client, runtimeClassGVR, "spec", "runtimeHandler")
}

// 输出资源
func PrintResourceField(client dynamic.Interface, gvr schema.GroupVersionResource, fldPath ...string) {
    rs := fmt.Sprintf("%s/%s", gvr.Group, gvr.Resource)
    log.Printf("Listing %s objects", rs)
    res := client.Resource(gvr)
    list, err := res.List(metav1.ListOptions{})
    errExit("Failed to list "+rs+" objects", err)

    log.Printf("Printing %s.%s", rs, strings.Join(fldPath, "."))
```

```
	output := make(map[string]string)
	for _, item := range list.Items {
		name := item.GetName()
		fld, exists, err := unstructured.NestedString(item.Object, fldPath...)
		if err != nil {
			log.Printf("Error reading %s for %s: %v", strings.Join(fldPath, "."), name, err)
			continue
		}
		if !exists {
			fld = "[NOT FOUND]"
		}
		output[name] = fld
	}

	for name, fld := range output {
		fmt.Printf("  %-10s  -->  %-10s\n", name, fld)
	}
}

func errExit(msg string, err error) {
	if err != nil {
		log.Fatalf("%s: %#v", msg, err)
	}
}

func userConfig() string {
	usr, err := user.Current()
	errExit("Failed to get current user", err)

	return filepath.Join(usr.HomeDir, ".kube", "config")
}
```

第6章 监控、日志与报警

6.1 K8s Prometheus+Alertmanager+Grafana 监控

总体监控流程如图 6–1 所示。其中，Prometheus 负责收集和存储数据，Alertmanager 负责报警，Grafana 负责展示数据。

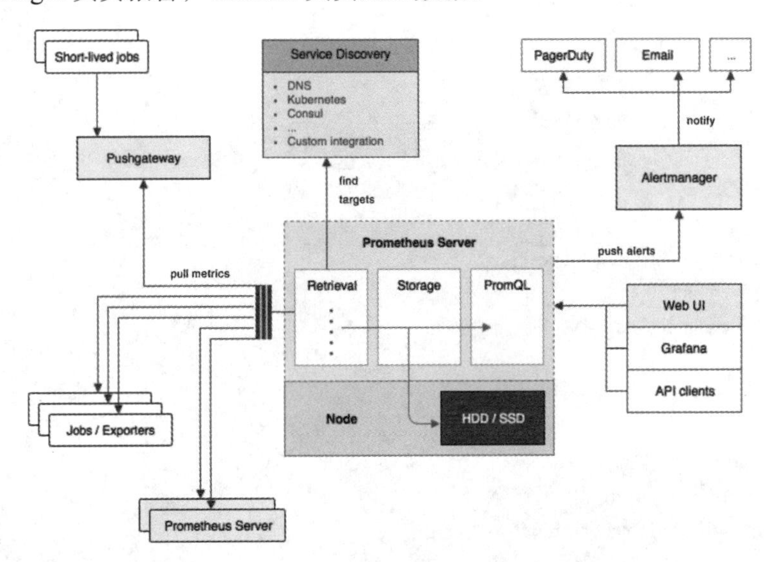

图 6−1 Prometheus+Alertmanager+Grafana 监控

6.2 Prometheus

Prometheus 由 Go 语言编写而成，采用 Pull 方式获取监控信息，并提供了多维度的数据模型和灵活的查询接口。Prometheus 不仅可以通过静态文件配置监控对象，还支持自动发现机制，能够通过 Kubernetes、Consul 和 DNS 等多种方式动态地获取监控对象。在数据采集方面，借助 Go 语言的高并发特性，单机 Prometheus 可以采集数百个节点的监控数据；在数据存储方面，随着本地时序数据库的不断优化，单机 Prometheus 每秒可以采集一千万个指标，如果需要存储大量的历史监控数据，则还支持远端存储。

Prometheus 是一个开源的服务监控系统和时间序列数据库，其特性有：高维度数据模型、自定义查询语言、可视化数据展示、高效的存储策略、易于运维、提供各种客户端开发库、警告和报警、数据导出。Prometheus 通过 push 和 pull 两种数据采集方式采集数据，通过在配置文件中定义的相关采集项对 K8s 的不同组件甚至开源应用（如 mysql、redis）进行数据采集，将数据存储在 Prometheus Server 中的 TSDB 时序数据库中，rules 在指定时间段被触发后推送给 Alertmanager 进行报警处理，Grafana 通过 PromQL 拉取监控数据进行可视化图表展示。

Prometheus 监控及在 K8s 集群中使用 node-exporter、Prometheus、Grafana 对集群进行监控，实现原理类似 ELK、EFK 组合。node-exporter 组件负责收集节点上的 Metrics 监控数据，并将数据推送给 Prometheus，Prometheus 负责存储这些数据，Grafana 将这些数据通过网页以图形的形式展现给用户。

Prometheus Server 负责定时在目标上抓取 Metrics 数据，每个抓取目标都需要暴露一个 HTTP 服务接口用于 Prometheus 定时抓取，这种调用被监控对象获取监控数据的方式称为 pull。pull 方式体现了 Prometheus 独特的设计哲学，与大多数采用了 push 方式的监控系统不同。但某些现有系统是通过 push 方式实现的，为了接入这个系统，Prometheus 提供对 PushGateway 的支持，这些系统主动推送 Metrics 到 PushGateway，而 Prometheus 只是定时去 Gateway 上抓取数据。

Alertmanager 是独立于 Prometheus 的一个组件，在触发了预先设置在 Prometheus 中的高级规则后，Prometheus 便会推送告警信息到 Alertmanager。

Prometheus 支持两种存储方式：一种是本地存储。通过 Prometheus 自带的时序数据库将数据保存到本地磁盘，为了性能考虑，建议使用 SSD。但本地存储的容量毕竟有限，建议不要保存超过一个月的数据。另一种是远程存储，适用于存储大量监控数据。通过中间层的适配器的转化，目前 Prometheus 支持 OpenTSDB、InfluxDB、Elasticsearch 等后端存储，通过适配器实现 Prometheus 存储的 remote write 和 remote read 接口，便可接入 Prometheus 作为远端存储使用。

Prometheus 的优势如下：

（1）由监控名称和键值对标签标识的时间序列数据组成多维数据模型。

（2）强大的查询语言 PromQL。

（3）不依赖分布式存储，单个服务节点具有自治能力。

（4）时间序列数据是服务端通过 HTTP 协议主动拉取获得的。

（5）可以通过中间网关来推送时间序列数据。

（6）可以通过静态配置文件或服务发现来获取监控目标。

（7）支持多种类型的图表和仪表盘。

Prometheus 将所有数据存储为时间序列，具有相同度量名称以及标签的数据属于同一个指标。每个时间序列都由度量标准名称和一组键值对（也称为标签）作为唯一标识。时间序列格式如下：

```
<metric name>{<label name>=<label value>, ...}
```

1. 安装与使用 Prometheus

```
wget https://github.com/prometheus/prometheus/releases/download/v2.31.1/prometheus-2.31.1.linux-amd64.tar.gz
tar xvfz prometheus-2.31.1.linux-amd64.tar.gz
cd prometheus-2.31.1.linux-amd64
```

其中，有一个默认的配置文件 prometheus.yml，内容如下：

```
global:
  scrape_interval:   15s # 默认情况下，每 15 s 抓取一次目标

    # 将这些标签附加到任何时间序列或警报与通信时
    # 外部系统（联邦、远程存储、警报管理器）
  external_labels:
    monitor: 'codelab-monitor'
# Alertmanager 配置
alerting:
 alertmanagers:
 - static_configs:
    - targets: ["localhost:9093"]
# 设定 alertmanager 和 prometheus 交互的接口，即 alertmanager 监听的 IP 地址和端口
#Alertmanager 默认监听 9093

# 一个只包含一个要抓取的端点的抓取配置
# 这里是 Prometheus 本身
scrape_configs:
 # 作业名称作为标签 `job=<job_name>` 监控的任务即视为一个 job
  - job_name: 'prometheus'
    # 覆盖全局默认值并每 5 s 从该作业中抓取一次目标
scrape_interval: 5s
#matrics_path 指定了访问数据的 HTTP 路径
```

```
metrics_path: "/metrics"
    static_configs:
      - targets: ['localhost:9090']
- job_name: 'example-random'
  static_configs:
  - targets: ['localhost:8080']
```

如果要监控 mysql，修改 job_name 即可：

```
- job_name: mysql
    static_configs:
      - targets: ['192.168.8.1:9104']
        labels:
          instance: pre-product_mysql_192.168.8.1
```

更多配置请查看：https://prometheus.io/docs/prometheus/latest/configuration/configuration/。

Prometheus 通过抓取指标 HTTP 端点从目标收集指标。由于 Prometheus 以与自身相同的方式公开数据，因此它还可以抓取和监控自身的健康状况。虽然仅收集有关自身数据的 Prometheus 服务器不是很有用，但它是一个很好的入门示例。将以下基本 Prometheus 配置保存为名为 prometheus.yml 的文件：运行“./prometheus --config.file=prometheus.yml”，默认 Prometheus 存储它的数据在“./data (flag --storage.tsdb.path).”中，打开“localhost:9090”，localhost 可以替换成机器 IP，然后就可以看到数据面板了，数据暂时是空的，如图 6-2 所示。

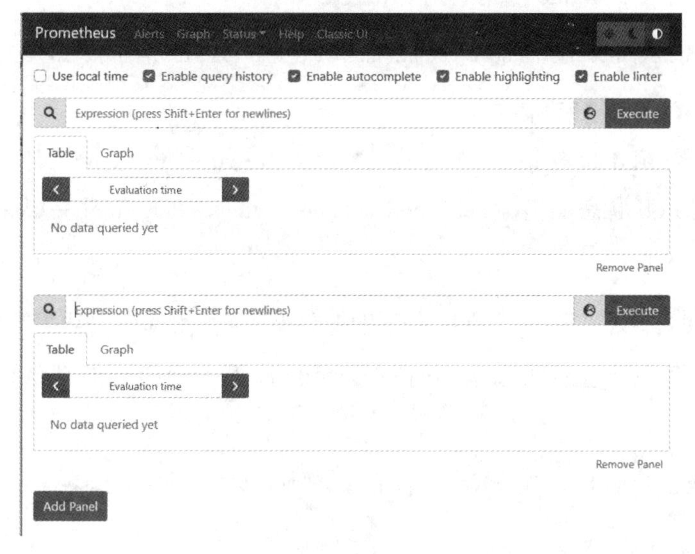

图 6-2 Prometheus 面板

修改配置后热加载——“curl -XPOST localhost:9090/–/reload”。

2. 利用 Prometheus 监控系统（pull 形式采集数据）

Prometheus 是为监控 Web 服务而开发的，如为了监控 Ubuntu 服务器的指标，应该安装一个名为 Node Exporter（节点导出器）的工具。节点导出器，顾名思义，以 Prometheus 理解的格式导出大量指标（如磁盘 I/O 统计数据、CPU 负载、内存使用情况和网络统计数据等）。Node Exporter 主要用于 *NIX 系统监控，用 Go 语言编写。利用 Prometheus 的 static_configs 来拉取 node_exporter 的数据。编辑 prometheus.yml 文件，添加内容如下：

```
- job_name: 'node'
    static_configs:
    - targets: ['localhost:9100']
```

重启 Prometheus，然后在 Prometheus 页面中的 Targets 中就能看到新加入的 node，收集到 node_exporter 的数据后，可以使用 PromQL 进行一些业务查询和监控，下面是一些比较常见的查询。

以下查询均以单个节点作为例子，如果想查看所有节点，将 instance="xxx" 去掉即可。

（1）CPU 使用率的 PromQL 如下：

```
100 - (avg by (instance) (irate(node_cpu{instance="172.16.8.153:9100", mode="idle"}[5m])) * 100)
```

（2）CPU 各个 mode 使用率的 PromQL 如下：

```
avg by (instance, mode) (irate(node_cpu{instance="172.16.8.153:9100"}[5m])) * 100
```

3. PromQL 查询语句

（1）查询 Pod 状态是 0，且 Pod 的标签“created_by_kind”不等于 Job 的结果（查询 Pod 状态的指标 kube_pod_container_status_ready 中没有 created_by_kind 标签）：

```
(kube_pod_container_status_ready == 0) and on (pod) (kube_pod_info{created_by_kind!="Job"})
```

（2）查询 Pod 重启状态指标时想看 node 标签，但指标的默认标签中没有 node 标签：

```
(kube_pod_container_status_restarts_total) + on (pod) group_left(node) (0 * kube_pod_info)
```

4. Prometheus Pushgateway（push 形式采集数据）

Pushgateway 是 Prometheus 生态中的重要工具，使用它的原因主要是因为 Prometheus 采用 pull 模式，可能由于不在一个子网或防火墙，导致 Prometheus 无法直接拉取各个 target 数据；在监控业务数据时需要将不同数据汇总，由 Prometheus 统一收集。因此，不得不使用 Pushgateway，但在使用前有必要了解一下它的弊端：将多个节点数据汇总到 Pushgateway，如果 Pushgateway 挂了，多个 target 都会受影响；Prometheus 拉取状态 up 只针对 Pushgateway，无法做到对每个节点有效；Pushgateway 可以持久化推送给它所有监控的数据，因此，即使监控已经下线，Prometheus 还会拉取旧的监控数据，需要手动清理 Pushgateway 不要的数据。Prometheus Pushgateway 拓扑图如图 6-3 所示。App 把数据推送到 Pushgateway，Prometheus 再定时过来拉取。

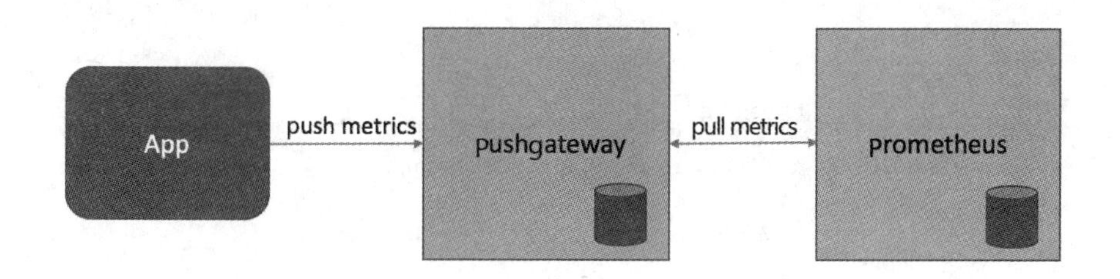

图 6-3　Prometheus Pushgateway 拓扑图

5. Prometheus client

基于 Golang 语言，Golang client 是当 pro 收集监控系统的数据时用于响应 pro 请求的，按照一定的格式给 pro 返回数据，其实就是一个 http server，源码参见 https://github.com/prometheus/client_golang，相关文档参见 GoDoc, 读者可以直接阅读文档进行开发。

client 是 Prometheus 的 Go 客户端库，它有两个独立的部分，一个用于检测应用程序代码，另一个用于创建与 Prometheus HTTP API 通信的客户端。

监控 web 服务的例子（可以用来监控自己的 Web 服务），代码如下：

```
/*
对任何请求都会产生一个 200 响应代码，增加此响应代码的计数器。
/err 端点将产生一个 404 响应代码，增加相应的计数器。
```

```
任何请求会公开持续时间指标

Version：仪表类型，包含应用程序版本，作为常量度量值 1 和标签 version，代表此应用程序版本。
http_requests_total：计数器类型，表示传入 HTTP 请求的总数。
http_request_duration_seconds：histogram 类型，表示所有 HTTP 请求的持续时间。
http_request_duration_seconds_count：所有传入 HTTP 请求的总数。
http_request_duration_seconds_sum：所有传入 HTTP 请求的总持续时间（以 s 为单位）。
http_request_duration_seconds_bucket：传入 HTTP 请求持续时间的直方图表示。
*/

package main

import (
    "flag"
    "log"
    "net/http"
    "os"
    "github.com/prometheus/client_golang/prometheus"
    "github.com/prometheus/client_golang/prometheus/promhttp"
    "golang.org/x/net/http2"
    "golang.org/x/net/http2/h2c"
)

var (
    appVersion string
    version    = prometheus.NewGauge(prometheus.GaugeOpts{
        Name: "version",
        Help: "Version information about this binary",
        ConstLabels: map[string]string{
            "version": appVersion,
        },
    })

    httpRequestsTotal = prometheus.NewCounterVec(prometheus.CounterOpts{
        Name: "http_requests_total",
        Help: "Count of all HTTP requests",
    }, []string{"code", "method"})

    httpRequestDuration = prometheus.NewHistogramVec(prometheus.HistogramOpts{
```

```
        Name: "http_request_duration_seconds",
        Help: "Duration of all HTTP requests",
    }, []string{"code", "handler", "method"})
)
func main() {
    version.Set(1)
    bind := ""
    enableH2c := false
    flagset := flag.NewFlagSet(os.Args[0], flag.ExitOnError)
    flagset.StringVar(&bind, "bind", ":8080", "The socket to bind to.")
    flagset.BoolVar(&enableH2c, "h2c", false, "Enable h2c (http/2 over tcp)  protocol.")
    flagset.Parse(os.Args[1:])
    // 注册
    r := prometheus.NewRegistry()
    r.MustRegister(httpRequestsTotal)
    r.MustRegister(httpRequestDuration)
    r.MustRegister(version)

    foundHandler := http.HandlerFunc(func(w http.ResponseWriter, r *http.Request) {
        w.WriteHeader(http.StatusOK)
        w.Write([]byte("Hello from example application."))
    })
    notfoundHandler := http.HandlerFunc(func(w http.ResponseWriter, r *http.Request) {
        w.WriteHeader(http.StatusNotFound)
    })

    foundChain := promhttp.InstrumentHandlerDuration(
        httpRequestDuration.MustCurryWith(prometheus.Labels{"handler": "found"}),
        promhttp.InstrumentHandlerCounter(httpRequestsTotal, foundHandler),
    )
    //http 路由
    mux := http.NewServeMux()
    mux.Handle("/", foundChain)
    mux.Handle("/err", promhttp.InstrumentHandlerCounter(httpRequestsTotal, notfoundHandler))
    mux.Handle("/metrics", promhttp.HandlerFor(r, promhttp.HandlerOpts{}))

    var srv *http.Server
    if enableH2c {
        srv = &http.Server{Addr: bind, Handler: h2c.NewHandler(mux, &http2.Server{})}
    } else {
```

```
            srv = &http.Server{Addr: bind, Handler: mux}
        }
        // 启动服务
        log.Fatal(srv.ListenAndServe())
    }

    /*
    /metric5 传入 HTTP 请求后，端点的示例输出如下所示。

    注意：没有初始传入请求，仅 version 报告指标。

    # HELP http_request_duration_seconds Duration of all HTTP requests
    # TYPE http_request_duration_seconds histogram
    http_request_duration_seconds_bucket{code="200",handler="found",method="get",le="0.005"} 5
    http_request_duration_seconds_bucket{code="200",handler="found",method="get",le="0.01"} 5
    http_request_duration_seconds_bucket{code="200",handler="found",method="get",le="0.025"} 5
    http_request_duration_seconds_bucket{code="200",handler="found",method="get",le="0.05"} 5
    http_request_duration_seconds_bucket{code="200",handler="found",method="get",le="0.1"} 5
    http_request_duration_seconds_bucket{code="200",handler="found",method="get",le="0.25"} 5
    http_request_duration_seconds_bucket{code="200",handler="found",method="get",le="0.5"} 5
    http_request_duration_seconds_bucket{code="200",handler="found",method="get",le="1"} 5
    http_request_duration_seconds_bucket{code="200",handler="found",method="get",le="2.5"} 5
    http_request_duration_seconds_bucket{code="200",handler="found",method="get",le="5"} 5
    http_request_duration_seconds_bucket{code="200",handler="found",method="get",le="10"} 5
    http_request_duration_seconds_bucket{code="200",handler="found",method="get",le="+Inf"} 5
    http_request_duration_seconds_sum{code="200",handler="found",method="get"}
0.00047495999999999997
    http_request_duration_seconds_count{code="200",handler="found",method="get"} 5
    # HELP http_requests_total Count of all HTTP requests
    # TYPE http_requests_total counter
    http_requests_total{code="200",method="get"} 5
    # HELP version Version information about this binary
    # TYPE version gauge
    version{version="v0.3.0"} 1
    */
```

6.3　Alertmanager

Alertmanager 处理由诸如 Prometheus 服务器之类的客户端应用程序发送的警报。它负责将重复数据删除、分组和路由到正确的接收者集成，例如电子邮件、PagerDuty 或 OpsGenie；它还负责沉默和禁止警报。

关于 Alertmanager 实现的核心概念：

（1）分组将类似性质的警报分类为单个通知。当许多系统同时发生故障且可能同时触发数百到数千个警报时，此功能特别有用。

示例：发生网络分区时，群集中正在运行数十个或数百个服务实例。有一半的服务实例无法再访问数据库。Prometheus 中的警报规则配置：在每个服务实例无法与数据库通信时为其发送警报。结果：数百个警报被发送到 Alertmanager。

作为用户，人们只希望获得一个页面，同时仍然能够准确查看受影响的服务实例。因此，可以将 Alertmanager 配置为：按警报的“群集”和“警报名称”分组的警报，以便它发送一个紧凑的通知。警报的分组、分组通知的时间以及这些通知的接收者由配置文件中的路由树配置。

（2）如果某些其他警报已经触发，则抑制某些警报的通知。

示例：正在触发警报，通知整个群集均无法访问。如果特定警报正在触发，可以将 Alertmanager 配置为使与该群集有关的所有其他警报静音，这样可以防止与实际问题无关的数百或数千个触发警报的通知。

（3）静默是一种简单的方法，可以在给定时间内简单地使警报静音。静默是根据匹配器配置的，就像路由树一样。检查传入的警报是否与活动静默的所有相等或正则表达式匹配项匹配，这样不会针对该警报发送任何通知。

（4）Alertmanager 对客户的行为有特殊要求。这仅与不使用 Prometheus 发送警报的高级用例有关。

（5）Alertmanager 支持配置以创建高可用性集群。可以使用“--cluster- *”标志进行配置。不是在 Prometheus 及其 Alertmanagers 之间平衡流量，而是将 Prometheus 指向所有 Alertmanagers 的列表。

1. 安装

在命令行执行如下命令：

```
#wget https://github.com/prometheus/alertmanager/releases/download/v0.23.0/alertmanager-0.23.0.linux-amd64.tar.gz
#tar xzf alertmanager-0.23.0.linux-amd64.tar.gz
#cd alertmanager-0.23.0.linux-amd64
#./alertmanager --config.file=alertmanager.yml
```

Alertmanager 的配置主要包含两个部分：路由 (route) 和接收器（receivers）。所有的告警信息都会从配置中的顶级路由进入路由树，根据路由规则将告警信息发送给相应的接收器。简单的 route 定义示例如下：

```
route:
  group_by: ['alertname']
  receiver: 'web.hook'

receivers:
- name: 'web.hook'
  webhook_configs:
  - url: 'http://127.0.0.1:5001/'
```

在上面的 Alertmanager 配置文件中，只定义了一个路由，那就意味着所有由 Prometheus 产生的告警在发送到 Alertmanager 之后，都会通过名为 web.hook 的 receiver 接收。这里的 web.hook 定义为一个 webhook 地址。配置实例如下：

```
#全局配置项
global:
  resolve_timeout: 5m # 处理超时时间，默认为 5 min
  smtp_smarthost: 'smtp.xxx.com:25' # 邮箱 smtp 服务器代理
  smtp_from: '******@xxx.com' # 发送邮箱名称
  smtp_auth_username: '******@xxx.com' # 邮箱名称
  smtp_auth_password: '******' # 邮箱密码

#定义路由树信息
route:
  group_by: ['alertname'] # 报警分组名称
  group_wait: 10s # 第一次发送一组警报的通知等待的时间
  group_interval: 10s # 发送新警报前的等待时间
  repeat_interval: 1m # 发送重复警报的周期
  receiver: 'myemail' # 发送警报的接收者的名称，以下 receivers name 的名称

#定义警报接收者信息
receivers:
```

```
  - name: 'email' # 警报
    email_configs: # 邮箱配置
    - to: '******@xxx.com'  # 接收警报的 email 配置
      html: '{{ template "test.html" . }}' # 设定邮箱的内容模板
      headers: { Subject: "[WARN] 报警邮件 "} # 接收邮件的标题
    webhook_configs: # webhook 配置钉钉
    - url: 'http://192.168.1.180:8060/dingtalk/cluster1/send'
    send_resolved: true
    wechat_configs: # 企业微信报警配置
    - send_resolved: true
      to_party: '1' # 接收组的 id
      agent_id: '1000002' # ( 企业微信 --> 自定应用 -->AgentId)
      corp_id: '******' # 企业信息 ( 我的企业 -->CorpId[ 在底部 ])
      api_secret: '******' # 企业微信 ( 企业微信 --> 自定应用 -->Secret)
      message: '{{ template "test_wechat.html" . }}' # 发送消息模板的设定

# 一个 inhibition 规则：两个警报必须具有一组相同的标签
inhibit_rules:
  - source_match:
      severity: 'critical'
    target_match:
      severity: 'warning'
    equal: ['alertname', 'dev', 'instance’]

正文检查 alertmanager 配置文件：
./amtool check-config alertmanager.yml
正文启动 alertmanager：
./alertmanager --config.file=alertmanager.yml
正文访问 http://127.0.0.1:9093，访问 Alertmanager UI 界面，可以看到接收到 ErrorRateHigh 告警。
```

2. Alertmanager 与 Prometheus 的通信方式

在 Prometheus 的配置文件 prometheus.yml 里加入如下命令：

```
# Alertmanager 配置
alerting:
  alertmanagers:
  - static_configs:
    - targets: ["localhost:9093"]
#Alertmanager 默认监听 9093
```

启动后，Alertmanager 会与 Prometheus 连接。

如果要改 9093 端口，需要运行“./alertmanager —web.listen-address=localhost:9888”，同时修改 prometheus.yml 中 alerting 的端口为 9888，重启即可。

运行“./alertmanager -h”可以看到所有启动的配置参数：

```
#./alertmanager -h
usage: alertmanager [<flags>]
Flags:
  -h, --help # 显示上下文相关的帮助（也可以尝试 --help-long 和 --help-man）。
      --config.file="alertmanager.yml" #Alertmanager 配置文件名。
      --storage.path="data/" # 数据存储的基本路径。
      --data.retention=120h # 数据保留的时长。
      --alerts.gc-interval=30m # 警报 GC 之间的间隔。
      --web.config.file="" #[EXPERIMENTAL] 可以启用 TLS 或身份验证的配置文件路径。
      --web.external-url=WEB.EXTERNAL-URL# 外部可访问 Alertmanager 所在的 URL（例如 Alertmanager 通过反向代理提供服务）；用于生成返回到 Alertmanager 本身的相对和绝对链接；如果网址有一个路径，它将用于为 Alertmanager 服务的所有 HTTP 端点添加前缀；如果省略，将自动派生相关的 URL 组件。
      --web.route-prefix=WEB.ROUTE-PREFIX# Web 端点的内部路由的前缀，默认为 --web.external-url 的路径。
      --web.listen-address=":9093"# 用于侦听 Web 界面和 API 的地址。
      --web.get-concurrency=0# 并发处理的最大 GET 请求数。如果为负数或零，则限制为 GOMAXPROC 或 8，以较大者为准。
      --web.timeout=0 HTTP# 请求超时。如果为负数或零，则不设置超时。
      --cluster.listen-address="0.0.0.0:9094"# 群集的侦听地址。设置为空字符串以禁用 HA 模式。
      --cluster.advertise-address=CLUSTER.ADVERTISE-ADDRESS# 在集群中做广告的显式地址。
      --cluster.peer=CLUSTER.PEER ... # 初始对等体（可能重复）。
      --cluster.peer-timeout=15s# 在对等点之间等待发送通知的时间。
      --cluster.gossip-interval=200ms# 发送八卦消息的间隔。通过降低这个值（更频繁），八卦消息可以更快地跨集群传播，但会增加带宽。
      --cluster.pushpull-interval=1m0s# 八卦状态同步的时间间隔。将此间隔设置得更低（更频繁）将提高更大集群的收敛速度，但会增加带宽使用量。
      --cluster.tcp-timeout=10s# 与远程节点建立流连接以进行完整状态同步以及流读写操作超时。
      --cluster.probe-timeout=500ms# 在假设它不健康之前等待来自探测节点的 ack 的超时，应该设置为网络上 RTT（往返时间）的 99%。
      --cluster.probe-interval=1s# 随机节点探测之间的间隔。将此值设置得更低（更频繁）将导致集群以增加带宽使用为代价更快地检测到故障节点。
      --cluster.settle-timeout=1m0s# 在评估通知之前等待集群连接建立的最长时间。
      --cluster.reconnect-interval=10s# 尝试重新连接到丢失的对等点间的间隔。
```

```
--cluster.reconnect-timeout=6h0m0s# 尝试重新连接到丢失的对等点的时长。
--log.level=info# 仅记录具有给定严重性或更高级别的消息和调试、信息、警告、错误
--log.format=logfmt# 日志消息的输出格式，如 logfmt、JSON
--version# 显示应用程序版本。
```

6.4　Grafana

Grafana 是一款用 Go 语言开发的开源数据可视化工具，可以做数据监控和数据统计，带有告警功能。目前使用 Grafana 的公司有很多，如 paypal、ebay 和 intel 等。其特点如下：

（1）可视化：快速和灵活的客户端图形和面板插件。

（2）报警：最重要的指标定义警报规则。Grafana 将持续评估并发送通知。

（3）通知：警报更改状态时会发出通知，接收电子邮件通知。

（4）动态仪表盘：使用模板变量创建动态和可重用的仪表板，这些模板变量作为下拉菜单出现在仪表板顶部。

（5）混合数据源：在同一个图中混合不同的数据源，可以根据每个查询指定数据源。

（6）注释：注释来自不同数据源图表。将鼠标悬停在事件上可以显示完整的事件元数据和标记。

（7）过滤器：允许动态创建新的键 / 值过滤器，这些过滤器将自动应用于该数据源的所有查询。

1. 安装

安装 Grafana，请参阅 Grafana 官方文档。默认情况下，Grafana 将在“http://localhost:3000”上监听，默认登录名是 admin，密码也是 admin。

2. 创建 Prometheus 数据源

要在 Grafana 中创建 Prometheus 数据源，需要执行如下操作：

（1）单击侧栏中的“齿轮”，打开“配置”菜单；

（2）单击“数据源”→“添加数据源”，选择“Prometheus”作为类型；

（3）设置适当的 Prometheus 服务器 URL（如 http://localhost:9090/）；

（4）根据需要调整其他数据源设置（例如，选择正确的访问方法）；

（5）单击“保存并测试”以保存新的数据源。

示例数据源配置如图 6–4 所示。

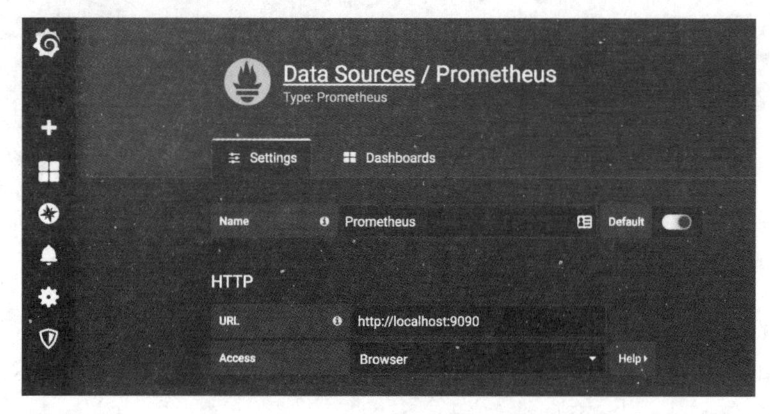

图 6–4 Grafana 面板

3. 创建 Prometheus 图

创建 Prometheus 图，遵循添加新 Grafana 图的标准方法：

（1）单击图形标题，然后单击“编辑”；

（2）在“指标”标签下，选择 Prometheus 数据源（右下方）；

（3）在“查询”字段中输入任何 Prometheus 表达式，同时使用“指标”字段通过自动补全查找指标；

（4）要格式化时间序列的图例名称，请使用“图例格式”输入；

（5）如要仅显示返回的查询结果的方法和状态标签，并用破折号分隔，可以使用图例格式字符串 {{method}}–{{status}}；

（6）调整其他图形设置，直到可以使用图形为止。

Prometheus 图配置示例如图 6–5 所示。

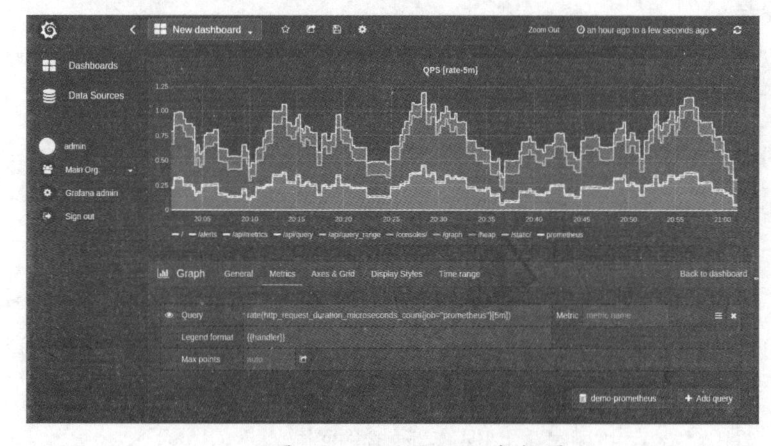

图 6–5 Prometheus 数据图

4. 共享仪表板

Grafana.com 维护一组共享仪表板，这些仪表板可以下载并与 Grafana 的独立实例一起使用，使用 Grafana.com 的“过滤器”选项仅浏览仪表板中的 Prometheus 数据源。且前必须手动编辑下载 JSON 文件并更正 datasource 条目，以便为 Prometheus 服务器选择 Grafana 数据源名称。使用“仪表板”→“主页”→“导入”选项将已编辑的仪表板文件导入 Grafana 安装中。

5. Prometheus、Alertmanager、Grafana 和 Push Gateway 的关系

Prometheus、Alertmanager、Grafana 和 Push Gateway 的关系如图 6–6 所示。

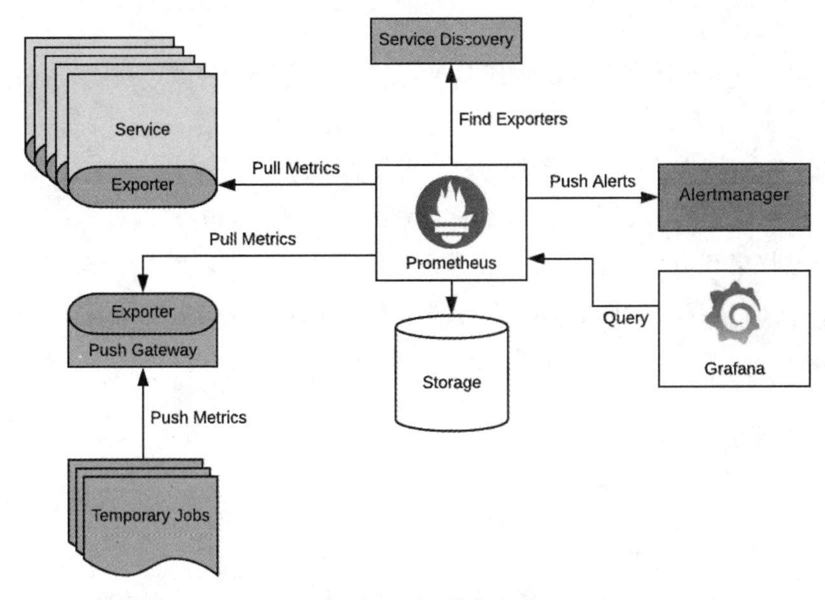

图 6–6　监控架构

6.5　ELK 日志分析系统

1. ELK 日志分析系统概述

ELK（ElasticSearch、Logstash、Kibana）是一个实时日志分析平台，日志被分散地储存在不同的设备上。如果管理数十甚至上百台服务器，还在使用依次登录每台机器的传统方法查阅日志，这样很烦琐且效率低下。当务之急应使用集中化的日志管理，例如开源的 syslog，将所有服务器上的日志收集汇总。集中化管理日志后，日志的统计和检索是一件比较麻烦的事情，一般使用 grep、awk 和 wc 等 Linux 命令实现检索和统计，但对于要求更高的查询、排序和统计等要求和庞大的机器数量，依然使用这样的方法，难免有点力不从心。

开源实时日志分析 ELK 平台能够完美地解决上述的问题，ELK 由 ElasticSearch、Logstash 和 Kibana 三个开源工具组成，官网为 https://www.elastic.co/products。

（1）ElasticSearch（ES）是开源分布式搜索引擎，它的特点是分布式、零配置、自动发现和索引自动分片、索引副本机制、restful 风格接口、多数据源和自动搜索负载等。

（2）Logstash 是完全开源的工具，可以对日志进行收集、过滤，并将其存储供以后使用。

（3）Kibana 是开源且免费的工具，可以为 Logstash 和 ElasticSearch 提供的日志分析友好的 Web 界面，可以汇总、分析和搜索重要数据日志。

日志收集和分析流程如图 6–7 所示。Logstash 收集产生的 Log，并存放到 ElasticSearch 集群中，而 Kibana 则从 ES 集群中查询数据生成图表，再返回给 Browser。

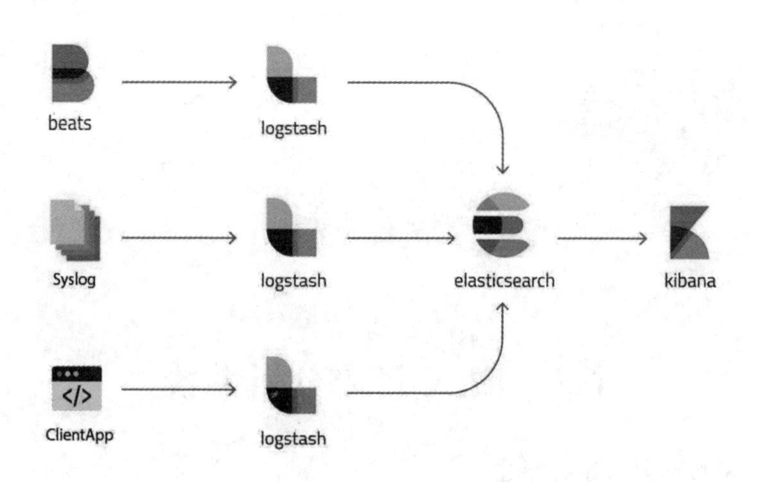

图 6–7　日志收集和分析流程

2. Prometheus 和 ELK 的区别

Prometheus 和 ELK 这两种监控系统有类似的目的。它们的目标是检测问题、调试和解决问题。但这些系统使用不同的方法来完成这项任务。最大的区别是 ELK 专门处理日志，而 Prometheus 专门处理度量。大多数主要产品都需要使用 ELK 和 Prometheus，每个产品都有自己的特色。

（1）使用 ELK 的场景示例：①正在进行事件日志记录。②需要处理大量的日志数据。③需要长期的数据存储。④需要对一个特定的事件有深刻的见解。⑤需要一个集群解决方案。

（2）使用 Prometheus 的场景示例：①主要做度量指标。②需要简单地设置监视和绘图工具。③需要跨各种来源进行告警。

第 7 章　DevOps 与 CI/CD

7.1　DevOps

7.1.1　DevOps概述

DevOps 是开发（Dev）和运营（Ops）的复合体，是人员、流程和技术的结合，可以持续为客户提供价值。DevOps 使以前孤立的角色——开发、IT 运营、质量工程和安全能够协调和协作，以便生产更好、更可靠的产品。DevOps 涉及软件在整个开发生命周期中的持续开发、持续测试、持续集成、持续部署和持续监控。DevOps 从落地到实施，不管是组织架构、设计人员、流程、人员分工、人员技能，还是工具，变化很大，要求很高，完全颠覆了现有的开发运维模式，建设风险很高。但通过采用 DevOps 实践和工具，团队能够更好地响应客户需求，增强对其构建的应用程序的信心，并更快地实现业务目标。

DevOps 落地困境包括：

（1）涉及的部门多（开发中心、质量控制部门、生产运行部门等）。

（2）流程改造复杂。

（3）责任边界需要重新划分。

（4）自动化是核心问题。

产品开发从需求分析到设计、开发、测试、发布的流程如图 7–1 所示。

DevOps CI/CD 就是把以上流程做成自动化、智能化的一个体系，以提高产品开发和运维的效率。DevOps 通常讨论以下三个主要实践领域：

（1）基础设施自动化：将系统、操作系统配置和应用程序部署创建为代码。

（2）持续交付：以快速和自动化的方式构建、测试和部署应用程序。

（3）站点可靠性工程：运行系统，系统监控和编排，前提是设计具有可操作性。

图 7−1　DevOps 流程

7.1.2　DevOps流程阶段

1. 持续开发

持续开发是 DevOps 生命周期中软件不断开发的阶段。与瀑布模型不同的是，软件可交付成果被分解为短开发周期的多个任务节点，在很短的时间内开发并交付。这个阶段包括编码和构建阶段，并使用 Git 和 SVN 等工具来维护不同版本的代码，以及 Ant、Maven、Gradle 等工具来构建、打包代码到可执行的文件中，这些文件可以转发给自动化测试系统进行测试。

2. 持续测试

在这个阶段，开发的软件将被持续地测试 bug。使用自动化测试工具持续测试，如 Selenium、TestNG 和 JUnit 等。这些工具允许质量管理系统完全并行地测试多个代码库，以便确保功能没有缺陷。在这个阶段，使用 Docker 容器实时模拟

“测试环境”也是首选。一旦代码测试通过，它就会不断地与现有代码集成。

3. 持续集成

持续集成是支持新功能的代码与现有代码集成的阶段。由于软件在不断地开发，更新后的代码需要不断地集成，并顺利地与系统集成，以反映对最终用户的需求更改。更改后的代码还应该确保运行时的环境没有错误，允许测试更改并检查它如何与其他更改发生反应。持续集成是一个将集成提前至开发周期的早期阶段实践方式，让构建、测试和集成代码更经常反复地发生。

Jenkins 是一个非常流行的用于持续集成的工具。使用 Jenkins，可以从 git 存储库提取最新的代码修订，并生成一个构建，最终可以部署到测试或生产服务器。可以将其设置为在 git 存储库中发生更改时自动触发新构建，也可以设置为在单击按钮时手动触发。

4. 持续部署

持续部署是将代码部署到生产环境的阶段。这里要确保在所有服务器上正确部署代码。如果添加了任何功能或引入了新功能，那么应该准备好迎接更多的网站流量。因此，系统运维人员还有责任扩展服务器以便容纳更多用户。由于新代码是连续部署的，因此配置管理工具可以快速、频繁地执行任务。Puppet、Chef、SaltStack 和 Ansible 是这个阶段使用的一些流行工具；容器化工具在部署阶段也发挥着重要作用。Docker 和 Vagrant 是流行的工具，有助于在开发、测试、登台和生产环境中实现一致性。除此之外，它们还有助于轻松扩展和缩小实例。

5. 持续监控

持续监控是 DevOps 生命周期中非常关键的阶段，旨在通过监控软件的性能来提高软件的质量，这种做法涉及运营团队的参与，他们将监视用户活动中的错误、系统的任何不正当行为。这也可以通过使用专用监控工具来实现，该工具将持续监控应用程序性能并突出问题。使用的一些流行工具是 Splunk、ELK Stack、Nagios、NewRelic 和 Sensu。这些工具可密切监视应用程序和服务器，以便主动检查系统的运行状况。它们还可以提高生产率并提高系统的可靠性，从而降低 IT 支持成本。发现的任何重大问题都可以向开发团队报告，以便可以在持续开发阶段进行修复。

7.1.3 敏捷开发

DevOps 只是一个学科加入敏捷协作的整体体系中的重要的一部分，敏捷协作则涉及组织中的所有学科。参与交付软件或服务的人都是 DevOps 的一部分。

敏捷开发以用户的需求进化为核心，采用迭代、循序渐进的方法进行软件开发。在敏捷开发中，软件项目在构建初期被切分成多个子项目，各个子项目的成果都经过了测试，具备可视、可集成和可运行使用的特征。换言之，就是把一个大项目分为多个相互联系，但也可独立运行的小项目，并分别完成，在此过程中，软件一直处于可使用状态。

敏捷宣言的 12 大原则如下：

（1）早期和持续的软件交付。这是最高优先级原则，因为其主要目的是满足客户。这一原则背后的原因是，发布之间的时间间隔频繁，这对客户满意度极为重要。客户定期使用的软件越多，就会越满意。

（2）变革应该受到欢迎。在不断发展的商业环境中，变化是唯一不变的。坚持僵化的开发周期，不允许有变化的空间，这是不明智的。如果客户需求发生变化，团队应能够在不延迟截止日期的情况下进行调整。

（3）工作软件的频繁交付。提供定期运行的软件，这可能在几周或几个月之间，但应优先考虑最短的期限，不断地反馈和更早地进行错误识别。

（4）利益相关者和开发人员必须合作。在项目的整个生命周期中，开发人员和利益相关者应该朝着同一个目标努力，这是它们保持一致的意义。

（5）积极的个人。项目应该围绕有动力的个人进行。个人应该在一个支持性的环境中工作，他们应该被信任，能够自我组织。微观管理对任何人都没有好处，在敏捷中会适得其反。

（6）面对面交谈。为了在团队中有效地传达信息，必须通过面对面的互动来完成。要实现这一点，团队成员需要在同一地点。然而，并不是所有开发团队都在同一地点，如果是这种情况，应努力增加交流频率。

（7）使用工作软件测量进度。进度的最大衡量标准是为客户提供可运行的软件。始终将注意力放在工作软件上，而不是陷入计划的细节中。开发者将不再花费太多时间来完成次要任务，例如文档。

（8）持续的发展步伐。一旦项目开始运行，团队和利益相关者应保持一致的进度。每次发布时都应保持一致，就不会出现延迟和紧急情况。

（9）技术卓越。为了提高敏捷性，必须持续关注卓越的技术和良好的设计。这使得团队更容易接受变化，保持一致的开发速度，并根据需要更新或改进产品。

（10）简单。有些细节被认为是不必要的，团队应该专注于基本任务，以便生产工作软件。

（11）自组织团队。当团队自组织时，他们能够提出更好的架构、需求和设计。当一个团队完全掌控自己的工作方式并可以自己做每一个决定时，就能提供更好的工作结果。

（12）定期反思和调整。团队应定期反思当前工作的有效性，并确定自我改进的空间，然后调整自己的行为，以确保实现自我完善。

7.2 CI/CD

CI/CD 是一种通过在应用开发阶段引入自动化来频繁向客户交付应用的方法。CI/CD 的核心概念是持续集成、持续交付和持续部署。作为一个面向开发和运营团队的解决方案，CI/CD 主要针对在集成新代码时所引发的问题。具体而言，CI/CD 可让持续自动化和持续监控贯穿于应用的整个生命周期（从集成和测试阶段到交付和部署）。这些关联的事务通常被统称为“CI/CD 管道”，由开发和运维团队以敏捷方式协同支持。

7.2.1 CI 持续集成（Continuous Integration）

CI 是指持续集成，它属于开发人员的自动化流程。成功的 CI 意味着应用代码的新更改会定期构建、测试并合并到共享存储库中。该解决方案可以解决在一次开发中有太多应用分支，从而导致相互冲突的问题。CI 可以帮助开发人员更加频繁地（有时甚至每天）将代码更改合并到共享分支或主干中。一旦开发人员对应用所做的更改被合并，系统就会通过自动构建应用并运行不同级别的自动化测试（通常是单元测试和集成测试）来验证这些更改，确保这些更改没有对应用造成破坏。这意味着测试内容涵盖了从类和函数到构成整个应用的不同模块。如果自动化测试发现新代码和现有代码之间存在冲突，CI 可以更加轻松、快速地修复这些错误。

7.2.2 CD 持续交付（Continuous Delivery）

CD 是持续交付和部署，相关概念有时会交叉使用。两者都事关管道后续阶段的自动化，但它们有时也会单独使用，用于说明自动化程度。

持续交付通常是指开发人员对应用的更改会自动进行错误测试并上传到存储库（如 GitHub 或容器注册表），然后由运维团队将其部署到实时生产的环境中，旨在解决开发和运维团队之间可见性及沟通较差的问题。因此，持续交付的目的就是确保尽可能减少部署新代码时所需的工作量。持续部署（另一种“CD”）指的是自动将开发人员的更改从存储库发布到生产环境，以供客户使用。它主要是为了解决因手动流程降低应用交付速度，从而使运维团队超负荷的问题。持续部署以持续交付的优势为根基，实现了管道后续阶段的自动化。

完成 CI 中构建及单元测试和集成测试的自动化流程后，持续交付可自动将已验证的代码发布到存储库。为了实现高效的持续交付流程，务必要确保 CI 已内置于开发管道。持续交付的目标是拥有一个可随时部署到生产环境的代码库。在持续交付中，每个阶段（从代码更改的合并，到生产就绪型构建版本的交付）都涉及测试自动化和代码发布自动化。在流程结束时，运维团队可以快速、轻松地将应用部署到生产环境中。

7.2.3 CD 持续部署（Continuous Deployment）

对于一个成熟的 CI/CD 管道来说，最后的阶段是持续部署。作为持续交付（自动将生产就绪型构建版本发布到代码存储库）的延伸，持续部署可以自动将应用发布到生产环境。由于在生产之前的管道阶段没有手动门控，因此持续部署在很大程度上都得依赖精心设计的测试自动化。

实际上，持续部署意味着开发人员对应用的更改在编写后的几分钟内就能生效（假设它通过了自动化测试），这更加便于持续接收和整合用户反馈。总而言之，所有这些 CI/CD 的关联步骤都有助于降低应用的部署风险，因此更便于以小件的方式（而非一次性）发布对应用的更改。不过，由于还需要编写自动化测试以适应 CI/CD 管道中的各种测试和发布阶段，因此前期投资还是会很大。

7.2.4 CI/CD工具

以下罗列出目前市场上最流行的 14 种最佳 CI/CD 工具，为选择 CI/CD 前提供了足够的信息，更多详细信息也可以查看官网做更深入的了解，最终结合需求以及现有基础架构以及未来潜力和改进的空间来选择最合适的 CI/CD 软件。

1. Jenkins

Jenkins 是一个开源自动化服务器，在其中进行集中构建和持续集成。它是一个独立的基于 Java 的程序，带有 Windows、MacOS、Unix 的操作系统的软件包。通过数百种可用的插件，Jenkins 支持软件开发项目的构建、部署和自动化。

Jenkins 的主要功能如下：

（1）易于在各种操作系统上安装和升级。

（2）简单易用的界面。

（3）可通过社区提供的巨大插件资源进行扩展。

（4）在用户界面中轻松配置环境。

（5）支持主从架构的分布式构建。

（6）根据表达式构建时间表。

（7）在预构建步骤中支持 Shell 和 Windows 命令执行。

（8）支持有关构建状态的通知。

许可：免费，Jenkins 是一个拥有活跃社区的开源工具。

主页：https://jenkins.io/。

2. CircleCI

CircleCI 是一种 CI/CD 工具，支持快速的软件开发和发布。CircleCI 允许从代码构建、测试到部署的整个用户管道自动化。可以将 CircleCI 与 GitHub、GitHub Enterprise 和 Bitbucket 集成，以便在提交新代码行时创建内部版本。CircleCI 还可以通过云托管选项托管持续集成，或在私有基础架构的防火墙后面运行。

CircleCI 的主要功能如下：

（1）与 Bitbucket、GitHub 和 GitHub Enterprise 集成。

（2）使用容器或虚拟机运行构建。

（3）简易调试。

（4）自动并行化。

（5）快速测试。

（6）个性化的电子邮件和 IM 通知。

（7）连续和特定于分支机构的部署。

（8）高度可定制。

（9）自动合并和自定义命令以上传软件包。

（10）快速设置和无限构建。

许可：Linux 计划从选择不运行任何并行操作开始。开源项目获得了另外 3 个免费容器。

主页：https://circleci.com/。

3. TeamCity

TeamCity 是 JetBrains 的构建管理和持续集成服务器。TeamCity 是一个持续集成工具，可帮助构建和部署不同类型的项目。TeamCity 在 Java 环境中运行，并与 Visual Studio 和 IDE 集成。该工具可以安装在 Windows 和 Linux 服务器上，支持 .NET 和开放堆栈项目。TeamCity 2019.1 提供了新的 UI 和本机 GitLab 集成。它还支持 GitLab 和 Bitbucket 服务器拉取请求。该版本包括基于令牌的身份验证、检测、Go 测试报告以及 AWS Spot Fleet 请求。

TeamCity 的主要功能如下：

（1）提供多种方式将父项目的设置和配置重用到子项目。

（2）在不同环境下同时运行并行构建。

（3）启用运行历史记录构建，查看测试历史记录报告，固定、标记以及将构建添加到收藏夹。

（4）易于定制、交互和扩展服务器。

（5）保持 CI 服务器正常运行。

（6）灵活的用户管理，分配用户角色，将用户分组，不同的用户身份验证方式以及带有所有用户操作的日志，透明化服务器上的所有活动。

许可：TeamCity 是具有免费和专有许可证的商业工具。

主页：https://www.jetbrains.com/teamcity/。

4. Bamboo

Bamboo 是一个持续集成服务器，可自动执行软件应用程序版本的管理，从而创建了持续交付管道。Bamboo 涵盖了构建和功能测试、分配版本、标记发行版，在生产中部署和激活新版本。

Bamboo 的主要功能如下：

（1）支持多达 100 个远程构建代理。

（2）并行运行批次测试并快速获得反馈。

（3）创建图像并推送到注册表。

（4）每个环境的权限使开发和测试人员可以在生产保持锁定状态的情况下，按需部署到环境中。

（5）在 Git、Mercurial、SVN Repos 中检测新分支，并将主线的 CI 方案自动应用于它们。

（6）触发器基于在存储库中检测到的更改构建，推送来自 Bitbucket 的通知。

许可：Bamboo 定价层基于代理（Slave）而不是用户。代理越多，花费越多。

主页：https://www.atlassian.com/software/bamboo。

5. GitLab

GitLab 是一套用于管理软件开发生命周期各个方面的工具。核心产品是基于 Web 的 Git 存储库管理器，具有问题跟踪、分析和 Wiki 等功能。GitLab 允许在每次提交或推送时触发构建、运行、测试和部署代码，可以在虚拟机、Docker 容器或另一台服务器上构建作业。

GitLab 的主要功能如下：

（1）通过分支工具查看、创建和管理代码以及项目数据。

（2）通过单个分布式版本控制系统设计、开发和管理代码和项目数据，从而实现业务价值的快速迭代和交付。

（3）提供真实性和可伸缩性的单一来源，以便在项目和代码上进行协作。

（4）通过自动化源代码的构建、集成和验证，帮助交付团队完全接受 CI。

（5）提供容器扫描、静态应用程序安全测试（SAST）、动态应用程序安全测试（DAST）和依赖项扫描，以便提供安全的应用程序以及许可证合规性。

（6）帮助自动化并缩短发布和交付应用程序的时间。

许可：GitLab 是一个商业工具和免费软件包。它提供了在 GitLab 或本地实例和公共云上托管 SaaS 的功能。

主页：https://about.gitlab.com/。

6. Buddy

Buddy 是一个 CI/CD 软件，它使用 GitHub、Bitbucket 和 GitLab 的代码构建、测试、部署网站和应用程序。它使用具有预安装语言和框架的 Docker 容器以及 DevOps 来监视和通知操作，并以此为基础进行构建。

Buddy 的主要功能如下：

（1）易于将基于 Docker 的镜像自定义为测试环境。

（2）智能变更检测，最新的缓存，并行性和全面的优化。

（3）创建、定制和重用构建和测试环境。

（4）普通和加密、固定和可设置范围：工作空间、项目、管道、操作。

（5）与 Elastic、MariaDB、Memcached、Mongo、PostgreSQL、RabbitMQ、Redis、Selenium Chrome 和 Firefox 关联的服务。

（6）实时监控进度和日志，无限历史记录。

（7）使用模板进行工作流管理，以克隆、导出和导入管道。

（8）一流的 Git 支持和集成。

许可：Buddy 是免费的商业工具。

主页：https://buddy.works/。

7. Travis CI

Travis CI 是用于构建和测试项目的 CI 服务。Travis CI 自动检测新的、推送到 GitHub 存储库的提交。每次提交新代码后，Travis CI 都会构建项目并相应地运行测试。该工具支持许多构建配置和语言，例如 Node、PHP、Python、Java、Perl 等。

Travis CI 的主要功能如下：

（1）快速设置。

（2）GitHub 项目监控的实时构建视图。

（3）拉取请求支持。

（4）部署到多个云服务。

（5）预装的数据库服务。

（6）通过构建时自动部署。

（7）为每个版本清理虚拟机。

（8）支持 MacOS、Linux 和 iOS。

（9）支持多种语言，例如 Android、C、C #、C ++、Java、JavaScript（带有 Node.js）、Perl、PHP、Python、R、Ruby 等。

许可：Travis CI 是一项托管的 CI/CD 服务。私人项目可以在 travis-ci.com 上进行收费测试。可以在 travis-ci.org 上免费应用开源项目。

主页：https://travis-ci.com。

8. Codeship

Codeship 是一个托管平台，可多次支持早期和自动发布软件。通过优化测试和发布流程，可以帮助软件公司更快地开发更好的产品。

Codeship 的主要功能如下：

（1）与所选的任何工具、服务和云环境集成。

（2）易于使用，提供快速而全面的开发人员支持。

（3）借助 Codeship 的环境和简单的 UI，使构建和部署工作更快。

（4）选择 AWS 实例大小，CPU 和内存的选项。

（5）通过通知中心为组织和团队成员设置团队和权限。

（6）无缝的第三方集成，智能通知管理和项目仪表板，可提供有关项目及其运行状况的高级概述。

主页：https://codeship.com/。

9. GoCD

GoCD 来自 ThoughtWorks，是一个开放源代码工具，用于构建和发布支持 CI/CD 上的现代基础结构。

GoCD 的主要功能如下：

（1）轻松配置相关性以实现快速反馈和按需部署。

（2）促进可信构件，每个管道实例都锚定到特定的变更集。

（3）提供对端到端工作流程的控制，一目了然地跟踪从提交到部署的更改。

（4）容易看到上游和下游。

（5）随时部署任何版本。

（6）允许将任何已知的良好版本的应用程序部署到任何位置。

（7）通过“比较内部版本”功能获得用于任何部署的简单物料清单。

（8）通过 GoCD 模板系统重用管道配置，使配置保持整洁。

（9）已经有许多插件。

许可：免费和开源。

主页：https://www.gocd.org/。

10. Wercker

对于正在使用或正在考虑基于 Docker 启动新项目的开发人员，Wercker 可能是一个合适的选择。Wercker 支持组织及其开发团队使用 CI/CD、微服务和 Docker。

Wercker 的主要功能如下：

（1）Git 集成，包括 GitHub、Bitbucket、GitLab 和版本控制。

（2）使用 Wercker CLI 在本地复制 SaaS 环境，有助于在部署之前调试和测试管道。

（3）支持 Wercker 的 Docker 集成以构建最少的容器并使尺寸可管理。

（4）Walterbot：聊天机器人，通知交互以便更新构建状态。

（5）环境变量有助于使敏感信息远离存储库。

（6）Wercker 利用关键安全功能（包括源代码保护）来关闭测试日志、受保护的环境变量以及用户和项目的可自定义权限。

许可：甲骨文在收购后未提供 Wercker 的价格信息。

主页：https://app.wercker.com。

11. Semaphore

Semaphore 是一项托管的 CI/CD 服务，用于测试和部署软件项目。Semaphore 通过基于拉取请求的开发过程来建立 CI/CD 标准。

Semaphore 的主要功能如下：

（1）与 GitHub 集成。

（2）自动执行任何连续交付流程。

（3）在最快的 CI/CD 平台上运行。

（4）自动缩放项目，以便仅需支付使用费用。

（5）本机 Docker 支持、测试和部署基于 Docker 的应用程序。

（6）提供 Booster：一种功能，用于通过自动并行化 Ruby 项目的构建来减少测试套件的运行时间。

许可：灵活。使用传统的 CI 服务，受到计划容量的限制。同时 Semaphore 2.0 将根据团队的实际需求扩展，因此无须使用该工具，也就不必付费。

主页：https://semaphoreci.com/。

12. Nevercode

Nevercode 支持移动应用程序的 CI/CD。它有助于更快地构建、测试和发布本机和跨平台应用程序。

Nevercode 的主要功能如下：

（1）自动配置和设置。

（2）测试自动化：单元和 UI 测试、代码分析、真实设备测试、测试并行化。

（3）自动发布：iTunes Connect，Google Play，Crashlytics，TestFairy，HockeyApp。

（4）构建和测试状态的详细概述。

许可：灵活。针对不同需求进行持续集成的不同计划。可以从标准计划中选择，也可以请求根据自己的需求量身定制的计划。

主页：https://nevercode.io/。

13. Spinnaker

Spinnaker 是一个多云连续交付平台，支持在不同的云提供商之间发布和部署软件更改，包括 AWS EC2、Kubernetes、Google Compute Engine、Google Kubernetes Engine、Google App Engine 等。

Spinnaker 的主要功能如下：

（1）创建部署管道，以运行集成和系统测试、旋转服务器组和降低服务器组以及监视部署。通过 Git 事件、Jenkins、Travis CI、Docker、cron 或其他 Spinnaker 管道触发管道。

（2）创建和部署不可变镜像，以实现更快的部署、更轻松的回滚以及消除难以调试的配置漂移问题。

（3）使用它们的指标进行金丝雀分析，将发行版与诸如 Datadog、Prometheus、Stackdriver 或 SignalFx 的监视服务相关联。

（4）使用 Halyard-Spinnaker 的 CLI 管理工具安装，配置和更新 Spinnaker 实例。

（5）设置电子邮件、Slack、HipChat 或 SMS 的事件通知（通过 Twilio）。

许可：开源。

主页：https://www.spinnaker.io/。

14. Buildbot

Buildbot 是一个基于 Python 的 CI 框架，可自动执行编译和测试周期以验证代码更改，然后在每次更改后自动重建并测试树。因此，可以快速查明构建问题。

Buildbot 的主要功能如下：

（1）自动化构建系统，应用程序部署以及复杂软件发布过程的管理。

（2）支持跨多个平台的分布式并行执行、与版本控制系统的灵活集成、广泛的状态报告。

（3）在各种从属平台上运行构建。

（4）任意构建过程并使用 C 和 Python 处理项目。

（5）最低主机要求：Python 和 Twisted。

（6）注意：Buildbot 将停止支持 Python 2.7，并需要迁移到 Python 3。

许可：开源。

7.3 利用 Docker 优化 DevOps

Docker 相较于 DevOps 的主要优点是开发人员和运维都使用相同的工具——Docker。

开发人员在开发阶段，在本地计算机上从 Dockerfiles 创建 Docker 镜像，并在开发环境中运行。

运维使用相同的Docker镜像，使用Docker对staging和生产环境进行更新。需要注意的是，在更新到软件的新版本时，不是要对Docker容器进行patch，换句话说就是，软件的新版本采用一个新的Docker镜像和Docker容器的新副本，而不是对旧的Docker容器进行修补。基于以上，我们可以创建不可变的开发、staging和生产环境。使用这种方法有几个好处：①对所有更改都有很高的控制权，因为使用不可变的Docker镜像和容器进行更改，可以随时回滚到以前的版本；②与脚本工具相比，开发、staging和生产环境变得更加相似；③使用Docker，可以保证如果某个功能在开发环境中有效，它也可以在staging和生产中使用，这也就是我们常说的一致性。

1. 传统的DevOps

在传统的DevOps方法中，开发人员编写代码并将其提交给Git存储库，然后检查它在本地和开发环境中的工作方式。我们会使用像Jenkins这样的CI工具启动代码的构建过程，该工具也在构建期间运行功能测试。如果测试成功通过，我们将更改合并到发布分支中。运维会使用一些工具为应用程序部署生产准备脚本，并最终将更改投入生产环境（更新版本）。

2. 传统DevOps的问题

第一个问题是运维和开发者使用不同的工具。例如，大多数开发人员不一定知道如何使用脚本工具，而准备发布的任务落在运维身上，但运维通常又不了解应用如何工作。

第二个问题是开发环境通常手动更新而没有自动化，结果导致开发环境非常不稳定，一个开发人员所做的更改可能会中断另一个开发人员的更改，而解决这样的冲突问题通常需要花费很多时间，time-to-market变长也就不足为奇了。

第三个问题是开发环境可能与staging环境、生产环境有很大不同。这可能会导致开发人员准备的发行版无法在暂存环境中正常工作，或即使测试在暂存环境中成功通过，生产中也可能会出现一些问题，生产中的回滚过程也并非易事。

第四个问题是编写脚本非常耗时，而且容易出错。

3. Docker和Kubernetes让DevOps变得更具效力的原因

（1）使用Docker创建包含多个相互连接组件的应用拓扑的过程变得更容易理解。

（2）由于内置的service和ingress概念，负载均衡配置的过程大大简化。

（3）由于Kubernetes的Deployments、StatefulSets、ReplicaSets等功能特性，滚动更新或是蓝绿部署的过程变得非常简单。

（4）更多强大的 CI/CD 工具可用。

（5）Kubernetes 通过 Service Mesh 工具提供开箱即用的多云部署场景。

7.4 使用 GitLab CI/CD 实现自动测试和部署

GitLab CI/CD 是一个内置在 GitLab 中的工具，用于通过持续方法进行软件开发。

持续集成的工作原理是将小的代码块推送到 Git 仓库中托管的应用程序代码库中，并且每次推送时，都要运行一系列脚本来构建、测试和验证代码更改，然后再将其合并到主分支中。

持续交付和部署相当于更进一步的 CI，可以在每次推送到仓库默认分支的同时将应用程序部署到生产环境。这些方法使得可以在开发周期的早期发现漏洞和错误，从而确保部署到生产环境的所有代码都符合为应用程序建立的代码标准。GitLab CI/CD 由一个名为 .gitlab-ci.yml 的文件进行配置，该文件位于仓库的根目录下。文件中指定的脚本由 GitLab Runner 执行。

7.4.1 GitLab CI/CD 工作流程

一旦将提交推送到远程仓库的分支上，那么为该项目设置的 CI/CD 管道将会被触发。GitLab CI/CD 这样做：

（1）运行自动化脚本（串行或并行）代码 Review 并获得批准。

（2）构建并测试应用。

（3）使用 Review Apps 预览每个合并请求的更改。

（4）代码 Review 并获得批准。

（5）合并 feature 分支到默认分支，同时自动将此次更改部署到生产环境。

（6）如果出现问题，可以轻松回滚。

通过 GitLab UI 所有的步骤都是可视化的，如图 7–2 所示。

流程：创建分支→提交代码修改→自动构建和测试→推送代码修复→自动构建和测试（发布审查）→合并分支到主干→合并后的自动构建测试发布→发布到生产环境。更详细的 CI/CD 基本工作流程如图 7–3 所示。

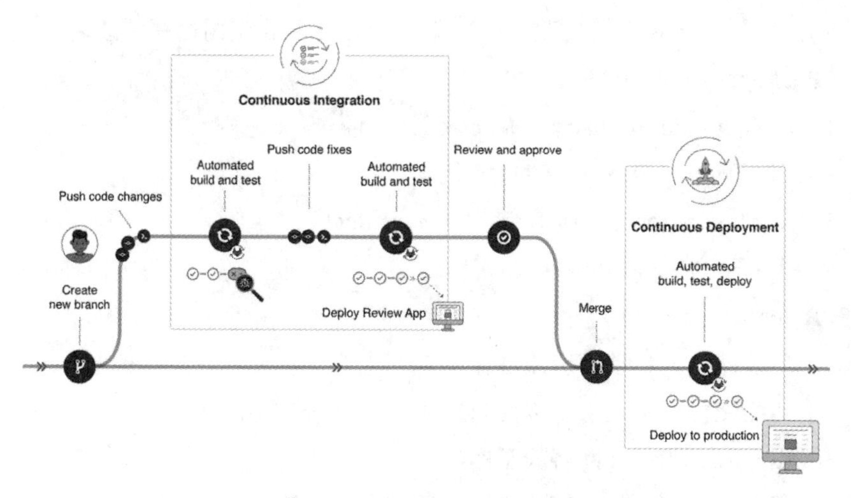

图 7-2　GitLab CI/CD 工作流程

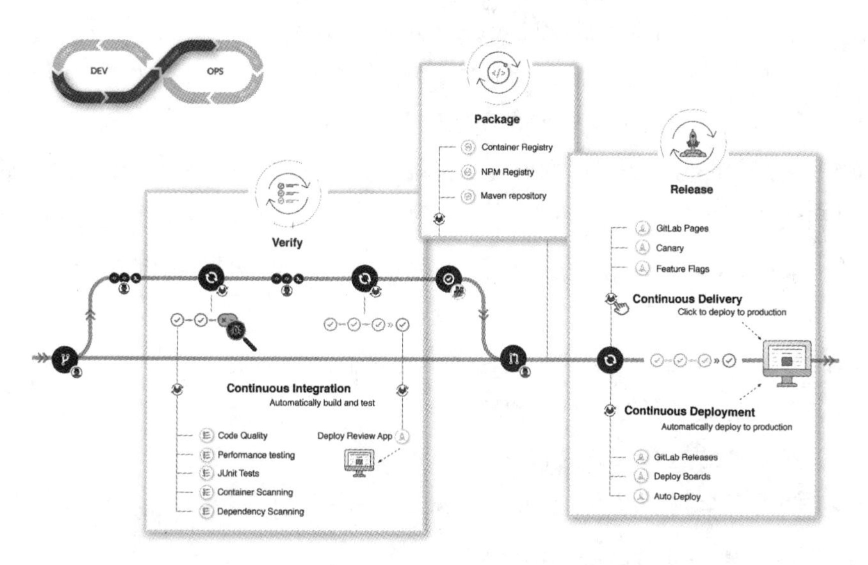

图 7-3　CI/CD 详细工作流程

1. Verify

（1）通过持续集成自动构建和测试应用程序。

（2）使用 GitLab 代码质量（GitLab Code Quality）分析源代码质量。

（3）通过浏览器性能测试（Browser Performance Testing）确定代码更改对性能的影响。

（4）执行一系列测试，比如 Container Scanning、Dependency Scanning、JUnit tests。

（5）用评审 Apps 部署更改，以预览每个分支上的应用程序更改。

2. Package

（1）用 Container Registry 存储 Docker 镜像。

（2）用 NPM Registry 存储 NPM 包。

（3）用 Maven Repository 存储 Maven artifacts。

（4）用 Conan Repository 存储 Conan 包。

3. Release

（1）持续部署，自动将应用程序部署到生产环境。

（2）持续交付，手动点击以便将应用程序部署到生产环境。

（3）用 GitLab Pages 部署静态网站。

（4）仅将功能部署到一个 Pod 上，并让一定比例的用户群通过 Canary Deployments 访问临时部署的功能（PS：即灰度发布）。

（5）在 Feature Flags 之后部署功能。

（6）用 GitLab Releases 将发布说明添加到任意 Git tag。

（7）使用 Deploy Boards 查看在 Kubernetes 上运行的每个 CI 环境的当前运行状况和状态。

（8）使用 Auto Deploy 将应用程序部署到 Kubernetes 集群中的生产环境。

使用 GitLab CI/CD，还可以：

（1）通过 Auto DevOps 轻松设置应用的整个生命周期。

（2）将应用程序部署到不同的环境。

（3）安装自己的 GitLab Runner。

（4）使用安全测试报告（Schedule pipelines）检查应用程序漏洞。

.gitlab-ci.yml 文件告诉 GitLab Runner 要做什么。一个简单的管道通常包括三个阶段：build、test、deploy。

只要在仓库根目录创建一个 .gitlab-ci.yml 文件，并为该项目指派一个 Runner，当有合并请求或 push 的时候就会触发 build。

综上所述，要让 CI 工作，可总结为以下几点：

（1）在仓库根目录创建一个名为 .gitlab-ci.yml 的文件。

（2）为该项目配置一个 Runner。

（3）完成上面的步骤后，每次 push 代码到 Git 仓库，Runner 就会自动开始 pipeline。

7.4.2　安装GitLab（ubuntu系统）

1. 安装并配置必要的依赖

```
sudo apt-get update
sudo apt-get install -y curl openssh-server ca-certificates tzdata perl
```

接下来，安装 Postfix 以发送通知电子邮件。如果想使用其他解决方案发送电子邮件，请跳过此步骤并在安装 GitLab 后配置外部 SMTP 服务器。

```
sudo apt-get install -y postfix
```

在 Postfix 安装过程中，可能会出现一个配置屏幕。选择“Internet 站点”并按 Enter。将服务器的外部 DNS 用于“邮件名称”，然后按 Enter。如果出现其他屏幕，请继续按 Enter 接受默认值。

2. 安装

```
#curl https://packages.gitlab.com/install/repositories/gitlab/gitlab-ee/script.deb.sh | sudo bash
```

接下来，安装 GitLab 包。确保已正确设置 DNS，并更改 http://127.0.0.1:8090 为要访问 GitLab 实例的 URL。安装将在该 URL 上自动配置和启动 GitLab。

```
#sudo EXTERNAL_URL="http://127.0.0.1:8090" apt-get install gitlab-ee
```

等待十几分钟就可以安装完成。将随机生成一个密码并在“/etc/gitlab/initial_root_password.”使用此密码和用户名 root 登录。

```
#vim /etc/gitlab/initial_root_password 查看密码
```

安装 iptables 并开启端口：

```
#apt install iptables
#iptables -A INPUT -p tcp -m tcp --dport 8090 -j ACCEPT
```

打开上面配置的 url，输入用户名 root 和随机密码，就可以登录进去看到如图 7-4 所示的界面。

新建一个项目 myweb，可以看到如图 7-5 所示的页面，下一小节所述的 CI/CD GitLab Runner 可以在这里面配置。

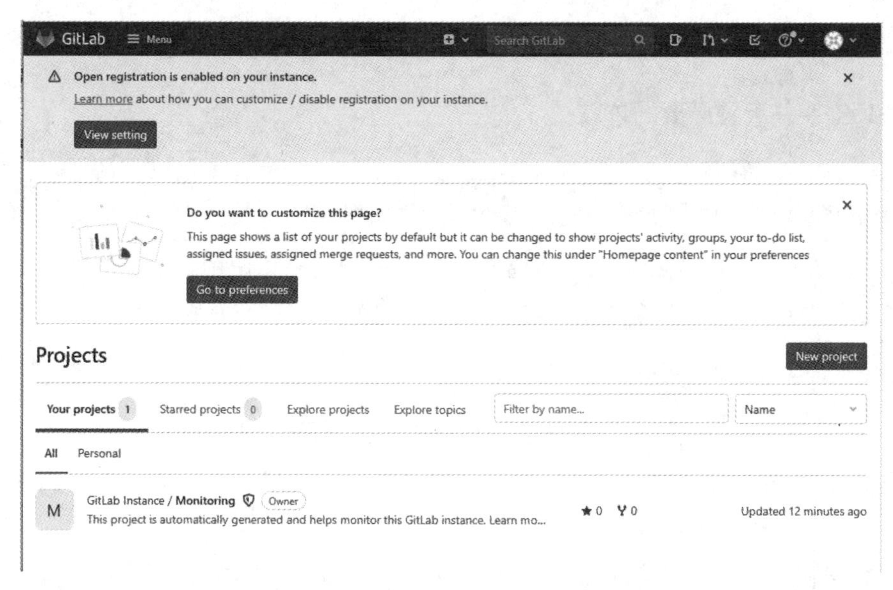

图 7-4　GitLab 界面

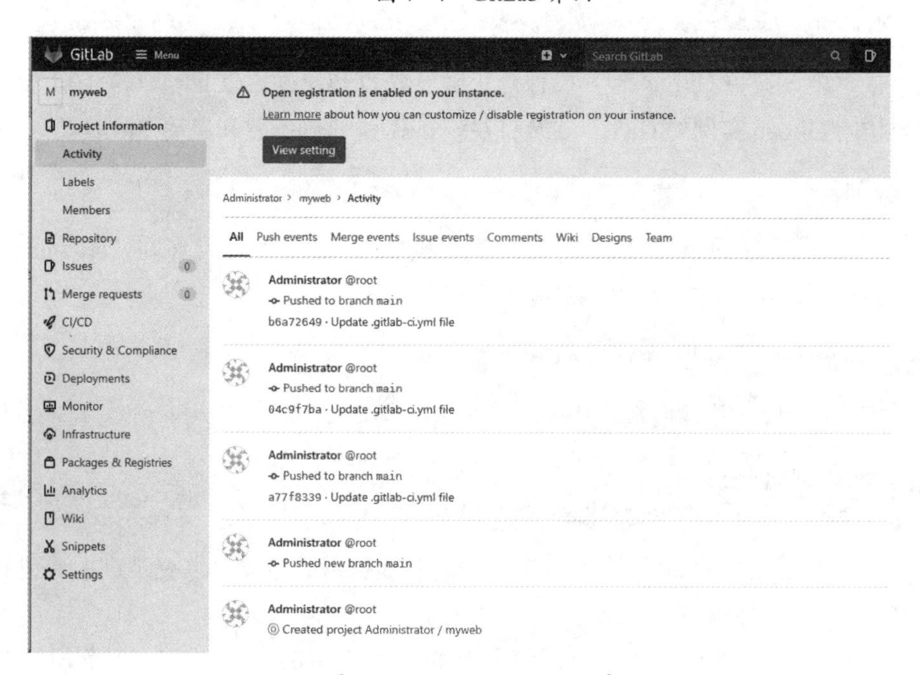

图 7-5　GitLab 具体项目界面

7.4.3　使用GitLab Runner构建任务

为什么不是 GitLab CI 来运行那些构建任务呢？

一般来说，构建任务都会占用很多的系统资源（譬如编译代码），而 GitLab CI 又是 GitLab 的一部分，如果由 GitLab CI 来运行构建任务，在执行构建任务的时候，GitLab 的性能会大幅下降。GitLab CI 最大的作用是管理各个项目的构建状态，因此，运行构建任务这种浪费资源的事情就交给 GitLab Runner 来做。GitLab Runner 主要功能就是用来执行软件集成脚本。Runner 就像一个个的工人，而 GitLab CI 就是这些工人的一个管理中心，所有工人都要在 GitLab CI 里面登记注册，并且表明自己是为哪个工程服务的。当相应的工程发生变化时，GitLab CI 就会通知相应的工人执行软件集成脚本。

GitLab Runner 和 GitLab 的关系如图 7–6 所示。

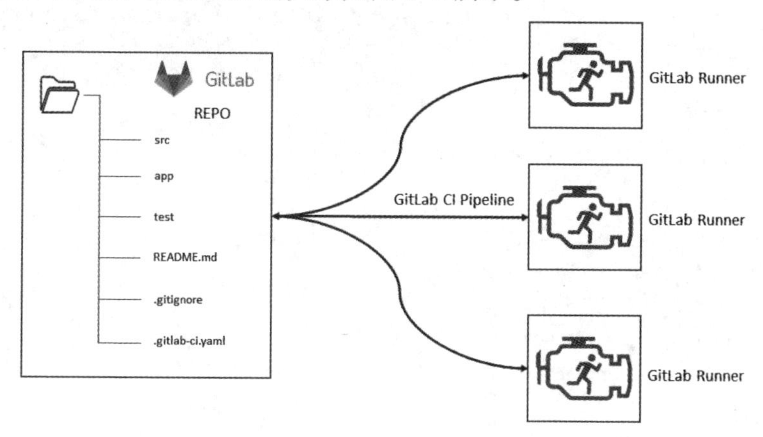

图 7–6　GitLab Runner 和 GitLab 的关系

由图 7–6 可以看出，GitLab 把流水线任务交给 Runner 处理了。

安装 GitLab Runner：

```
#curl -L "https://packages.gitlab.com/install/repositories/runner/gitlab-runner/script.deb.sh" | sudo bash
#sudo apt-get install gitlab-runner
```

注册 runner：

```
# sudo gitlab-runner register
```

注册要输入 GitLab 的网址和项目的 token，GitLab 项目的 setting F0E0CI/CD F0E0runners，可以看到 URL 和 token。以下是输入过程：

```
# Please enter the gitlab-ci coordinator URL (e.g. https://gitlab.com/):
http://git.example.com
# Please enter the gitlab-ci token for this runner:
dnqLAVf52xpz6HfLxwmc
```

```
# Please enter the gitlab-ci description for this runner:
[127.0.0.1]: test080701
# Please enter the gitlab-ci tags for this runner (comma separated):
# 作为 gitlab-ci.yml 的标识
test
# Registering runner... succeeded     runner=dnqLAVf5
# Please enter the executor: kubernetes, docker, docker-ssh, parallels, shell, ssh, virtualbox,
docker+machine, custom, docker-ssh+machine:
docker
# Please enter the default Docker image (e.g. ruby:2.6):
# 输入 runner 需要在哪个 Docker image 下运行，因为要运行 Go 项目，所以输入的是 go:1.17
docker:stable
# Runner registered successfully. Feel free to start it, but if it's running already the config should be
automatically reloaded!
```

也可以一键注册：

```
sudo gitlab-runner register \
  --non-interactive \
  --url " http://git.example.com" \
  --registration-token " dnqLAVf52xpz6HfLxwmc" \
  --executor "docker" \
  --docker-image go:latest \
  --description "docker-runner" \
  --tag-list "docker,aws" \
  --run-untagged="true" \
  --locked="false" \
  --access-level="not_protected"
```

执行成功后配置会保存在 /etc/gitlab-runner/config.toml。

在项目工程下编写“.gitlab-ci.yml”配置文件，也可以在 CI/CDF0E0Editor 里面直接编写。

关键字介绍如表 7–1 所示。

表 7–1　关键字介绍

关键字	含　义
script	由 Runner 执行的 Shell 脚本
image	可制定一个 Docker 镜像，用于执行该任务。若缺失，使用 runner 配置配置
service	使用 Docker Services 镜像，services: name
before_script	执行作业前运行的脚本

续表

关键字	含　义
after_script	作业完成后运行的脚本
stages	用于自定义任务流程，若缺失，默认流程为：build → test → deploy
stage	定义管道中步骤的作业段
job	任务名称可自由定义，可包含空格
only	用于指定依赖的代码分支：only:refs、only:kubernetes、only:variables、only:changes
tags	指定执行作业的 runner
allow_failure	允许 job 失败
when	用于指定任务触发的条件。若缺失，一旦有代码提交到该分支就会自动运行，可设置为手动触发
on_success	当前阶段工作成功
on_failure	仅当前一个阶段，至少一个作业失败时才执行作业
always	无论先前阶段的工作状态如何，都可以执行工作
manual	手动执行作业
delayed	延迟作业
environment	作业部署到的环境名称
cache	key: "CI_JOB_STAGE-CI_COMMIT_REF_SLUG" # 为每分支的每个步骤启用缓存
artifacts	job 成功时附加到作业的文件或目录
dependencies	此 job 依赖其他 jobs, 主要作用于作业优先级
converage	给定作业代码覆盖率设置
retry	在发生故障时，可以自动重试作业的次数
parallel	应该并行运行多少个作业实例
trigger	定义下游管道触发器
include	允许此作业包含外部 YAML
extends	此作业将继承的配置项
pages	上传作业结果用于 GitLab pages
variables	作业级别定义作业变量

更多内容可参考 https://docs.gitlab.com/ee/ci/yaml/index.html。

```
# 定义 stages（阶段），任务将按此顺序执行
```

```
stages:
  - build
  - test
  - deploy

# 定义 job（任务）
job1:
  stage: test
  tags:
    - XX # 只有标签为 XX 的 runner 才会执行这个任务
  only:
    - dev   # 只有 dev 分支提交代码才会执行这个任务
    - /^future-.*$/ # 正则表达式，只有以 future- 开头的分支才会执行
  script:
    - echo "I am job1"
    - echo "I am in test stage"

# 定义 job
job2:
  stage: test   # 如果此处没有定义 stage，其默认也是 test
  only:
    - master   # 只有 master 分支提交代码才会执行这个任务
  script:
    - echo "I am job2"
    - echo "I am in test stage"
  allow_failure: true # 允许失败，即不影响下步构建

# 定义 job
job3:
  stage: build
  except:
    - dev # 除了 dev 分支，其他分支提交代码都会执行这个任务
  script:
    - echo "I am job3"
    - echo "I am in build stage"
  when: always # 不管前面几步成功与否，永远会执行这一步。它有几个值：on_success（默认值）\on_failure\always\manual（手动执行）

# 定义 job
.job4:   # 对于临时不想执行的 job，可以选择在前面加个 "."，这样就会跳过此步任务，否则除了要注释这个 job，还需要注释上面为 deploy 的 stage
  stage: deploy
  script:
    - echo "I am job4"
```

```
#模板相当于公用函数，有重复任务时很有用
.job_template: &job_definition # 创建一个锚，'job_definition'
  image: ruby:2.1
  services:
    - postgres
    - redis
test1:
  <<: *job_definition        # 利用锚 'job_definition' 来合并
  script:
    - test1 project

test2:
  <<: *job_definition        # 利用锚 'job_definition' 来合并
  script:
    - test2 project

# 下面几个都相当于全局变量，都可以添加到具体 job 中，这时会被子 job 覆盖

before_script:
  - echo " 每个 job 之前都会执行 "

after_script:
  - echo " 每个 job 之后都会执行 "

variables:  # 变量
  DATABASE_URL: "postgres://postgres@postgres/my_database"
  # 在 job 中可以用 ${DATABASE_URL} 来使用这个变量。常用的预定义变量有 CI_COMMIT_REF_
    NAME（项目所在的分支或标签名称）、CI_JOB_NAME（任务名称）、CI_JOB_STAGE（任务阶段）
  GIT_STRATEGY: "none"
  # GIT 策略定义拉取代码的方式有 3 种：clone、fetch、none，默认为 clone，速度最慢，每步
    job 都会重新 clone 一次代码。一般将它设置为 none，在具体任务里设置为 fetch 就可以满
    足需求，毕竟不是每步都需要新代码，那也不符合测试的流程

cache:  # 缓存
  # 因为缓存为不同管道和任务间共享，可能会覆盖，需要设置 key
  key: ${CI_COMMIT_REF_NAME} # 启用每个分支缓存
  # key: "$CI_JOB_NAME/$CI_COMMIT_REF_NAME"
  # 启用每个任务和每个分支缓存，需要注意的是，如果是在 Windows 中运行这个脚本，需要
    把 $ 换成 %
  untracked: true  # 缓存所有 Git 未跟踪的文件
  paths:  # 以下两个文件夹会被缓存起来，下次构建会解压出来
    - node_modules/
    - dist/
```

如果不知道怎么写，可以写个简单的 demo 测试一下：

```
stages:
- build
- test
- deploy

build_maven:
  stage: build
  script:
  - echo "build maven....."
  - echo "mvn clean"
  - echo "done"
test_springboot:
  stage: test
  script:
  - echo "run java test....."
  - echo "java -test"
  - echo "done"

deploy_springboot:
  stage: deploy
  script:
  - echo "deploy springboot...."
  - echo "run mvn install"
  - echo "done"
```

上面的配置把一次 Pipeline 分成如下 5 个阶段：

（1）安装依赖（install_deps）。

（2）运行测试（test）。

（3）编译（build）。

（4）部署测试服务器（deploy_test）。

（5）部署生产服务器（deploy_production）。

设置 Job.only 后，只有当 develop 分支和 master 分支有提交的时候才会触发相关的 Jobs。配置好后，在项目 push 到 GitLab 中后，在项目页面左边栏目 CI/CD → pipelines 中即可看到效果，如图 7–7 所示。

状态 passed 表示执行成功，Stages 可以看到每一步的执行结果。

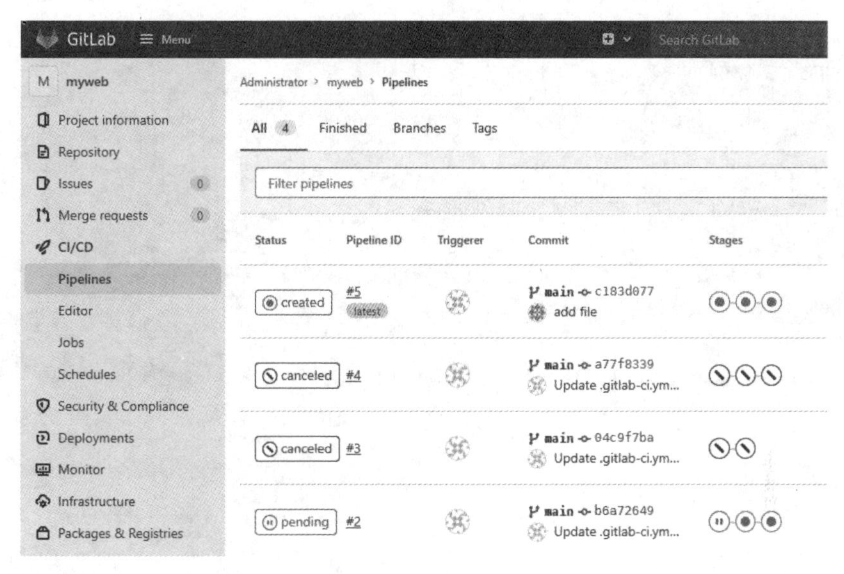

图 7–7　GitLab CI/CD 流水线

常见命令如表 7–2 所示。

表 7–2　常见命令

命　令	含　义
sudo gitlab-runner list	查看各个 runner 的状态
sudo gitlab-runner stop	停止服务
sudo gitlab-runner start	启动服务
sudo gitlab-runner restart	重启服务

当前的代码库托管在 GitLab 上，且已经为代码仓库配置了 GitLab runner 服务，它是用来实际执行 CI 任务的服务器；用户提交代码且根目录中包含一个名为 .gitlab-ci.yml 的文件，该文件是用来指定构建、测试和部署流程，以及 CI 触发条件的脚本，其概念类似于 docker-compose.yml 文件；GitLab 检测到 .gitlab-ci.yml 文件，若当前提交符合文件中指定的触发条件，则会使用配置的 GitLab-runner 服务运行该脚本进行测试等工作；若 .gitlab-ci.yml 中定义的某个自动化脚本运行失败，将判定为此次 CI 不通过，则需要提交者修复问题代码后重新提交，直至自动化 CI 通过。没有问题的提交才能被项目负责人 merge 到主分支，进行后续的部署工作 CD 自动化部署。

Go 语言的 CI/CD 例子，代码如下：

```
# 在 Docker 容器里执行 CI/CD 任务，使用 Golang 镜像
image: golang:latest

variables:
  # 指定 GitLab 地址
  REPO_NAME: gitlab.com/namespace/project

# 执行前的准备工作，包括创建文件夹、关联目录、进入目录等
before_script:
  - mkdir -p $GOPATH/src/$(dirname $REPO_NAME)
  - ln -svf $CI_PROJECT_DIR $GOPATH/src/$REPO_NAME
  - cd $GOPATH/src/$REPO_NAME

stages:
  - test
  - build
  - deploy
# 测试的脚本，自动执行 Go 的单元测试
# script 是由 Runner 执行的 Shell 脚本
format:
  stage: test
  script:
    - go fmt $(go list ./... | grep -v /vendor/)
    - go vet $(go list ./... | grep -v /vendor/)
    - go test -race $(go list ./... | grep -v /vendor/)
# 构建脚本，将 Go 程序编译到指定目录 mybinary
compile:
  stage: build
  script:
- go build -race -ldflags "-extldflags '-static'" -o $CI_PROJECT_DIR/mybinary
# job 成功时附加到作业的文件或目录
  artifacts:
    paths:
      - mybinary
```

Java 的例子，代码如下：

```
image: java:latest

stages:
  - execute
# 构建
before_script:
  - "javac hello.java "
```

```
# 运行
execute:
  stage: execute
  script: " java hello "
```

使用 Docker 发布的例子，代码如下：

```
stages:
  - deploy

docker-deploy:
  stage: deploy
  # 执行 job 内容
  script:
    # 通过 Dockerfile 生成 cd-demo 镜像
    - docker build -t cd-demo .
    # 删除已经在运行的容器
    - if [ $(docker ps -aq --filter name= cd-demo) ]; then docker rm -f cd-demo;fi
    # 通过镜像启动容器，并把本机 8000 端口映射到容器 8000 端口
    - docker run -d -p 8000:8000 --name cd-demo cd-demo
  tags:
    # 执行 job 的服务器
    - kun
  only:
    # 只有在 master 分支才会执行
    - master
```

要执行具体的构建、发布、自动测试，就需要深入研究 .gitlab-ci.yml 每个项目。每种语言的构建环境都不一样。这里有各种开发语言的丰富的例子，大家可以根据自己的需求去学习，网址为 https://docs.gitlab.com/ee/ci/examples/。

第 8 章　微服务

微服务是一种用于构建应用的架构方案。微服务架构有别于更为传统的单体式方案，可将应用拆分成多个核心功能。每个功能都被称为一项服务，可以单独构建和部署，这意味着各项服务在工作和出现故障时不会相互影响。其功能如下：

（1）服务发现：一般用 ETCD 和 Consul 实现路由的存储和变更。

（2）重试。

（3）超时。

（4）负载均衡：算法有“轮询 + 权重”、IP hash、URL hash、least_conn、least_time。

（5）限速：常用的限流算法有计数器、漏桶和令牌桶。

（6）线程 bulkheading。

（7）熔断：熔断器应该有三个状态：关闭、开启、半开启。熔断器默认是关闭状态；在触发熔断后，状态变更为开启；在等待到指定的时间，再放行一个请求检测服务是否正常，这期间熔断器会变为半开启状态。熔断探测服务可用则继续变更为关闭，关闭熔断器。

断路器实现可参考网址：https://github.com/afex/hystrix-go。下面介绍的 API 网关也可以帮助实现微服务。

8.1　API 网 关

API 网关（API Gateway）的字面意思是指将所有 API 的调用统一接入 API 网关层，由网关层负责接入和输出，如图 8-1 所示。

API 网关是一种位于客户端和应用程序服务之间的服务，它是所有客户端访问应用程序时的单一入口点。它充当接受所有传入 API 调用的反向代理，将请求路由到适当的应用程序服务，然后返回它们的结果。

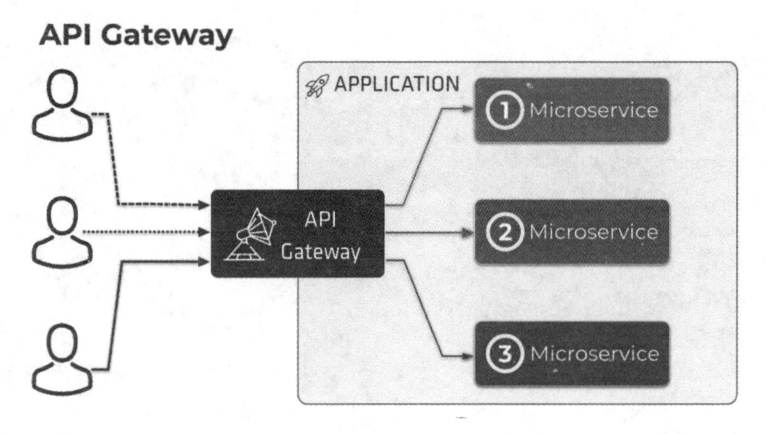

图 8-1　API 网关

API 网关模式提供的功能：自定义 API、隐藏服务地点、协议翻译、请求路由、流量路由、重定向、重试、负载均衡、分析、监控、授权、认证、安全检查 _circle、IP 白名单、API 调用聚合、限速、缓存和账单支票。

常用的网关有 Envoy、Traefik、Kong Gateway、Apache APISIX、Tyk、Ocelot、Goku、Express Gateway、Gloo、KrakenD、Fusio、WSO2、Apigee、Cloud Endpoints、Amazon API Gateway、Azure。

熟悉 Go 语言的话可以选择 Traefik，熟悉 C++ 的可以选择 Envoy，熟悉 Lua 的可以选择 Kong 和 APISIX。

1. Traefik 网关

安装，执行指令：

```
wget https://github.com/traefik/traefik/releases/download/v2.5.4/traefik_v2.5.4_linux_amd64.tar.gz
```

解压：

```
tar -xvf traefik_v2.5.4_linux_amd64.tar.gz。
```

编写配置 traefik.toml 文件，代码如下：

```
[log]
 level = "ERROR"
# 配置请求入口（流程是：入口 → 路由判断 → 分发 → 后端）
# entryPoints.+ 入口名称
[entryPoints]
  [entryPoints.http]
   address = ":80"
```

```
[entryPoints.https]
  address = ":443"
[entryPoints.traefik]
  address = ":8090"
[entryPoints.app]
   address = ":8098"
[entryPoints.httpsweb]
   address = ":8097"
[entryPoints.tcpproxy]
   address = ":8095"
[providers]
 [providers.docker]
#  Watch = true
  exposedByDefault = false
# 配置从 ETCD 读取路由信息，要安装好 ETCD
[providers.ETCD]
    rootKey = "traefik"
    endpoints = ["127.0.0.1:2379"]
[accessLog]
  filePath = "./access.log"
  format = "json"
[tracing]
   serviceName = "traefik"
[retry]
# 配置是否要 Web 界面
[api]
dashboard = true
insecure = true
#HTTPS 配置
[certificatesResolvers.sample.acme]
  email = "email@xxx.com"
  storage = "acme.json"
  [certificatesResolvers.sample.acme.httpChallenge]
    entryPoint = "http"
```

通过 Etcd 配置路由，可以参考 https://doc.traefik.io/traefik/providers/etcd/。相关的 KV 可以参考 https://doc.traefik.io/traefik/routing/providers/kv/。里面有 Routers、Middleware、Services。

（1）配置一条路由规则 traefik/http/routers/<router_name>/rule：

```
traefik/http/routers/myrouter/rule=Host('example.com')
```

路由名字叫 myrouter，对应的规则是主机名 example.com 就匹配成功。

（2）配置服务（格式 key=value）：

```
traefik/http/services/myservice/loadbalancer/servers/0/url=   http://<ip-server-1>:<port-server-1>/
```

这样就定义了 myservice 的服务和端口。

（3）再配置一个路由：

```
traefik/http/routers/myrouter/service   myservice
```

当访问 myrouter 的 example.com 时，就会转向 myservice 对应的 IP 和端口。知道规则后就可以参照 providers/kv/ 往 Etcd 里输入数据做一个 Web 管理系统。

如果不想用 Etcd 配置路由，也可以用：

```
[providers.file]
  filename = "traefik_dynamic.toml"
```

指定动态的路由配置文件，内容如下：

```
[http.middlewares.simpleAuth.basicAuth]
  users = [
    "admin:$apr1$ruca84Hq$mbjdMZBAG.KWn7vfN/SNK/"
  ]

[http.routers.api]
  rule = "Host(`monitor.your_domain`)"
  entrypoints = ["app"]
  middlewares = ["simpleAuth"]
  service = "api@internal"
  [http.routers.api.tls]
certResolver = "lets-encrypt"
```

说明：entrypoints 的端口已经配置为 8098，当访问 monitor.your_domain:8098 就会触发该路由转发后端服务 api@internal。

```
rule =PathPrefix(`/products/`, `/articles/{cat:[a-z]+}/{id:[0-9]+}`)
```

表示访问的 url 带有 /products/articles/ 前缀，后面符合正则表达式则转发到相应的 services。所有路由配置可以查看 https://doc.traefik.io/traefik/routing/routers/。

运行 ./traefik --configFile=traefik.toml，打开 http://120.0.0.1:8090/ 就可以看到 Web 界面，端口 8090 是在 entryPoints.traefik 配置的。

2. Traefik 的二次开发

知道 Traefik 的路由表的各种 key-value 格式，就可以做二次开发了，开发适合自己使用的配置管理系统。首先要装好 ETCD 数据库。参考 https://etcd.io/docs/v3.4/install/。安装好后就可以封装一个增、删、改、查的操作库，其代码如下：

```
package etcd
import (
	"TraefikRouteManage/public"
	"context"
	"fmt"
	"log"
	"strings"
	"time"
	"go.etcd.io/etcd/api/v3rpc/rpctypes"
	"go.etcd.io/etcd/client/v3"
)
var cli *clientv3.Client
var err error

// 初始化数据库
func InitDb() {
	// 数据库地址 , 多台机器用逗号分开
	etcdservers := "127.0.0.1:2379"
	array := strings.Split(etcdservers, ",")
	cli, err = clientv3.New(clientv3.Config{
		Endpoints:   array,
		DialTimeout: 5 * time.Second,
	})
	if err != nil {
		log.Println("inidb fail")
		fmt.Println(err)
		return
	}
}
// 获取全局数据库
func Getdb() *clientv3.Client {
	if cli == nil {
		InitDb()
	}
	return cli
}
```

```
// 往 ETCD 数据库里写入 key-value 键值对
func Put(key, value string) bool {
	//fmt.Println("put key=" + key + " value=" + value)
	if len(value) == 0 || len(key) == 0 {
		return false
	}
	Getdb()
	if cli == nil {
		fmt.Println("db init error")
		return false
	}
	// 设置 10 s 超时
	ctx, cancel := context.WithTimeout(context.Background(), time.Second*time.Duration(10))
	// 保存数据
	resp, err := cli.Put(ctx, key, value)
	cancel()
	if err != nil {
		switch err {
		case context.Canceled:
				fmt.Println("ctx is canceled by another routine: %v", err)
		case context.DeadlineExceeded:
				fmt.Println("ctx is attached with a deadline is exceeded: %v", err)
		case rpctypes.ErrEmptyKey:
				fmt.Println("client-side error: %v", err)
		default:
				fmt.Println("bad cluster endpoints, which are not etcd servers: %v", err)
		}
		return false
	}
	if resp.PrevKv != nil {
				fmt.Println(resp.PrevKv)
	}
	return true
}
// 根据 key 的前缀获取所有数据列表
func GetMap(key string) map[string]string {
	//fmt.Println("getmap key=" + key)
	Getdb()
	kv := make(map[string]string)
	ctx, cancel := context.WithTimeout(context.Background(), time.Second*time.Duration(5))
	resp, err := cli.Get(ctx, key, clientv3.WithPrefix(), clientv3.WithSort(clientv3.SortByKey, clientv3.
SortDescend))
```

```
        cancel()
        if err != nil {
            log.Println("err %v", err)
            return kv
        }
        for _, ev := range resp.Kvs {

            kv[string(ev.Key)] = string(ev.Value)
        }
        return kv
    }

    // 根据 key 返回一个 map 类型的数组
    func GetMapArray(key string) []map[string]string {
        Getdb()
        ctx, cancel := context.WithTimeout(context.Background(), time.Second*time.Duration(5))
        resp, err := cli.Get(ctx, key, clientv3.WithPrefix(), clientv3.WithSort(clientv3.SortByKey, clientv3.
SortDescend))
        cancel()
        if err != nil {
            log.Println("err %v", err)
            return nil
        }
        final_result := make([]map[string]string, 0)
        for _, ev := range resp.Kvs {
            m := make(map[string]string)
            m["key"] = string(ev.Key)
            m["value"] = string(ev.Value)
            final_result = append(final_result, m)
        }
        return final_result
    }

    // 根据 key 的前缀批量删除数据
    func DeletePrefix(key string) bool {
        Getdb()

        ctx, cancel := context.WithTimeout(context.Background(), time.Second*time.Duration(5))
        _, err := cli.Delete(ctx, key, clientv3.WithPrefix()) //
        //withPrefix() 是为了获取该 key 为前缀的所有 key-value
        cancel()
        if err != nil {
            return false
        }
```

```
        return true
}

// 删除某个 key
func Delete(key string) bool {
        Getdb()

        ctx, cancel := context.WithTimeout(context.Background(), time.Second*time.Duration(5))
        _, err := cli.Delete(ctx, key) //, clientv3.WithPrefix()
        //withPrefix() 是为了获取该 key 为前缀的所有 key-value
        cancel()

        if err != nil {
            return false
        }

        return true

}

// 监听某个 key 的变化
func Watch(key string) {
        wc := cli.Watch(context.Background(), key, clientv3.WithPrefix(), clientv3.WithPrevKV())
        for v := range wc {
            if v.Err() != nil {
                //panic(err)
            }
            for _, e := range v.Events {
                fmt.Printf("type:%v\n kv:%v  prevKey:%v  ", e.Type, e.Kv, e.PrevKv)
            }
        }
}

func CheckErr(err error) {
        if err != nil {
            log.Println(err)
        }
}
```

封装好后就可以开始组装数据，往里面添加路由、服务、中间件等信息，代码如下：

```
package dal
```

```
import (
        "TraefikRouteManage/etcd"
        "TraefikRouteManage/public"
        "encoding/json"
        "regexp"
        "strconv"
        "strings"
)
var PrefixKey = public.GetRootKey()
func UpdateKeyValue(key, value string) bool {
        return etcd.Put(key, value)
}
func DeleteKey(key string) bool {
        return etcd.Delete(key)
}
func DeleteKeyPrefix(key string) bool {
        return etcd.DeletePrefix(key)
}

/*
功能：添加路由
routeName：     路由名称
rule：          规则，比如 PathPrefix("/api")
entrypoint:     入口名称
service:        服务名称
middleware:     中间件名称
protocol:       协议：http、https、tcp、grpc
domain:         域名
*/
func AddRoute(routeName, rule, entrypoint, service, middleware, protocol, domain string) string {
        //public.Log(" add routeName=" + routeName)
        protocol = strings.ToLower(protocol)
        if ExistsRoute(routeName) {
            public.Log(" exists router")
            return "exists"
        }
        //public.Log(" add routerrrrr")
        myprotocol := protocol
        if protocol == "https" || protocol == "grpc" {
            myprotocol = "http"
        }
        // 根据输入组装好 key
        entpointKey := PrefixKey + "/" + myprotocol + "/routers/" + routeName + "/entrypoints/"
```

```
            indexstr := GetCountBuyKey(entpointKey)
            key := PrefixKey + "/" + myprotocol + "/routers/" + routeName + "/rule"
            result := etcd.Put(key, rule)
            key = entpointKey + indexstr
            result = etcd.Put(key, entrypoint)
            key = PrefixKey + "/" + myprotocol + "/routers/" + routeName + "/service"
            result = etcd.Put(key, service)
            if protocol == "tcp" {
                tlskey := PrefixKey + "/" + myprotocol + "/routers/" + routeName + "/tls"
                result = etcd.Put(tlskey, "true")
            }
            if result {
                if protocol == "https" && len(domain) > 0 {
                        // 配置自动生成 https 证书
                tlskey := PrefixKey + "/" + myprotocol + "/routers/" + routeName + "/tls/domains/0/main"
                        result = etcd.Put(tlskey, domain)
                        certresolver := "myresolver" //getAPIInRule(rule)
                        //myresolver 是在 traefik.toml 里面配置的名字
                        if len(certresolver) > 0 {
                            public.Log(" add route certresolver")
                            //If certResolver is defined, Traefik will try to generate certificates based
on routers Host & HostSNI rules.
                            tlskey = PrefixKey + "/" + myprotocol + "/routers/" + routeName + "/tls/
certresolver"
                            result = etcd.Put(tlskey, certresolver)
                        }
                }
                public.Log(" add route success")
                return "success"
            } else {
                return "fail"
            }

    }
    // 获取路由的键值对
    func GetRouteKVList(routeName string) []map[string]string {
            key := PrefixKey + "/http/routers/" + routeName
            maphttp := etcd.GetMapArray(key)
            key = PrefixKey + "/tcp/routers/" + routeName
            maptcp := etcd.GetMapArray(key)
            key = PrefixKey + "/udp/routers/" + routeName
            mapudp := etcd.GetMapArray(key)
            mapp := append(maphttp, maptcp...)
            mapp = append(mapp, mapudp...)
```

```
		return mapp

}

// 获取路由列表
func GetRouteList(routeName string) map[string]string {
		key := PrefixKey + "/http/routers/" + routeName
		maphttp := etcd.GetMap(key)
		key = PrefixKey + "/tcp/routers/" + routeName
		maptcp := etcd.GetMap(key)
		key = PrefixKey + "/udp/routers/" + routeName
		mapudp := etcd.GetMap(key)
		return MergerMap(maphttp, maptcp, mapudp)

}

// 合并 map
func MergerMap(map1, map2, map3 map[string]string) map[string]string {
		kv := make(map[string]string)
		for k, v := range map1 {
			kv[k] = string(v)
		}
		for k, v := range map2 {
			kv[k] = string(v)
		}
		for k, v := range map3 {
			kv[k] = string(v)
		}
		return kv
}

// 删除路由
func DeleteRoute(name string) bool {
		if len(name) > 0 {
			routeMap := GetRouteList(name)

			for k, _ := range routeMap {
				public.Log("delete service key=" + k)
				etcd.Delete(k)
			}

			return true
		}
		return false
```

```
}

/*
返回数据例子
{
    "code":0,
    "message":"success",
    "data":{
        "traefik/http/routers/myrouter/entrypoints/0":"app",
        "traefik/http/routers/myrouter/rule":"PathPrefix(`/`)",
        "traefik/http/routers/myrouter/service":"my-service",
        "traefik/http/routers/routerlogin/entrypoints/0":"traefik",
        "traefik/http/routers/routerlogin/rule":"PathPrefix(`/dashboard`)",
        "traefik/http/routers/routerlogin/service":"dashboard-service"
    }
}
*/
// 添加服务
func AddService(protocol, Name, port, url, scheme, weight string) string {

        if ExistsServiceUrl(protocol, Name, url) {

            return "exists"
        } else {

            key := ""
            result1 := false
            serviceIndex := strconv.Itoa(len(GetServiceSelect(protocol, Name)))
            if protocol == "tcp" || protocol == "udp" {
        //traefik/tcp/services/TCPService01/loadBalancer/servers/0/address
                    key := PrefixKey + "/" + protocol + "/services/" + Name + "/loadBalancer/
                        servers/" + serviceIndex + "/address"
                    result1 = etcd.Put(key, url)

                    key = PrefixKey + "/" + protocol + "/services/" + Name + "/loadBalancer/
                        terminationdelay"
                    etcd.Put(key, "100") //ms
            } else {

                    key = PrefixKey + "/" + protocol + "/services/" + Name + "/loadbalancer/servers/"
+ serviceIndex + "/url"
                    result1 = etcd.Put(key, url)

                    key = PrefixKey + "/" + protocol + "/services/" + Name + "/loadbalancer/servers/"
```

```
+ serviceIndex + "/port"
                        result1 = etcd.Put(key, port)

                        key = PrefixKey + "/" + protocol + "/services/" + Name + "/loadbalancer/servers/"
+ serviceIndex + "/scheme"
                        result1 = etcd.Put(key, scheme)
                }

                if len(weight) > 0 {
                        public.Log("add servicxe55")
                        // 权重基于服务名称进行均衡负载
                        key = PrefixKey + "/" + protocol + "/services/" + Name + "/weighted/services/" +
serviceIndex + "/name"
                        etcd.Put(key, Name)

                        key = PrefixKey + "/" + protocol + "/services/" + Name + "/weighted/services/" +
serviceIndex + "/weight"
                        etcd.Put(key, weight)
                }

                if result1 {
                        return "success"
                } else {
                        return "fail"
                }
        }
}

// 添加入口
func AddEntrypoint(EntrypointName string) string {
    mapp := GetEntrypoint(EntrypointName)
    if len(mapp) > 0 {
        return "exists"
    } else {
        key := PrefixKey + "/entrypoint/" + EntrypointName
        result1 := etcd.Put(key, EntrypointName)

        if result1 {
            return "success"
        } else {
            return "fail"
        }
    }
```

```
}

//添加中间件
func AddMiddleware(protocol, Name, path, value string) string {
    mapp := GetMiddleware(Name + "/" + path)
    if len(mapp) > 0 {
        return "exists"
    } else {
        key := PrefixKey + "/" + protocol + "/middlewares/" + Name + "/" + path
        result1 := etcd.Put(key, value)

        if result1 {
            return "success"
        } else {
            return "fail"
        }
    }
}
```

3. Istio-Enovy

Envoy 是 Istio 数据平面的核心组件，在 Istio 架构中起着非常重要的作用，Envoy 是以 C++ 开发的高性能代理，其内置服务发现、负载均衡、TLS 终止、HTTP/2、gRPC 代理、熔断器和健康检查，基于百分比流量拆分的灰度发布、故障注入等功能。使用教程网址为 https://www.envoyproxy.io/docs/envoy/latest/start/start。

动态配置的控制面板开发可以参考 https://github.com/envoyproxy/go–control-plane。一个通用的基于 gRPC 的 API 服务器实现了 data-plane-api 中定义的 xDS API 。API 服务器负责向 Envoys 推送配置更新。

8.2　Serverless

1. Serverless 的定义

Serverless 直译过来是无服务器。根据 CNCF 的定义，Serverless 是指构建和运行不需要服务器管理的应用程序。CloudFlare 对其的定义为，无服务器计算是一种按需提供后端服务的方法。无服务器提供程序允许用户编写和部署的代码，不必担心底层基础结构。从无服务器供应商处支付获得后端服务，不必支付固定数量的带宽或服务器数量，因为该服务是自动扩展的。请注意，尽管称为无服务器，但仍使用物理服务器，开发人员无须了解它们。

（1）文件服务。某些云商提供的文件存储服务只需使用它的 API 上传文件，上传成功后会返回一个地址，拿到这个地址就可以展示图片或视频。至于这个文件存储在哪里，高并发时如何分发则不需要关心，只需要按流量、按请求数付费即可。

（2）直播。直播的服务很多，只要使用他们的拉流和推流接口就可以实现直播。不需要关心后端的服务器部署流量分发。

（3）通信聊天。比如，某聊天软件的聊天接口直接拿来用即可，超出流量只需要按需付费，也不需要开发和后台管理。

使用别人服务的优点就是快速开发，不需要运维，缺点就是有一定的局限性，不太灵活，同时费用较高。当我们采用某云服务厂商的 Serverless 架构时，我们就和该服务供应商绑定了，那我们再将服务迁到别的云服务商上就不太容易了。如果规模较大，可以开发自己内部的微服务。但缺点是需要运维，需要开发团队，费用开支也高，可以根据发展需要进行选择。

微服务应用程序将单独的功能块拆分成更小的包，并将它们部署在轻量级容器化平台上。只要遵守对它服务的承诺，每个微型应用程序或微服务都可以独立修改。这可以更有效地扩展，因为只需要复制重负载服务。每个微服务仍然包含许多功能，如创建、更新和删除；通常包括一个平台或框架，如 Python Flask、Node JS Express 或 Java Spring Boot。

2. Serverless 的演进

Serverless 的演进主要经历了以下阶段：

（1）IaaS（Infrastructure-as-a-Service，基础设施即服务）：提供物理机服务。

（2）PaaS（Platform-as-a-Service，平台即服务）：如阿里云、七牛云等。

（3）CaaS（Container-as-a-Service，容器即服务）：类似现在内部的 Docker K8s 服务。

（4）FaaS（Function–as–a–Service，函数即服务）：一个容器一个函数，使用时才消耗资源，不含存储，只包含逻辑。

（5）Baas（Backend-as-a-Service，后端即服务）：提供存储、数据库操作、消息转发和静态服务等云服务功能。

早期的时候，如果想做一个网站，需要租机房、机房运维、服务器运维、后台开发、前端开发。后来有了云计算，做一个网站需要有云服务器、服务器运维、后台开发、前端开发。现在有了 Serverless，则只需要 Serverless 解决方案 + 前端工程师。

3. Serverless BFF（Backend For Frontend）的优势

（1）资源成本很低，不再需要申请服务器，节省申请服务器的成本。将业务代码部署到 Serverless 平台就可以运行，Serverless 按量收费，没有流量的时候甚至不花钱，对于大部分 BFF 应用，往往流量很低，波峰、波谷明显，这样的资源成本可以做到极低。

（2）高可用性。Serverless 平台支持资源的弹性伸缩，流量大的时候，平台会自动分配更多资源去响应，开发者不用过多关心，只需要专注于业务代码实现即可。

（3）免运维。Serverless 平台已经屏蔽掉了服务器底层细节，开发者不需要与服务器打交道，只需要关注业务代码的运行即可。

（4）开发成本低。在 Serverless 平台提供了高可用和免运维的情况下，相信会有越来越多的公司愿意让前端工程师开发 BFF 层，如果前端和 BFF 都是前端工程师开发的话，将会节省大量的沟通成本，极大地提高开发效率。

（5）可以更好地满足需求变化的速度。在应用变成了免运维、前后端一起开发且不用申请服务器后，开发者将会有更多精力专注于业务代码，能更好地响应业务需求的变化。

开源的 Serverless 项目有 Kubeless、OpenFaaS 和 Fn Project 等。

8.3 Kubeless

Kubeless 是 Kubernetes 的原生无服务器架构，目的是方便部署少量代码而不需要担心底层基础设施，它利用 Kubernetes 资源来提供自动缩放、API 路由、监控、故障排查等功能。Kubeless 利用 Kubernetes CRD 来创建 functions 作为自定义 Kubernetes 的资源类型，然后运行一个集群控制器来监视这些自定义资源并按需启动运行，集群控制器动态地将函数代码注入运行环境中，并通过 HTTP 或 PubSub 机制使其可以被调用。

如果我们部署的 function 比较多，通过命令方式查看和调用就不那么直观了，Kubeless 提供了一个简洁的 Web UI 页面，通过该 UI 页面可以轻易地创建、更新、删除和测试调用集群中的 function，通过 Kubeless-UI 可以查看相关文档。

1. 自动构建过程

安装 Kubeless，代码如下：

```
#export OS=$(uname -s| tr '[:upper:]' '[:lower:]')
#curl -OL https://github.com/kubeless/kubeless/releases/download/$RELEASE/kubeless_$OS-amd64.zip && \
  unzip kubeless_$OS-amd64.zip && \
  sudo mv bundles/kubeless_$OS-amd64/kubeless /usr/local/bin/
```

使用 Kubeless，无须担心在本地环境中安装依赖项的过程。不需要 Golang 的环境和依赖，过程由 Kubeless 处理，并在 Kubernetes 集群中进行。

首先，编写 Golang 函数，代码如下：

```
package kubeless

import (
	"fmt"
	"math"
	"strconv"

	"github.com/kubeless/kubeless/pkg/functions"
	"github.com/sirupsen/logrus"
)

func IsPrime(event functions.Event, context functions.Context) (string, error) {
	num, err := strconv.Atoi(event.Data)
	if err != nil {
		return "", fmt.Errorf("Failed to parse %s as int! %v", event.Data, err)
	}
	logrus.Infof("Checking if %s is prime", event.Data)
	if num <= 1 {
		return fmt.Sprintf("%d is not prime", num), nil
	}
	for i := 2; i <= int(math.Floor(float64(num)/2)); i++ {
		if num%i == 0 {
			return fmt.Sprintf("%d is not prime", num), nil
		}
	}
	return fmt.Sprintf("%d is prime", num), nil
}
```

如上，除了标准库外，还包含另外两个库：

（1）github.com/kubeless/kubeless/pkg/functions：用于导入用作函数参数的类型。

（2）github.com/sirupsen/logrus：一个非标准的日志实用程序，将使用它来演示外部依赖项的安装。

为了安装依赖项，Kubeless 使用 dep，因此，为了指定它们，需要一个 Gopkg.toml：

```
ignored = ["github.com/kubeless/kubeless/pkg/functions"]

[[constraint]]
  name = "github.com/sirupsen/logrus"
  branch = "master"
```

此处将忽略内部 Kubeless 依赖项，因为它已由构建系统提供。一旦有了这两个文件，就可以部署函数了。将上面两个文件命名为 func.go 和 Gopkg.toml，放在 GitHub 上或其他可访问的路径，代码如下：

```
# curl -O https://yoururl/func.go
# curl -O https://yoururl/Gopkg.toml
#  kubeless function deploy isprime \
   --from-file func.go \
   --dependencies Gopkg.toml \
   --handler func.IsPrime \
   --runtime go1.17
INFO[0000] Deploying function...
INFO[0000] Function isprime submitted for deployment
INFO[0000] Check the deployment status executing 'kubeless function ls isprime'
```

一段时间后，便能够调用该函数并检查其日志：

```
 # Kubeless function call isprime --data ‘5'
5 is prime
#  Kubeless function call isprime --data ‘9'
9 is not prime
# kubectl logs -l function=isprime
...
```

2. 将函数存储为 Docker 镜像

安装和编译 Go 语言的依赖项和代码的过程可能是一项繁重的任务，可能需要几分钟的时间。如果想在生产中使用函数，希望它尽可能快地扩展，避免每次创建带有函数的新 Pod 时都进行编译，可以启用 Kubeless 的函数镜像构建器，它会生成一个 Docker 镜像并将函数存储在 Docker 注册表中。要启用它，只需使用注册表凭据创建一个密钥，激活该功能并重新启动控制器以便重新加载更改，代码如下：

```
#kubectl patch configmap -n kubeless kubeless-config\
  -p '{"data":{"enable-build-step":"true"}}'
configmap "kubeless-config" patched
#kubectl create secret docker-registry kubeless-registry-credentials\
   --docker-server=https://index.docker.io/v1/ \
   --docker-username=<YOUR_USERNAME>\
   --docker-password=<YOUR_PASSWORD>\
   --docker-email=<YOUR_EMAIL>
secret "registry-credentials" created
# kubectl delete pod -n kubeless -l kubeless=controller
```

执行上述操作后，将触发 Kubernetes 作业以构建功能。完成后，函数将使用预构建的镜像：

```
# kubectl get job -l function=isprime
NAME                    DESIRED  SUCCESSFUL  AGE
build-isprime-1e434ab1e8  1        1          16m
#kubectl get pod -l function=isprime -o jsonpath='{ .items[0].spec.containers[0].image }'
```

注意：这也是一种非常有用的功能共享方式。由于注册表是公开的，可以部署相同的函数执行，代码如下：

```
#kubeless function deploy isprime --runtime-image
```

从这一点来看，任何新的 pod 都将使用缓存的镜像，启动时间将变至最短。此外，可以确保每次都执行完全相同的代码。可以在此处找到有关函数构建器功能的更多信息：https://kubeless.io/docs/building-functions/。

8.4 OpenFaaS

OpenFaaS 的 Gateway 是一个 Go 语言实现的请求转发的网关，在这个网关服务中，主要有以下几个功能：UI、部署函数、监控、自动伸缩。OpenFaaS 使开发人员可以轻松地将事件驱动的功能和微服务部署到 Kubernetes，而无须重复的样板编码。将代码或现有二进制文件打包到镜像中，可获得具有自动缩放和指标的高度可扩展的端点。

可以通过添加函数看门狗（一个小型的 Golang HTTP 服务）把任何一个 Docker 镜像变成无服务器函数。函数看门狗允许 HTTP 请求通过 STDIN 转发到目标进程的入口点，响应会从调用者写入 STDOUT 返回给调用者，请求流程如图 8-2 所示。

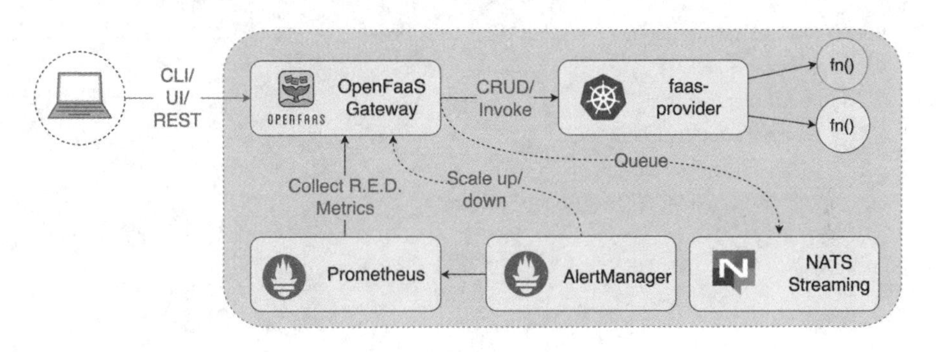

图 8-2　OpenFaaS 请求流程

当 Gateway 作为一个入口，CLI 或 Web 页面发来要部署或调用一个函数时，Gateway 会将请求转发给 Provider，同时将监控指标发给 Prometheus。AlterManager 会根据需求调用 API 自动伸缩函数。安装 OpenFaaS 代码如下：

```
$ curl -sSL https://cli.openfaas.com | sudo -E sh
```

可以通过 faas-cli up 命令或使用单个命令创建和部署函数：

（1）faas-cli build：将镜像构建到本地 Docker 库中。

（2）faas-cli push：将该镜像推送到远程容器注册表。

（3）faas-cli deploy：将功能部署到集群中。

（4）faas-cli up：在一个命令中自动执行上述所有操作。

对于 Raspberry Pi 和 ARM，必须使用发布命令而不是构建和推送。要在 Go 中创建一个名为 go-fn 的新函数，请键入以下内容：

```
$ faas-cli new go-fn --lang go
```

将产生两个文件：

```
go-fn.yml
./go-fn/
./go-fn/handler.go
```

现在可以编辑 handler.go 并使用 faas-cli 来构建和部署函数：

```
package function

import (
	"log"
	"github.com/openfaas-incubator/go-function-sdk"
)
func Handle(req handler.Request) (handler.Response, error) {
	var err error
	return handler.Response{
		Body: []byte("Try us out today!"),
		Header: map[string][]string{
			"X-Served-By": []string{"openfaas.com"},
		},
	}, err
}
```

配置镜像参数，go-fn.yml 文件是用来部署和上传镜像的：

```
version: 1.0
provider:
  name: openfaas
  gateway: http://127.0.0.1:3333
functions:
  go-fn:
    lang: go
    handler: ./go-fn
    image: myhub/go-fn:latest
```

其中，需要修改的是 gateway 为用户的 faas 部署地址，images 是 docker hub 的地址，如果需要推送到私有仓库，则需要手动进行登录操作：构建、推送、部署。剩下就很简单了，三个命令的构建时间可能会长一些，拉取镜像比较缓慢：

```
faas-cli build -f go-fn.yml
faas-cli push -f go-fn.yml
faas-cli deploy -f go-fn.yml --gateway http://127.0.0.1:3333
```

如果没有问题，那么在页面上就可以看到自己的 function 了。然后，可以这样调用：

```
echo test | faas-cli invoke go-fn --gateway http://127.0.0.1:3333
```

更多内容请参考：https://docs.openfaas.com/cli/templates/。

8.5 Service Mesh 服务网格

Service Mesh 服务网格可以解决系统架构微服务化后的服务间通信和治理问题。Service Mesh 的定义是由 Linkerd 的 CEO William 给出的，Linkerd 是业内第一个 Service Mesh，也是他们创造了 Service Mesh 这个词汇。服务网格是一个基础设施层，功能在于处理服务间的通信，职责是负责实现请求的可靠传递。在实践中，服务网格通常实现为轻量级网络代理，通常与应用程序部署在一起，但是对应用程序透明。

1. 可以实现 Service Mesh 的 8 款工具

（1）nginMesh。这可能是最常用的 Ingress，安全、简单、可靠，支持 http、https 和 ssl termination。可能有人想通过它支持 TCP、UDP，但是从 GitHub 上提的 issue 来看，目前最好别这样做。可以获得一些良好负载均衡选项以及强大的路由、websocket 支持、基础身份认证和追踪，但是没有动态服务，虽然有配置生成器可以自动生成，但不太完美。注意：这里讲述的内容有官方的 Kubernetes Ingress，还有来自 Nginx 公司的 Ingress，有些设置并不一样。服务网格中的控制平面在数据平面中的 sidecar 代理之间的分配配置，如图 8–3 所示。

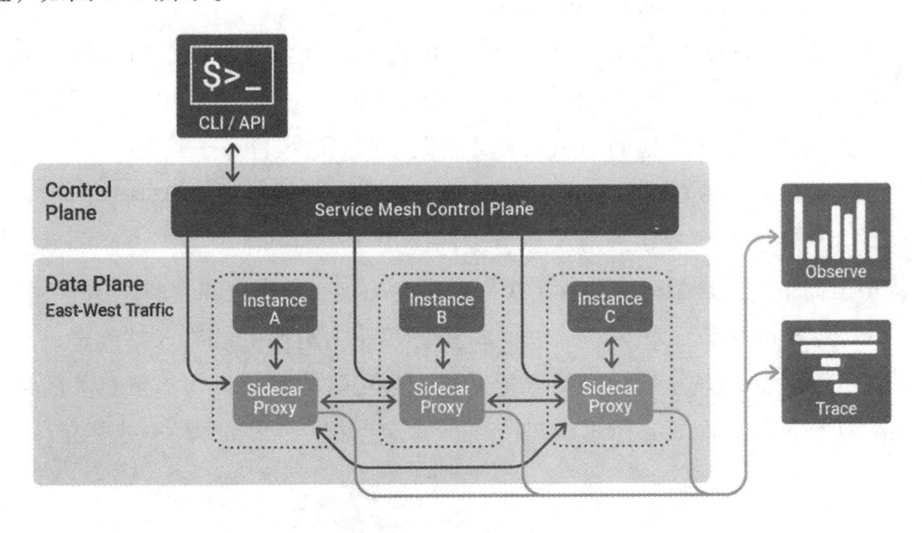

图 8–3 nginMesh

（2）Kong mesh。绝大多数人认为 Kong 只是 API 网关，它有扩展插件系统使它的功能远远超出了正常 Ingress 该有的功能。

（3）Traefik Mesh。Traefik 的功能非常多，它的弹性伸缩功能很好，而且目前可知，它运行稳定。如果当前正在使用 ingress-nginx，为了让它支持动态配置则需升级。它支持 http、https 和 grpc、tcp。

（4）HAProxy。它是负载均衡算法之王，非常适合负载均衡 TCP 连接。这是官方的 HAProxy Ingress，在生产环境中显示它具有极其稳定的记录。

（5）Voyager。它是一个基于 HAProxy 的 Ingress，完美封装了 HAProxy，并提供了很好的文档说明。

（6）Contour。基于 Envoy，它有一些更现代的功能，如支持金丝雀部署。它还具有一套良好的负载均衡算法，并支持多种协议。与其他 Ingress 不同，从 Github 那里了解到它仍处于快速发展的阶段，有望添加更多功能。

（7）Ambassador。如果严格遵循 Kubernetes 的定义，那么它在技术上并不算是 Ingress。使用 Ambassador 只需简单注释服务，它就像一个 Ingress 路由流量。Ambassador 有一些非常酷的功能，其他任何一个 Ingress 都没有像影子流量那样允许通过镜像请求数据在实时生产环境中测试服务。Ambassador 与 Opentracing 和 Istio 可以很好地集成。

（8）Istio。基于 Envoy，如果已经在运行 Istio，那么这可能是一个很好的默认选择。它具有 Ambassador 拥有的一些更现代的功能。Istio 目前在这个领域做了很多工作，并且已经从 Ingress 转向 Gateway。

Istio 是 Google 和 IBM 两家联合 Lyft 合作的开源项目，是当前最主流的 Service Mesh 方案，也是第二代 Service Mesh 标准。Google 和 IBM 之所以要与 Lyft 一起合作，是因为他们不想从头开始做数据面的组件，于是在 Istio 中，直接用 Lyft 的 Envoy 来做 sidecar。除了 sidecar, Istio 中的控制面组件都是使用 Go 编写的。对于一个仅提供服务与服务之间连接功能的基础设施来说，Istio 的架构算不上简单，但是架构中的各个组件的理念的确非常先进和超前。

Envoy 扮演 sidecar 的功能，协调服务网格中所有服务的出入站流量，并提供服务发现、负载均衡、限流熔断等功能，还可以收集大量与流量相关的性能指标。Istio 网格如图 8–4 所示。

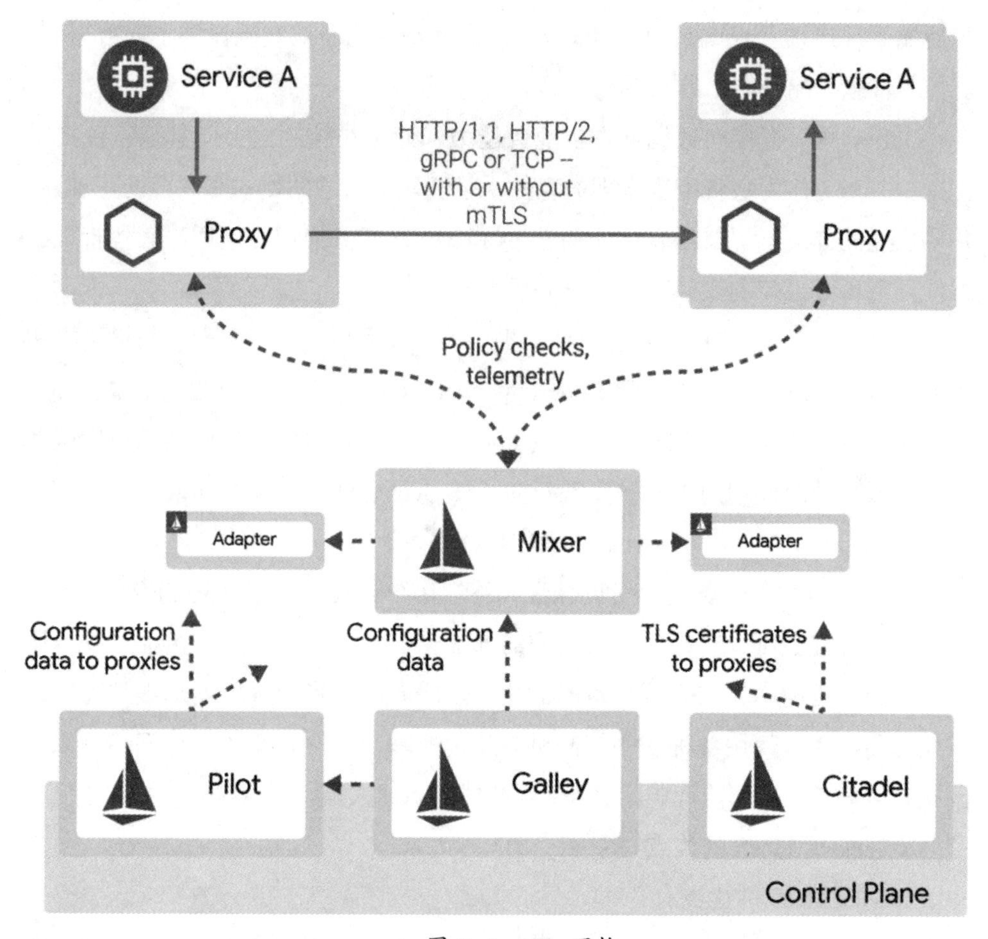

图 8-4　Istio 网格

Pilot 负责部署在 Service Mesh 中的 Envoy 实例的生命周期管理，本质上是负责流量管理和控制，是将流量和基础设施扩展解耦，这是 Istio 的核心。感性上可以把 Pilot 看成是管理 sidecar 的 sidecar, 但是这个特殊的 sidacar 并不承载任何业务流量。Pilot 让运维人员通过 Pilot 指定它们希望流量遵循什么规则，而不是哪些特定的 pod/VM 应该接收流量。有了 Pilot 这个组件，可以非常容易地实现 A/B 测试和金丝雀 Canary 测试。Pilot 将 VirtualService 表达的路由规则分发到 Envoy 上，Envoy 根据该路由规则进行流量转发。

Mixer 在应用程序代码和基础架构后端之间提供通用中介层。它的设计将策略决策移出应用层，用运维人员能够控制的配置取而代之。应用程序代码不再与特定后端集成在一起，而是与 Mixer 进行相当简单的集成，然后 Mixer 负责与后端系统连接。也就是说，Mixer 可以认为是其他后端基础设施（如数据库、监控、日志、配额等）的 sidecar proxy。

Galley 并不直接向数据面提供业务能力，而是在控制面上向其他组件提供支持。Galley 作为负责配置管理的组件，验证配置信息的格式和内容的正确性，并将这些配置信息提供给管理面的 Pilot 和 Mixer 服务使用，这样，其他管理面组件只用和 Galley 打交道，从而与底层平台解耦。

Citadel 是 Istio 的核心安全组件，提供了自动生成、分发、轮换与撤销密钥和证书功能。Citadel 一直监听 Kube-apiserver，以 Secret 的形式为每个服务都生成证书密钥，并在 Pod 创建时挂载到 Pod 上，代理容器使用这些文件来做服务身份认证，进而代理两端服务实现双向 TLS 认证、通道加密、访问授权等安全功能，这样，用户就不用在代码里面维护证书密钥了。

Istio-Auth 提供强大的服务间认证和终端用户认证，使用交互 TLS、内置身份和证书管理。可以升级服务网格中的未加密流量，并为运维人员提供基于服务身份而不是网络控制来执行策略的能力。Istio 的未来版本将增加细粒度的访问控制和审计，使用各种访问控制机制（包括基于属性和角色的访问控制以及授权钩子）来控制和监视访问服务、API 或资源的人员。

2. Service Mesh 的优点

Service Mesh 的优点有：

（1）屏蔽分布式系统通信的复杂性（负载均衡、服务发现、认证授权、监控追踪、流量控制等），服务只用关注业务逻辑。

（2）真正的与语言无关，服务可以用任何语言编写，只需和 Service Mesh 通信即可。

（3）对应用透明，Service Mesh 组件可以单独升级。

3. Service Mesh 面临的挑战

Service Mesh 目前也面临一些挑战：Service Mesh 组件以代理模式计算并转发请求，一定程度上会降低通信系统性能，并增加系统资源开销。Service Mesh 组件接管了网络流量，因此服务的整体稳定性依赖于 Service Mesh，同时额外引入的大量 Service Mesh 服务实例的运维和管理也是一个挑战。为了解决端到端的字节码通信问题，TCP 协议诞生，让多机通信变得简单可靠。微服务时代，

Service Mesh 应运而生，屏蔽了分布式系统的诸多复杂性，让开发者可以回归业务，聚焦真正的价值。

对于大规模部署微服务（微服务数 >1 000）、内部服务异构程度高（交互协议 / 开发语言类型 >5）的场景，使用 Service Mesh 是非常合适的，但是，可能大部分开发者面临的微服务和内部架构异构复杂度没有这么高。理论上，Service Mesh 实现了业务逻辑和控制的解耦。由于网络中多了一跳，增加了性能和延迟的开销。另外，由于每个服务都需要 sidecar，这会使本来就复杂的分布式系统更加复杂，尤其是在实施初期，运维对 Service Mesh 本身把控能力不足的情况下，往往会使整个系统更加难以管理。

本质上，Service Mesh 就是一个成规模的 sidecar proxy 集群。那么，如果想渐进地改善微服务架构的话，有针对性地部署配置 Gateway 就可以。Gateway 的粒度可粗可细，粗到整个 api 总入口，细到每个服务实例，且 Gateway 只负责进入的请求，不像 Sidecar 还需要负责对外的请求。因为 Gateway 可以把一组服务聚合起来，所以服务对外的请求可以交给对方服务的 Gateway。因此，只需要一个 Gateway 即可。

Service Mesh 对于大规模部署、异构复杂的微服务架构是不错的方案。对于中小规模的微服务架构，不妨尝试一下更简单可控的 Gateway，在确定 Gateway 已经无法解决当前问题后，再尝试渐进地完全 Service Mesh 化。

8.6　Service Mesh 与 API Gateway

1. 区别与联系

Service Mesh 和 API Gateway 在功能定位和承担的职责上有非常清晰的界限：

（1）Service Mesh：微服务的网络通信基础设施，负责系统内部的服务间的通信。

（2）API Gateway：负责将服务以 API 的形式暴露给系统外部，以实现业务功能。

Service Mesh 和 API Gateway 的区别与联系如图 8–5 和表 8–1 所示。

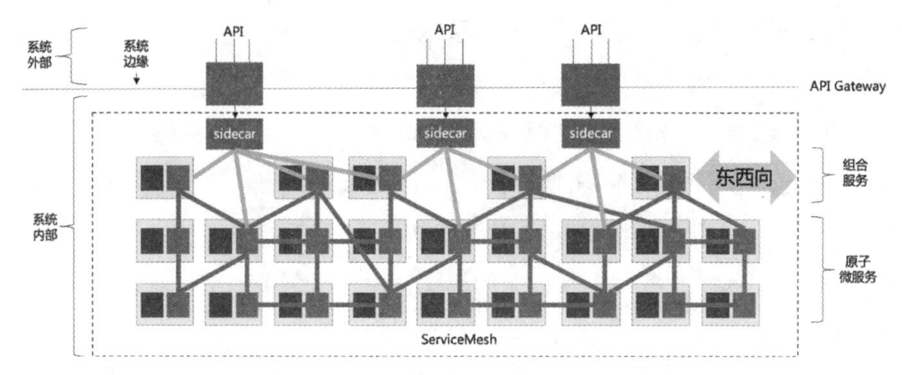

图 8-5　Service Mesh 和 API Gateway 的区别与联系

表 8-1　API Gateway 和 Service Mesh 的区别

API Gateway	Service Mesh
处理外部到内部的请求	处理内部横向请求
公开外部服务以使其易于使用	管理和控制网络内的服务
将外部流量映射到内部资源	专注于中介内部资源
公开 API 或边缘服务，以服务于特定的业务功能	位于网络和应用程序之间，解决方案没有真正的商业概念

2. 两者都需要吗?

读者可能想知道是否需要 API 网关和服务网格。随着服务网格的发展，相信它将整合从 API 网关获得的大部分内容。API 网关的主要目的是接收来自网络外部的流量并在内部分发。服务网格的主要目的是路由和管理网络中的流量。服务网格可以与 API 网关一起工作，以便有效地接收外部流量，然后在该流量进入网络后对其进行有效路由。这些技术的组合可以成为确保应用程序正常的运行时间和弹性的强大方式，同时确保应用程序易于使用。

在具有 API 网关和服务网格的部署中，来自集群外部的传入流量将首先通过 API 网关路由，然后进入网格。API 网关可以处理身份验证、边缘路由和其他边缘功能，而服务网格提供对架构细粒度的可观察性和控制。

值得注意的是，服务网格技术正在迅速发展，并开始承担 API 网关的一些功能。一个很好的例子是 Aspen Mesh 1.0 中可用的 Istio v1 alpha3 路由 API 的引入。在此之前，Istio 使用了非常基础的 Kubernetes 入口控制，因此，使用 API 网关以获得更好的功能是有意义的。而且，v1 alpha3 API 引入增加的功能使得管理大型应用程序和使用 HTTP 以外的协议变得更加容易，这在以前是需要 API

网关才能有效完成的。

v1 alpha3 API 提供了一个很好的示范，说明了服务网格如何减少对 API 网关功能的需求。随着云原生空间的发展以及越来越多的组织转向使用 Docker 和 Kubernetes 来管理微服务架构，服务网格和 API 网关功能很有可能会合并。在接下来的几年里，我们相信独立 API 网关的使用将越来越少，因为它的大部分功能将被服务网格吸收。

8.7　分布式存储与微服务

微服务离不开存储，目前大规模分布式存储用得比较多的是 Ceph，采用 C++ 开发；小规模的用 MinIO，用 Go 语言开发。

1. Ceph

Ceph 是一种集优秀的性能、可靠性和可扩展性而设计的统一、分布式的文件系统。Ceph 的统一体现在可以提供文件系统、块存储和对象存储，分布式体现在可以动态扩展。在国内一些公司的云环境中，通常会采用 Ceph 作为 openstack 的唯一后端存储来提高数据的转发效率。区块链项目的后端存储也会采用 Ceph 做存储备份。

Ceph 的核心组件如图 8–6 所示。

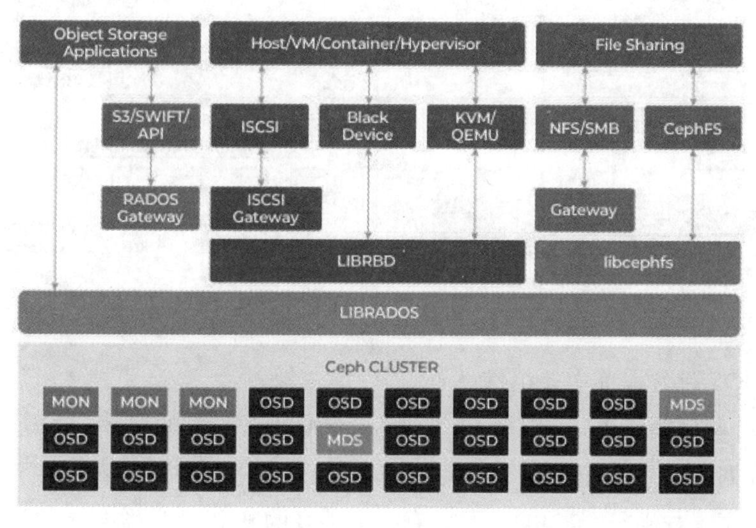

图 8–6　Ceph 的核心组件

（1）MON（Monitors）：监视器，维护集群状态的多种映射，同时提供认证和日志记录服务，包括有关 Monitor 节点端到端的信息（包括 Ceph 集群 ID、监控主机名、IP 以及端口），并且存储当前版本信息以及最新更改信息，通过“ceph mon dump”查看 Monitor Map。

（2）MDS（MetaData Server）：主要保存的是 Ceph 文件系统的元数据。注意：Ceph 的块存储和 Ceph 对象存储都不需要 MDS。

（3）OSD（Object Storage Device）：它是对象存储守护程序，但它并非针对对象存储；是物理磁盘驱动器，将数据以对象的形式存储到集群中每个节点的物理磁盘。OSD 负责存储数据、处理数据复制、恢复、回滚、再平衡。完成存储数据的工作绝大多数是由 OSD daemon 进程实现的。在构建 Ceph OSD 时，建议采用 SSD 磁盘以及 xfs 文件系统来格式化分区。此外，OSD 还对其他 OSD 进行心跳检测，检测结果汇报给 Monitor。

（4）RADOS（Reliable Autonomic Distributed Object Store）：Ceph 存储集群的基础。在 Ceph 中，所有数据都以对象的形式存储，并且无论什么数据类型，RADOS 对象存储都将负责保存这些对象。RADOS 层可以确保数据始终保持一致。其结构如图 8-7 所示。

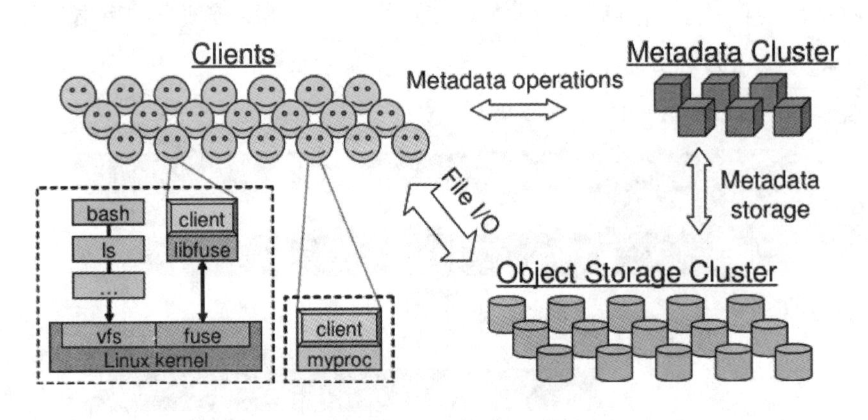

图 8-7　RADOS 结构

RADOS 包含以下主要组件：

1）对象存储设备（OSD）守护进程：RADOS 服务的存储守护进程，它与 OSD（数据的物理或逻辑存储单元）交互，必须在集群中的每台服务器上运行此守护程序。对于每个 OSD，可以有一个关联的硬盘驱动器磁盘。出于性能目的，请使用 RAID 阵列、逻辑卷管理（LVM）或 B 树文件系统（Btrfs）池来池化硬盘驱动器磁盘。在默认情况下会创建以下池：数据、元数据和 RBD。

2）元数据服务器（MDS）：存储元数据。MDS 在 Ceph 客户端的对象之上构建一个 POSIX 文件系统。但是，如果不使用 Ceph 文件系统，则不需要元数据服务器。

3）监视器（MON）：处理与外部应用程序和客户端的所有通信的轻量级守护进程。它还为 Ceph/RADOS 集群中的分布式决策提供了共识。例如，当在客户端上挂载共享的 Ceph 时，指向的是 MON 服务器的地址，它检查数据的状态和一致性。在理想的设置中，ceph-mon 必须在不同的服务器上运行至少三个守护进程。

（5）LIBRADOS：LIBRADOS 库为应用程序提供访问接口，同时也为块存储、对象存储、文件系统提供原生的接口。

（6）RADOSGW：网关接口，提供对象存储服务。它使用 librgw 和 librados 来实现应用程序与 Ceph 对象存储建立连接，并且提供 S3 和 Swift 兼容的 RESTful API 接口。

（7）RBD：块设备，它能够自动精简配置并可调整大小，而且将数据分散存储在多个 OSD 上。

（8）CephFS：Ceph 文件系统，与 POSIX 兼容的文件系统，基于 librados 封装原生接口。

开发 Ceph 存储集群 API 调用微服务参考 https://docs.ceph.com/en/latest/mgr/ceph_api/#mgr-ceph-api，参考该 API 可以开发一些管理项目，如 https://github.com/ceph/go-ceph。

2. MinIO

MinIO 是基于 Golang 编写的开源对象存储套件，基于 Apache License v2.0 开源协议，虽然轻量，却拥有不错的性能。它兼容亚马逊 S3 云存储服务接口，可以很简单地和其他应用结合使用，例如 NodeJS、Redis、MySQL 等。参考 https://docs.min.io/。

参 考 文 献

[1] kubernetes 中文社区 . kubernetes 中文文档 [EB/OL] .（2022–8–1）[2022–10–10] . http://docs.kubernetes.org.cn/227. html.

[2] docker docs. Examples using the Docker Engine SDKs and Docker API[EB/OL] .（2022–8–1）[2022–10–10] . https://docs.docker.com/engine/api/sdk/examples/.

[3] [K8s.io].K8s 使用配置命令 [EB/OL] .（2022–8–1）[2022–10–10] . https://kind.sigs.k8s.io/docs/user/configuration/.

[4] Prometheus.Alertmanage[EB/OL] .（2022–6–1）[2022–10–10] . https://prometheus.io/docs/alerting/latest/alertmanager/.

[5] Prometheus.grafana support for prometheus[EB/OL] .（2022–3–1）[2022–10–10] . https://www.prometheus.io/docs/visualization/grafana/.

[6] operator-framework.operator-sdk[EB/OL] .（2022–6–1）[2022–10–10] . https://github.com/operator-framework/operator-sdk.

[7] Kubernetes.Kubernetes Blog[EB/OL] .（2022–8–1）[2022–10–10] . https://kubernetes.io/blog.

[8] Kubernetes.Kubernetes Documentation[EB/OL] .（2022–8–1）[2022–10–10] . https://kubernetes.io/docs/home/.

[9] GitLab.GitLab CI/CD[EB/OL] .（2022–8–1）[2022–10–10] . https://docs.gitlab.com/ee/ci/index.html.

[10] Kubernetes.Service[EB/OL] .（2022–3–1）[2022–10–10] . https://kubernetes.io/docs/concepts/services-networking/service/.

[11] Ceph.ceph 使用文档 [EB/OL] .（2022–2–1）[2022–10–10] . https://docs.ceph.com.